全国高职高专教育规划教材

# Visual Basic 程序设计

**Visual Basic Chengxu Sheji**

宋汉珍　王贺艳　主编

内容简介

本书是 Visual Basic 程序设计的基础教程。全书从实用角度出发，通过大量的实例和综合应用案例，由浅入深地讲解了如何使用 Visual Basic 6.0 开发 Windows 应用程序。本书注重实践应用，通俗地讲述了可视化程序设计的基本思想、基本方法、可视化程序开发技术、程序结构、语言基础，在此基础上介绍了 Visual Basic 常用的控件、菜单、多窗体设计、文件、数据库、绘图应用等内容。每章都配有丰富的习题。

本书力求做到详略得当、概念清晰，并以案例驱动的方式循序渐进地介绍各部分内容的应用，使读者易学易懂，达到学以致用的目的。

本书最后配有 14 个实训，以巩固和加强学生的实践动手能力。

本书可作为高职高专院校各专业程序设计的教材，也可作为广大软件开发人员和自学者的参考书。

**图书在版编目（CIP）数据**

Visual Basic程序设计 / 宋汉珍，王贺艳主编. -- 北京 : 高等教育出版社，2012.1
ISBN 978-7-04-034068-6

Ⅰ. ①V… Ⅱ. ①宋… ②王… Ⅲ. ①BASIC语言-程序设计-高等职业教育-教材 Ⅳ. ①TP312

中国版本图书馆CIP数据核字(2011)第217460号

策划编辑 杜　冰　　责任编辑 洪国芬　　特约编辑 李全亮　　封面设计 杨立新
版式设计 杜微言　　插图绘制 尹　莉　　责任校对 胡晓琪　　责任印制 尤　静

出版发行 高等教育出版社
社　　址 北京市西城区德外大街 4 号
邮政编码 100120
印　　刷 北京铭成印刷有限公司
开　　本 787mm×1092mm　1/16
印　　张 18.75
字　　数 460 千字
购书热线 010-58581118
咨询电话 400-810-0598
网　　址 http://www.hep.edu.cn
　　　　 http://www.hep.com.cn
网上订购 http://www.landraco.com
　　　　 http://www.landraco.com.cn
版　　次 2012 年 1 月第 1 版
印　　次 2012 年 1 月第 1 次印刷
定　　价 27.60 元

本书如有缺页、倒页、脱页等质量问题，请到所购图书销售部门联系调换

物 料 号 34068-00

# 前　言

Visual Basic 6.0 是美国 Microsoft 公司推出的一种在 Windows 平台上开发应用软件的程序设计语言。Visual Basic 是在原有 BASIC 语言的基础上发展起来的，继承了 BASIC 语言简单易学、操作方便等优点，又具有面向对象的程序设计编程机制和可视化程序设计的方法，极大地提高了应用程序的开发效率，因此在各领域应用非常广泛，已成为普通用户首选的面向对象的 Windows 应用软件的开发工具。

全书对程序设计的基本知识、基本语法、编程方法等进行了较为系统、详细的介绍，以实际应用为主线，通过大量的实例及多种任务的分析、讨论、实现，重点介绍开发 Visual Basic 应用程序的设计思想、设计方法和实现过程，教给学生分析问题、解决问题的方法，每章都以综合应用案例为主线，通过案例中各部分功能的实现来介绍相应内容的应用，最后通过综合应用案例的总体实现全面地介绍本章内容的综合应用，这样由浅入深地引导学生高效、主动地学习，达到学以致用的目的。

书中第 1 章概述可视化程序设计的基本思想、基本方法和可视化程序开发技术；第 2 章介绍 Visual Basic 语言基础知识、基本规则；第 3 章介绍窗体、界面设计及 Visual Basic 的最基本控件的应用，便于后面章节的学习和上机实践；第 4 章介绍结构化程序设计的 3 种基本结构——顺序结构、选择结构和循环结构，以及构成这种基本结构的语句；第 5 章介绍数组的概念、数组的定义及应用，控件数组的概念及应用；第 6 章介绍子程序过程(Sub 过程)和函数过程(Function 过程)的建立和应用；第 7 章介绍 Visual Basic 最常用的控件属性、方法和事件及各常用控件的应用；第 8 章介绍菜单与多窗体的设计；第 9 章介绍 Visual Basic 中顺序文件、随机文件，并介绍与文件相关的控件的基本操作；第 10 章介绍 Visual Basic 中的绘图的应用；第 11 章介绍有关数据库的基本概念、Visual Basic 中访问数据库的基本方法、数据库应用程序的开发设计技术。每章后都有丰富的习题，以巩固本章所学的知识。

书中安排了 14 个实训，每个实训都有若干个实训任务，以培养学生实际编程和调试程序的能力，训练学生开发应用程序的技能，对于难度较大的任务给出了相应的设计思路和操作提示，以供参考。

本书由宋汉珍、王贺艳担任主编，王永红、李小芳担任副主编，宋汉珍和王贺艳对全书进行统稿。其中第 1 章、第 2 章、第 3 章由宋汉珍编写，第 4 章、第 8 章由王永红编写，第 5 章、第 6 章、第 10 章由李小芳编写，第 7 章、第 9 章、第 11 章由王贺艳编写，各章实训由相应编者编写。

限于作者的知识和经验，书中难免存在不妥和疏漏之处，敬请广大读者和专家批评指正。

编　者

2012 年 1 月

# 目　录

# 第1章 概　述

Visual Basic（简称 VB）是美国微软公司推出的实用性很强的、图形用户界面（GUI）程序设计语言，称为可视化 BASIC。与其他编程语言相比，Visual Basic 具有语法简单、使用方便、易学易懂等特点，是使用较为广泛的可视化编程工具之一。

本教材以 Visual Basic 6.0 为开发平台，介绍可视化程序设计的基本思想、基本方法和可视化程序开发技术。

## 1.1 Visual Basic 简介

BASIC 是英文 Beginner's All - purpose Symbolic Instruction Code·的缩写，直译为"初学者通用符号指令代码"，创建于 1964 年，是美国 Darktouth 学院的 Thomas E. Kurtz 和 John G. Kemeny 两位学者创立的计算机程序设计语言。BASIC 语言在 20 世纪 70 年代得到了很大发展，当时的个人计算机把 BASIC 语言作为必备的程序配备到系统软件中。20 世纪 80 年代，为适应结构化程序设计的需要，出现了第二代 BASIC 语言，主要有 GW - BASIC、MS - BASIC、True BASIC、Turbo BASIC 和 Quick BASIC 等，功能不断改善，应用领域不断扩大。

### 1.1.1 Visual Basic 的发展过程

20 世纪 90 年代初，图形界面 Windows 的出现，诞生了可视化程序设计语言。微软公司在原有 BASIC 语言的基础上结合窗口技术推出了 Visual Basic 程序设计语言。"Visual"（可视化）指的是开发图形用户界面（GUI，Graphical User Interface）的方法，这种方法不需要编写大量代码描述界面元素的外观和位置，只要把预先建立的对象添加到窗体屏幕上的某一点即可。"可视化"极大地简化了编程的过程。

Visual Basic 经过多年的发展，现在已经推出了 7 个版本。

Visual Basic 1.0 诞生于 1991 年，它的推出改变了人们的编程方式。Microsoft 公司总裁及首席执行官 Bill Gates 称它为"令人震惊的新奇迹"。

随着 Windows 操作系统的不断成熟，Visual Basic 的功能不断增强。1992 年升级到 Visual Basic 2.0 版，1993 年升级到 Visual Basic 3.0 版。这时的 Visual Basic 已经初具规模，利用它可以快速地编写各种应用程序，包括多媒体应用程序和各种图形操作界面。

1995 年，随着 Windows 95 的发布，Visual Basic 4.0 也随之问世。Visual Basic 4.0 融入了更多的面向对象技术，提供了强大的数据库管理功能，这使它成为管理信息系统（Management Information System，MIS）的主要开发工具之一。

1997 年，微软公司推出了 Visual Basic 5.0，并将其包括在微软公司推出的 Windows 开发工具套件 Microsoft Visual Studio 1.0 中。Visual Basic 5.0 加入了微软公司的 ActiveX 技术，适应了 Internet 的迅速发展。

1998年，微软公司发布了Visual Basic 6.0，并将其包括在开发工具套件Microsoft Visual Studio 98中。Visual Basic 6.0使Visual Basic得到了很大的扩充和增强，引进了使用部件编程的概念。

Visual Basic.NET是新一代的Visual Basic，具有完全的面向对象特征和结构化的错误处理机制，语言风格更加严谨。.NET是一个可以作为平台支持下一代Internet的可编程结构，具有跨语言编程特性。

本书主要介绍Visual Basic 6.0的应用。

### 1.1.2 Visual Basic 6.0版本介绍

Visual Basic 6.0包含了数百条语句、函数及关键词，其中很多和Windows GUI直接相关。Visual Basic 6.0有以下三种版本以满足不同的开发需要。

**1. 标准版**

Visual Basic 6.0标准版主要是为初学者了解基于Windows的应用程序开发而设计的。该版本包括所有的内部控件以及网格、选项卡和数据绑定控件。

**2. 专业版**

专业版主要是为专业编程人员提供整套功能完备的开发工具而设计的。该版本包括标准版的全部功能以及ActiveX控件、Internet Information Server Application Designer、集成的Visual Database Tools和DataEnvironment、Active Data Objects和Dynamic HTML Page Designer。

**3. 企业版**

企业版是为创建更高级的分布式、高性能的客户/服务器或Internet/Intranet上的应用程序而设计的。该版本包括专业版的全部功能以及Back Office工具。

### 1.1.3 Visual Basic的特点

**1. 可视化的设计平台**

传统程序设计语言编程时，需要通过编程、计算来设计程序的界面，在设计过程中看不到程序界面的实际显示效果，在运行程序的时候才能查看界面显示效果。Visual Basic提供了可视化程序设计环境，为用户提供了窗体和丰富的控件对象等界面元素，用户只需把控件对象放到窗体的适当位置，设置相应的属性，就可以设计出所需的应用程序界面，且可直接看到运行时的显示效果。即“所见即所得”的可视化编程。

**2. 面向对象的设计方法**

传统的程序设计语言采用的是面向过程的编程方法。在面向过程的编程方法中，程序模块和数据结构是松散耦合的，程序的可读性、可维护性较差，无法保证程序的质量。Visual Basic采用面向对象的编程方法(OOP,Object Oriented Programming)，把程序和数据封装为一个对象，并为每个对象赋予相应的属性。设计程序时，直接使用这些对象，根据需要针对对象要完成的功能进行编程即可。这样可以使用户对复杂系统的认识过程、系统的程序设计与实现过程尽可能一致，能较方便地实现大型复杂软件的设计，并可保证程序的质量，大大提高了程序设计的效率。

**3. 事件驱动的编程机制**

面向过程的程序设计方式中，程序总是按照设计好的流程运行，用户无法随机改变、控制程序的流程，不符合人们的思维习惯。Visual Basic 通过事件来执行对象的操作，即事件驱动的编程机制。设计应用程序时，不必建立具有明显开始和结束的程序，而是编写若干响应用户（系统）动作（事件）的程序代码（过程），事件之间不一定有联系，其运行随着事件的发生来触发运行。事件驱动的应用程序代码简短，易于编写和维护。

**4. 支持动态链接库、动态数据交换、对象连接与嵌入**

Visual Basic 支持的动态链接库（DLL,Dynamic LinR Library）编程技术，使 Visual Basic 应用程序可以调用 Windows 操作系统提供的应用程序接口（API,Application Programming Interface）函数资源或将用其他语言编写的程序加入 Visual Basic 应用程序中，提高编程效率。Visual Basic 提供的动态数据交换（DDE,Dynamic Data Exchange）编程技术，可以在应用程序中实现与其他 Windows 应用程序动态数据交换，在不同的应用程序之间进行通信的功能。OLE（Object Linking and Embeding）技术使 Visual Basic 应用程序能够访问 Windows 环境中的其他应用程序，将其他应用程序的文档（如 Word 文档等）链接或嵌入到 Visual Basic 应用程序中。

**5. 强大的数据库管理功能**

Visual Basic 具有很强的数据库管理功能。数据库访问特性允许应用程序访问多种企业数据库，建立各种数据库应用程序。其中包括 Microsoft SQL Server、Microsoft Access 数据库和其他外部数据库，例如 FoxPro、Paradox 等。

**6. 支持基于 Internet 的应用程序的开发**

可以使用 VB 脚本语言 VBScript 进行 Web 应用程序开发。

**7. 具有完备的 Help 联机帮助功能**

Visual Basic 提供了较完备的 Help 联机帮助功能。

# 1.2　Visual Basic 6.0 的安装与启动

## 1.2.1　Visual Basic 6.0 的安装

使用 Visual Basic 6.0 安装程序（Setup.exe）安装 Visual Basic 6.0。安装程序将 Visual Basic 6.0 以及其产品部件从 CD - ROM 安装到硬盘上。

安装步骤如下：

① 在 CD - ROM 驱动器中插入 Visual Basic 6.0 系统光盘。

② 运行安装程序 Setup.exe。如果机器可以自动运行，则在插入 CD 盘时，安装程序将被自动加载，加载后选择“安装 Visual Basic 6.0”。

③ 按照安装提示进行操作即可完成 Visual Basic 6.0 的安装。

## 1.2.2　Visual Basic 6.0 的启动与退出

启动 Visual Basic 6.0 的步骤如下：

① 单击 Windows 任务栏中的“开始”按钮，选择“程序”组中的“Microsoft Visual Basic 6.0 中文版”菜单项，启动 Visual Basic 6.0。

② 启动 Visual Basic 6.0 后，首先显示“新建工程”对话框，如图 1－1 所示。

图 1－1 “新建工程”对话框

③ 系统默认选择“新建”选项卡中的“标准 EXE”项。双击新建选项卡中的“标准 EXE”项或直接单击“打开”按钮，进入 Visual Basic 6.0 集成开发环境，如图 1－2 所示。

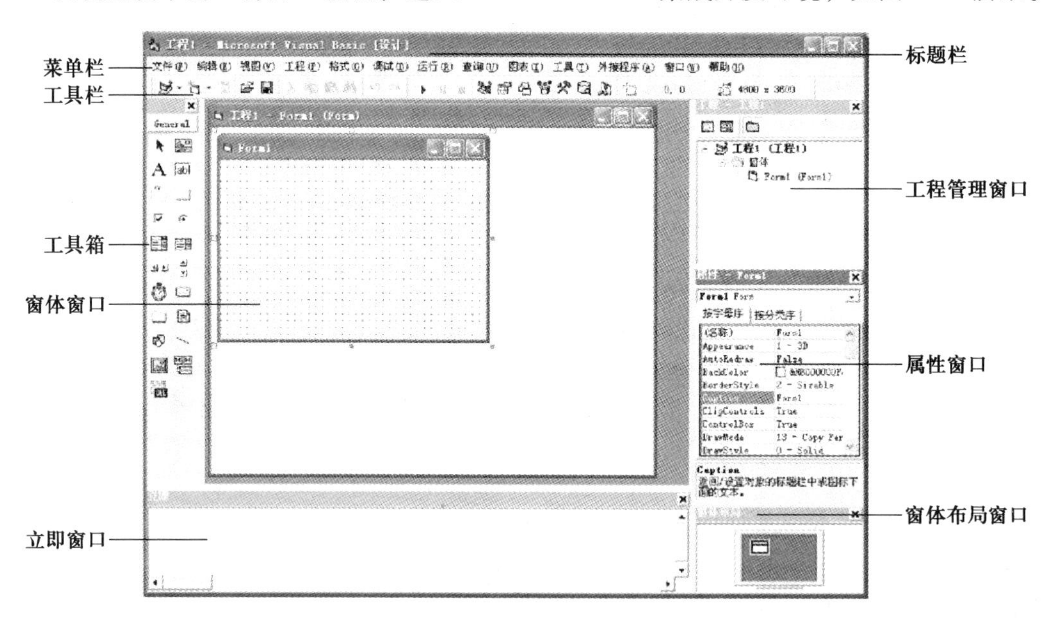


图 1－2 Visual Basic 6.0 集成开发环境

退出 Visual Basic 6.0 可以单击 Visual Basic 窗口右上角的“关闭”按钮，或选择“文件”→“退出”菜单命令。Visual Basic 会自动判断用户是否修改了工程的内容，并询问用户是否保存文件或直接退出。

# 1.3 Visual Basic 6.0 集成开发环境

Visual Basic 6.0 集成开发环境 IDE(Integrated Development Environment)是开发 Visual Basic 应用程序的平台，支持软件开发的各种功能(界面设计、代码编辑、程序编译、调试、运行等)并将这些功能集成在一个公共的工作环境中，提高开发效率，如图 1-2 所示。

Visual Basic 6.0 集成开发环境主要包括以下几个部分。

## 1.3.1 标题栏

标题栏位于 Visual Basic 窗口顶部，由窗口图标、标题文字、“最小化”、“最大化”和“关闭”按钮组成。单击窗口图标会弹出窗口控制菜单，标题文字包括当前工程项目名称、软件名称(Microsoft Visual Basic)和当前工作状态。当前工作状态包括设计、运行和中断。

图 1-2 中显示的是“设计”工作状态。工程项目名称显示为“工程1”，是系统自动给出的暂用名，存盘时可以保存为正式的工程文件名。

## 1.3.2 菜单栏

菜单栏位于标题栏之下，包括程序设计过程中常用的命令。从左至右依次为：文件(F)、编辑(E)、视图(V)、工程(P)、格式(O)、调试(D)、运行(R)、查询(U)、图表(I)、工具(T)、外接程序(A)、窗口(W)和帮助(H)共 13 个主菜单项。单击菜单项或者在按 Alt 键的同时按下该项括号中的字母键就会弹出该菜单项的下拉菜单。下拉菜单中包含若干个相关的命令或子菜单，选中相应命令或按相应快捷键即可执行相应的操作。

## 1.3.3 工具栏

在菜单栏下面是工具栏，工具栏提供了若干常用命令的快速访问按钮。当鼠标箭头指向这些按钮时会显示其对应的命令或功能，单击某个按钮，即可执行对应的相关操作，比选取菜单中的命令方便、快捷。

默认情况下，启动 Visual Basic 之后显示标准工具栏。附加的编辑、窗体设计和调试的工具栏可以从“视图”菜单上的“工具栏”命令中移进或移出。

## 1.3.4 工具箱

工具箱也称为控件箱，位于主窗口的左边，提供用于开发应用程序的各种控件。控件是 Visual Basic 设计中可重复利用的工具对象，在设计中可以利用控件设计应用程序界面。

**1. 控件的类型**

Visual Basic 中的控件通常分为 3 种类型。

(1) 内部控件

在默认状态下工具箱中包含的是内部控件，即标准工具箱，如图 1-3 所示。

(2) ActiveX 控件

除了默认的基本控件外，Visual Basic 还提供了许多扩展的 ActiveX 控件，这类控件单独保

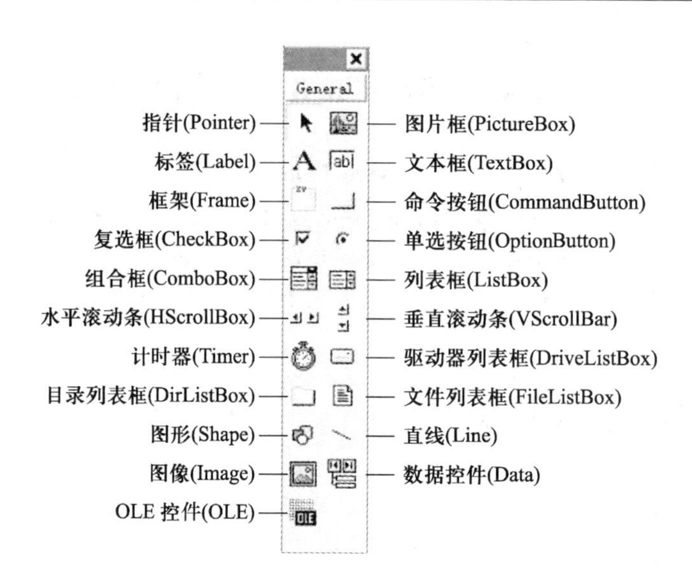


图 1-3 标准工具箱

存在 .ocx 类型的文件中，可以根据具体应用程序的需要添加到工具箱中。具体的添加方法如下：

① 在工具箱的空白处单击鼠标右键。在弹出的快捷菜单中选择“部件”菜单项，或单击“工程”菜单中的“部件”子菜单，弹出“部件”对话框。

② 在打开的“部件”对话框中选中需要的控件，然后单击“确定”按钮后退出，所选控件即可添加到工具箱中。

删除工具箱中的 ActiveX，只需在上述操作中取消选中标志即可。

(3) 可插入对象

利用对象连接与嵌入(OLE)控件，可以将其他应用程序的数据嵌入到 Visual Basic 的应用程序中。如 Excel 工作表、PowerPoint 幻灯片等。

**2. 选项卡**

Visual Basic 6.0 中可以通过定义选项卡来安排并组织控件，设计步骤如下。

① 在工具箱的空白处单击鼠标右键，在弹出的快捷菜单中选择“添加选项卡”菜单项，弹出“New Tab Name”对话框。

② 在打开的“New Tab Name”对话框中输入选项卡名称，如“专用工具箱”，单击“确定”按钮，即可在标准工具箱中显示“专用工具箱”选项卡。

③ 根据具体的控件添加方法添加所需控件，可建立单独的工具箱。通过单击选项卡名称可在不同的选项卡之间进行切换。

### 1.3.5 窗体窗口

窗体窗口也称“窗体设计器”，又称“对象”窗口，是构建应用程序界面的工作平台，如图 1-4 所示。窗体就是应用程序的用户界面，在窗体窗口中使用窗体和工具箱中的控件来构建应用程序界面。

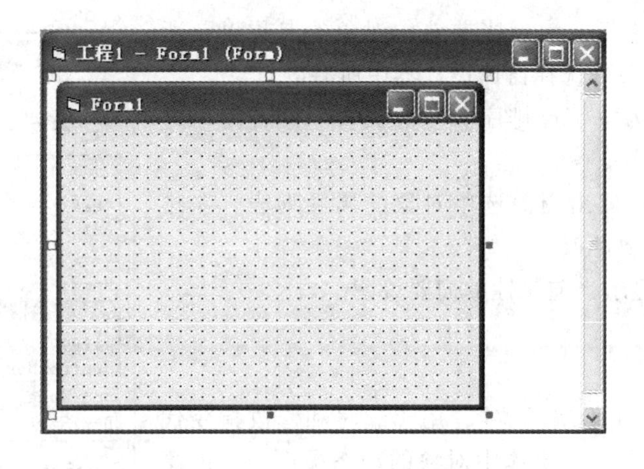


图 1-4 窗体窗口

Visual Basic 集成开发环境启动时，系统自动建立一个空白窗体对象，默认名称为“Form1”，可以修改窗体的名称属性。窗体中的小点用于设计时对齐控件位置。工程中的每一个窗体都有其窗体窗口。

### 1.3.6 工程管理窗口

工程管理窗口位于 Visual Basic 主窗口的右侧，全称为“工程资源管理器窗口”，如图 1-5 所示。所有的应用程序都以工程为载体，工程是用于创建一个应用程序的所有文件的集合。工程管理窗口层次分明地列出当前工程中的所有文件，这些文件在工程管理器中是以层次结构存在的。第一层为工程文件(.vbp 文件)，第二层为窗体文件(.frm 文件)、类模块文件(.cls 文件)、标准模块文件(.bas 文件)，在第二层还包括资源文件(.res 文件)、ActiveX 文件(.ocx 文件)等。

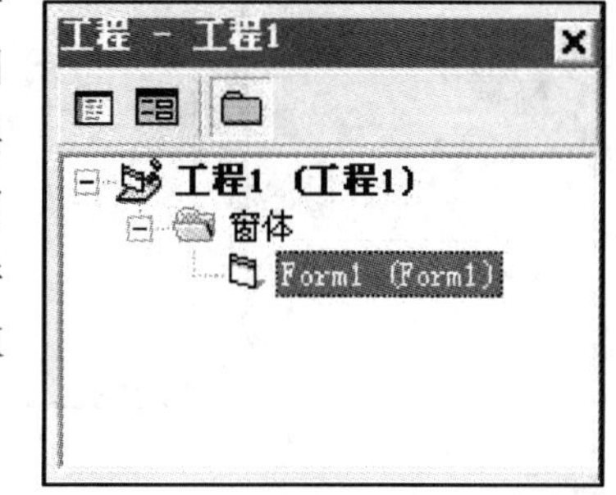


图 1-5 工程管理窗口

工程管理窗口包括以下 3 个按钮：

①“查看代码”按钮：用于打开代码编辑器查看代码。

②“查看对象”按钮：用于打开窗体设计器查看正在设计的窗体对象。

③“切换文件夹”按钮：用于隐藏或显示包含在对象文件夹中的单个项目列表。

### 1.3.7 属性窗口

在 Visual Basic 集成开发环境的默认视图中，属性窗口位于工程管理窗口的下面。按 F4 键或单击工具栏中的“属性窗口”按钮或选取“视图”菜单中的“属性窗口”子菜单，均可打开属性窗口，如图 1-6 所示。

属性窗口包含选定对象的属性列表，对象的属性可以在属性窗口中进行初始化设置，而且这些设置可以在程序运行过程中改变。

属性窗口分为以下 4 部分。

① 对象下拉列表框：表示当前选中对象的名称以及所属的类，单击下拉箭头可选择窗体设计器中所有的对象。

② 选项卡：分为按字母排序和按分类排序两种排序方式显示所选对象的属性。

③ 属性列表框：列出当前选中对象的属性列表，左边为属性名称，右边为属性值。

④ 属性说明：显示当前属性的简要说明。

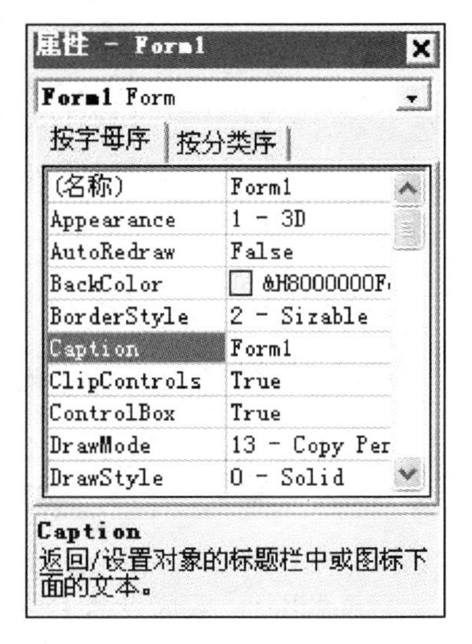


图1-6 属性窗口

## 1.3.8 代码窗口

代码窗口又称“代码编辑器”，用于编写和修改指令代码、子程序或过程，以控制窗体中对象的动态操作。双击窗体或在单击右键的快捷菜单中选择“查看代码”或在“视图”菜单中选择“代码窗口”，均可打开代码窗口，并显示该对象的默认过程，如图1-7所示。

代码窗口中包含以下5部分：

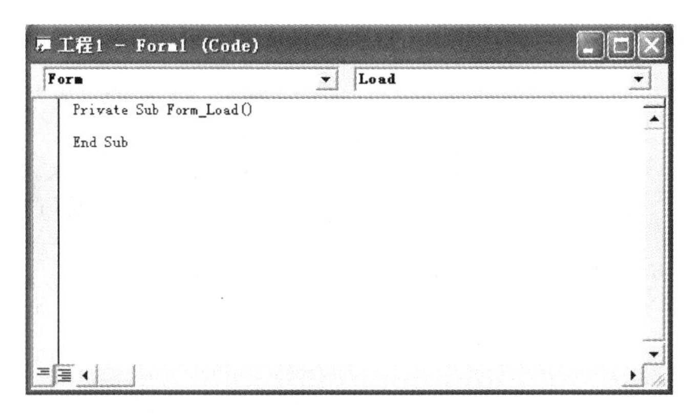


图1-7 代码窗口

① 对象下拉列表框：列出当前窗体及窗体中包含的全体对象的名称。当选中某个对象名时，在代码编辑区中为选中对象建立一个事件过程编程框架。用户可以在此框架中输入代码。

② 过程下拉列表框：列出了所选对象的所有事件名。

③ 代码编辑区：进行代码的编辑和修改。在代码输入过程中，有自动大小写字母转化、语法提示、语法检查功能，并自动进行代码的缩进处理，使代码编辑过程更方便。

④ 过程查看按钮：用于查看单个过程代码，一次只能查看一个过程的代码。

⑤ 全模块查看按钮：用于查看程序中的所有过程代码。

## 1.3.9 窗体布局窗口

窗体布局窗口位于属性窗口的下方，窗口中有一个表示屏幕的小图像，用于设置实际运行时窗体在屏幕中的初始位置。用鼠标拖动其中的窗体小图标可以调整运行时窗体的初始位置，如图1-8所示。

图 1-8 窗体布局窗口

### 1.3.10 立即窗口

立即窗口位于主窗口的下方，如图 1-9 所示。立即窗口通常有如下两个作用。

① 编写程序时可以在立即窗口中运行命令和函数。通常用于验证某个计算的运行结果或测试某些命令或函数的用法。

② 调试程序。在程序代码调试中，将程序的中间运行结果输出到立即窗口，用于调试程序或定位程序中的错误。

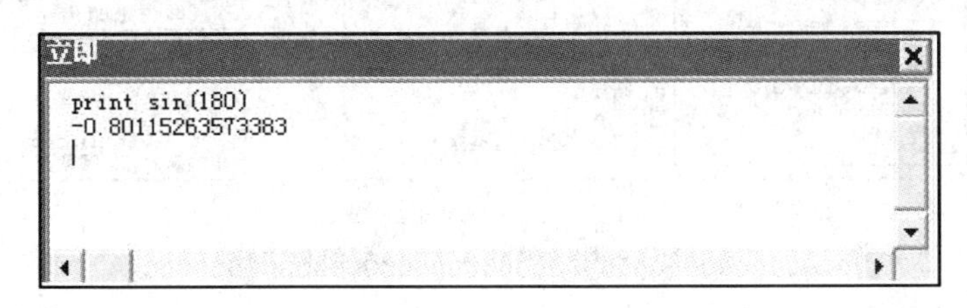


图 1-9 立即窗口

### 1.3.11 帮助系统

Visual Basic 6.0 为用户提供了内容丰富、使用方便的在线帮助系统，为应用程序的开发提供全面系统的帮助。微软公司将 Visual Basic 6.0、Visual C++、Visual J++等编程语言的帮助信息集成在 MSDN Library 中，方便用户使用。安装 Visual Basic 6.0 时，同时安装 MSDN，用户才能使用帮助服务。

**1. MSDN Library 在线帮助**

在“帮助”菜单中选择“内容”、“索引”或“搜索”命令后，即可打开 MSDN Library 在线帮助窗口，如图 1-10 所示。

MSDN Library 在线帮助窗口包含定位和主题两个窗格，在定位窗格中有“目录”、“索引”、“搜索”和“书签”4 个选项卡，选择这 4 项中的主题后，即可在主题窗格中查看帮助信息。

选择“搜索”选项卡后输入要查询的单词或短语，可以搜索需要的帮助信息。如选择“搜索”选项卡，输入“窗体”，单击定位窗格中的“列出主题”按钮，则定位窗格中列出包含“窗体”的主题标题，选择“设计窗体”主题，单击“显示”按钮，即可在主题窗格中显示出关于“设计窗体”的帮助信息，如图 1-11 所示。输入查询的单词或短语时，可以使用逻辑运算符实现连接。如输入“窗体 And 按钮”，单击定位窗格中的“列出标题”按钮，意为列出同时包含“窗体”和“按钮”的主题标题。若输入“窗体 Or 按钮”，则意为列出包含“窗体”或“按钮”的主题标题。

**2. 上下文相关帮助**

上下文相关帮助即无需打开“帮助”菜单即可获取必要帮助。例如，可以在 Visual Basic 的代码窗口中，将鼠标插入点放在关键字“Sub”上并按 F1 键，即可以调出关于“Sub”的特

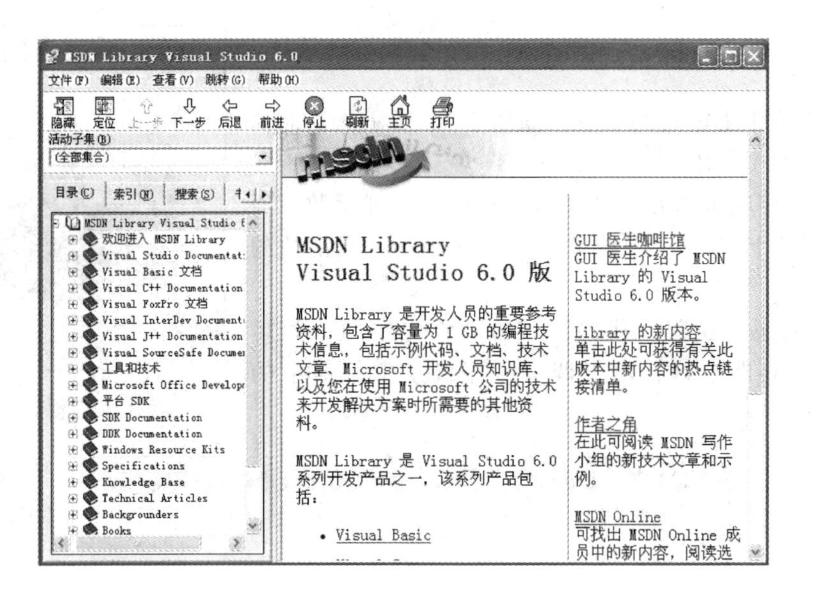


图 1-10　MSDN Library 窗口

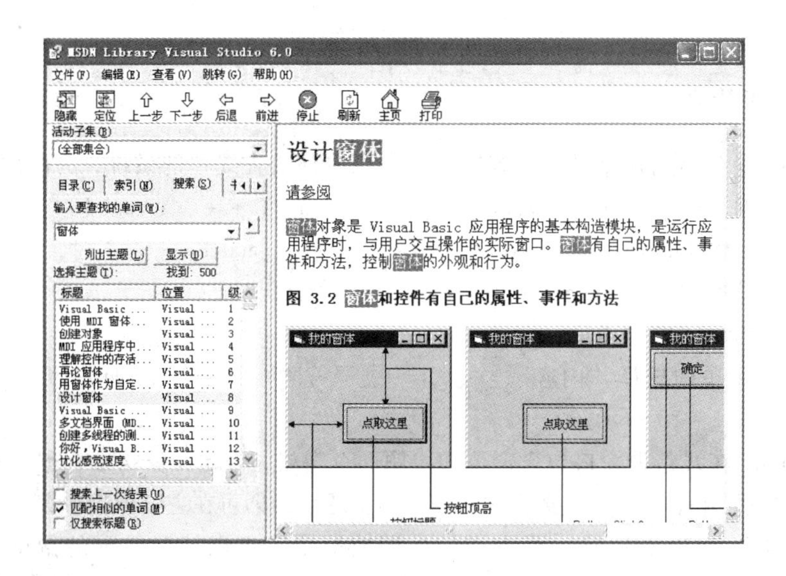


图 1-11　搜索查询帮助信息

定帮助信息，如图 1-12 所示。

**3. 运行帮助中的代码示例**

许多帮助主题都包含可以在 Visual Basic 中直接运行的代码示例，可以通过粘贴板将这些代码复制到代码窗口中，并按 F5 键运行，有利于理解有关概念。有些示例程序需要先建立窗体和控件，并设置属性后才能运行示例代码。

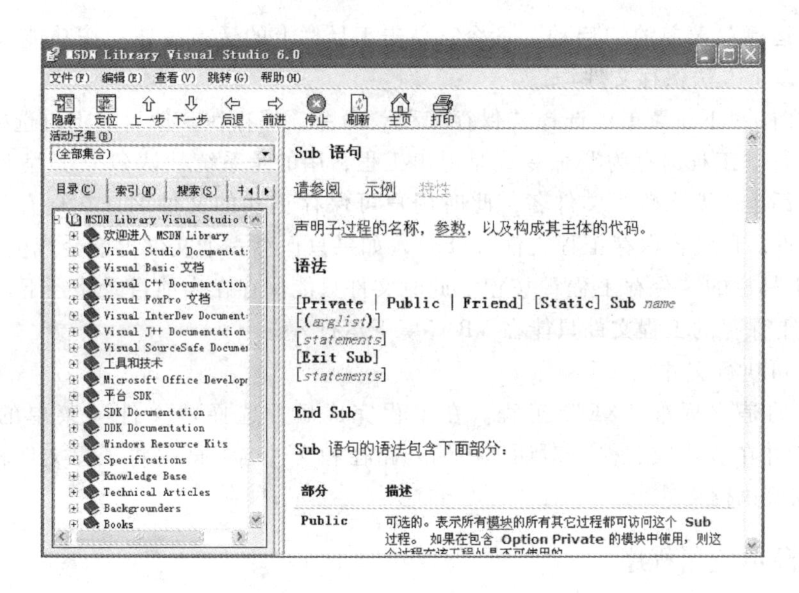


图 1-12 上下文帮助信息

# 1.4 Visual Basic 应用程序设计初步

## 1.4.1 Visual Basic 程序设计的基本步骤

(1) 新建工程

通常，在程序设计开始需要新建一个工程。启动 Visual Basic 6.0 后，显示“新建工程”对话框，双击新建选项卡中的“标准 EXE”项，即可新建一个标准 EXE 工程。在集成开发环境中，单击“文件”菜单，选择“新建工程”命令，也可打开“新建工程”对话框新建一个工程。

(2) 设计用户界面

新建工程之后建立窗体对象，从工具箱中选择需要的控件添加到窗体内。调整控件的大小和位置，使窗体布局符合界面要求。

(3) 设置控件属性

通过属性窗口设置窗体及控件的初始属性，使每个对象的属性值符合静态界面的要求，例如外观、位置、大小、字体、颜色等。要注意各个控件对象的特有属性应满足应用功能。

(4) 编写代码

编写各事件过程和通用过程代码。在对象窗口内双击触发事件的控件，打开相应的代码窗口，在代码窗口的事件下拉列表框中选择驱动事件，在该事件的过程中输入语句代码。通常，驱动事件过程中程序段比较简单，但是编写功能完善的过程也需要具备一定的语言知识和编程技巧。

(5) 运行和保存文件

程序代码编写完成后，可以调试运行，查看是否完成了预定功能。运行程序的方法有：选择菜单栏的“运行”菜单的“启动”命令；单击工具栏上的运行按钮；按功能键F5。运行没有问题，则用以下方法保存文件：

① 在“文件”下拉菜单中选择“保存工程”命令，保存在其他目录下可选择“工程另存为”命令。执行“工程另存为”命令或是退出工程，用的是系统默认名“工程1”。出现“工程另存为”对话框，要求输入文件名，此时用户可保存正式的文件名。在保存工程时，通常先保存窗体文件(.frm)再保存工程文件(.vbp)，如果只保存一个文件可能会产生错误。

② 单击工具栏的“保存工程”按钮。此时文件只能保存在当前目录路径下。

**注意：**以上保存的工程文件只能在VB环境下运行。

(6) 生成可执行文件

如果建立的是“标准EXE”工程。在工程完成后，选择“文件”菜单的“生成工程1.exe”命令，并在“生成工程”对话框中输入路径和文件名，即可将工程文件转换成扩展名为.exe的标准可执行文件。

### 1.4.2 简单应用程序

【任务1-1】创建一个简单应用程序，该应用程序由一个文本框和两个命令按钮组成。单击“开始”按钮，文本框中会出现“你好”字样，单击“结束”按钮，退出程序。

**1. 新建工程**

启动Visual Basic 6.0，在出现的“新建工程”窗口的“新建”选项卡中选择“标准EXE”图标，新建一个工程。

**2. 创建应用程序界面**

(1) 创建窗体

创建工程时，系统自动创建一个空白窗体，窗体名称默认为“Form1”。

(2) 添加控件

在创建的窗体上添加所需的控件。本例中添加一个文本框(Text1)和两个按钮(Command1和Command2)，如图1-13所示。

单击工具箱的相应控件，将鼠标指针移动到窗体上，拖动指针画出适合控件大小的方框，释放鼠标，控件即可添加到窗体中。

(3) 调整控件

选中控件对象，出现在控件四周的小矩形框称为尺寸句柄，尺寸句柄用于调节控件尺寸，也可用鼠标、键盘和菜单命令调整控件位置。

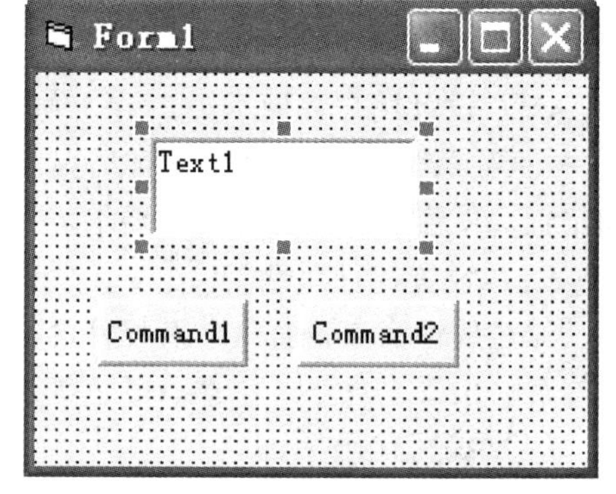

图1-13 放置控件

**3. 设置控件属性**

通过属性窗口为创建的对象设置属性。各控件的属性设置顺序任意，步骤如下：

① 选择文本框Text1，在属性窗口中出现Text1的所有属性，选定Text属性，删除属性值使其为空，如图1-14所示。选择Font属性，单击右边的字体设置按钮，弹出字体设置对话框，设置为“粗体”，“三号”。

② 单击 Command1 按钮，在属性窗口中选定 Caption 属性，修改为“开始”。

③ 单击 Command2 按钮，在属性窗口中选定 Caption 属性，修改为“结束”。

其他属性采用默认值。

**4. 编写代码**

使用代码编辑器窗口编写程序代码，双击要编写代码的窗体或控件，打开代码编辑窗口。

① 双击 Command1 按钮，打开代码编辑器窗口，在对象下拉列表框中选择 Command1，过程下拉列表框中选择 Click(单击)事件，在过程框架中输入如下代码：

```
Private Sub Command1 _ Click( )
  Text1. Text ="你好! "
End Sub
```

即单击“开始”按钮时，在文本框中显示“你好!”。

图 1-14 字体设置对话框

② 对 Command2 按钮的 Click 事件编写如下代码：

```
Private Sub Command2 _ Click( )
  End
End Sub
```

即单击“结束”按钮时，退出程序，如图 1-15 所示。

**5. 运行应用程序**

从“运行”菜单中选择“启动”，或者单击工具栏中的“启动”按钮，或按 F5 键，运行应用程序。程序运行后，单击“开始”按钮，文本框中显示“你好!”，如图 1-16 所示。

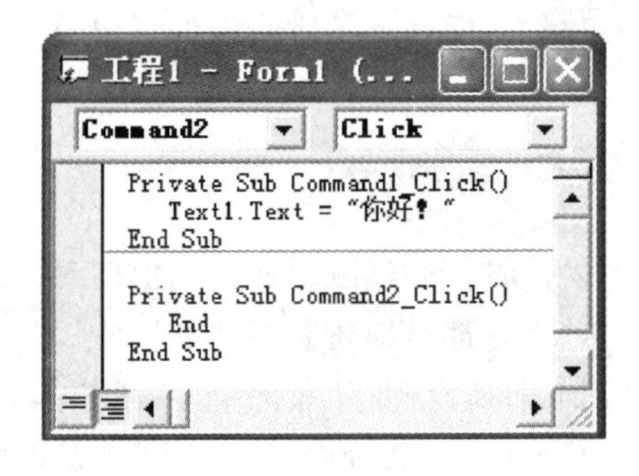


图 1-15 代码编辑窗口

图 1-16 程序运行结果

**6. 保存工程**

从“文件”菜单中选择“保存工程”命令，在打开的“文件另存为”对话框中，Visual Basic 将分别提示保存窗体和保存工程。将窗体和工程命名为“任务 1-1”，选择存储路径，单击“保存”按钮，则生成了窗体文件“任务 1-1. frm”和工程文件“任务 1-1. vbp”。

**7. 生成可执行文件**

生成 EXE 文件后，应用程序就能够脱离 Visual Basic 环境运行。

选择“文件”菜单的“生成任务1－1.exe”菜单项，在打开的“生成工程”对话框中输入可执行文件名，如“任务1－1”单击“确定”按钮，即可生成可执行文件“任务1－1.exe”。

# 1.5 可视化编程的基本概念

在面向过程的程序设计方法中，把数据和程序作为相互独立的实体，在编写程序时，程序员要时刻注意使数据和程序保持一致，给编程带来很多麻烦，无法保证程序的质量。面向对象的可视化程序设计方法是把数据和程序组合起来作为一个对象，以对象为基础，采用事件驱动的机制，编程时可以摆脱具体数据格式和程序的束缚，集中精力考虑要处理的对象，提高了编程效率和程序的质量。下面介绍面向对象程序设计的基本概念。

## 1.5.1 对象的概念

对象(Object)是一种事物或一个实体，可以想象成日常生活中的物体，例如一个桌子、一本书、一把椅子等。

从程序设计角度看，对象是程序运行时的基本实体，既包括数据(属性)，也包括作用于对象的操作(方法)和对象的响应(事件)。

在面向对象程序设计中，对象通常是由程序员设计的，而在Visual Basic中，对象可以由系统设计好，直接供用户使用。在Visual Basic中也可由程序员设计对象(类)，Visual Basic系统设计好的对象有窗体、各种控件、菜单等，使用最多的是窗体和控件。

类是具有相同性质的对象的集合，类定义了一个抽象模型，用于创建对象。类中的每一个对象称为类的实例，如球是一个类，而足球、铅球、乒乓球都是由“球”这个类创建的对象。

在Visual Basic工具箱中的每一种控件都可以看作一个类。通过将类实例化，可以得到对象。当在窗体上添加一个控件时，就将类实例化为对象，即创建了一个控件对象，简称控件。

## 1.5.2 对象的属性和方法

### 1. 对象的属性(Property)

属性是对象的特性，是描述对象的数据。程序运行时，通过改变属性的值使对象的状态发生变化。例如，足球是一个对象，它颜色、大小、材质等都是描述它特性的属性。

Visual Basic程序中的对象都有属性，用来描述和反映对象特征。例如，控件名称(Name)、标题(Caption)、颜色(Color)、字体(FontName)、是否可见(Visible)等属性决定了控件对象将具有什么样的外观及功能。

对象属性的设置可以通过两种方法实现：在设计阶段利用属性窗口直接设置对象的属性值，在程序代码中通过赋值实现，其格式为：

```
对象.属性=属性值
```

例如，将对象名为“cmdOk”的命令按钮的Caption属性设置为字符串"确定"，在程序代码中的书写形式为：

```
cmdOk.Caption="确定"
```

**2. 对象的方法(Method)**

方法(Method)是对象所具有的动作和行为，是系统已经设计好的，在编程过程中可以使用的某些特殊程序(函数和过程)，方法决定了对象可以进行的动作。

在 Visual Basic 中已将一些通用的过程和函数编写好并封装起来，作为方法供用户直接调用，方便了用户的编程。由于方法是面向对象的，在调用时一定要指明对象。对象方法的调用格式为：

[对象]. 方法[参数名表]

若省略了对象，表示当前对象，通常指窗体，例如：

Form1. Print"欢迎您使用 Visual Basic 6.0"

此语句表示使用 Print 方法在“Form1”窗体中显示字符串“欢迎您使用 Visual Basic 6.0”。

### 1.5.3 对象事件和事件过程

**1. 对象事件(Event)**

事件(Event)是能被对象识别的动作或发生在对象上的操作，事件能够触发对象进入活动状态。

每个对象都有一系列预先定义的对象事件，例如鼠标单击(Click)、双击(DblClick)、改变(Change)、获取焦点(GetFocus)、键盘按下(KeyPress)等。对象与对象之间、对象与系统之间及对象与程序之间通过事件进行通信。

属性决定了对象的外观(特性)，方法决定了对象的行为，事件决定了对象之间联系的手段，因此，属性、方法和事件是构成对象的三要素。

**2. 事件过程**

事件过程是指附在该对象上的程序代码，是事件的处理程序。当对象发生了某个事件后的处理步骤就是事件过程(Event Procedure)。

在 Visual Basic 中，程序设计者不必考虑对象名和事件名之间的关系，创建对象后，Visual Basic 会自动定义该对象对应的事件，直接选用即可。要对事件过程进行编程，必须进入代码窗口。

事件过程的一般格式如下：

```
Sub 对象名_事件名()
    ……
    处理事件的程序代码
    ……
End  Sub
```

如任务 1-1 中“开始”按钮的单击事件过程为：

```
Private Sub Command1 _ Click()
  Text1. Text ="你好！"
End Sub
```

Private 表示过程是私有过程，只能被本模块中的过程访问。过程以关键字 Sub 开始指该过程是子过程。Command1 是“按钮”控件对象的名称，Click 是“单击”事件名称。这里程序代码只有一条语句 Text1. Text ="你好！"，表示当单击按钮 Command1 时，将“你好”赋给文本框的文本属性。End Sub 表示过程的结束。

### 1.5.4 事件驱动编程机制

Visual Basic 6.0 采用了面向对象的编程思想，在代码编写过程中，所有的代码都写在控件的事件过程中，当程序运行时会先等待某个事件的发生，再去执行处理此事件的事件过程，即通过触发事件来完成相应的功能。这种编程机制称为“事件驱动”编程机制（Event Driven Programming Model)，由事件控制整个程序的执行流程。

当事件过程处理完某一事件后，程序就会进入等待状态，直到下一个事件发生为止。

## 习 题

### 一、填空题

① Visual Basic 窗体文件的扩展名为________，工程文件的扩展名为________。

②“属性”窗口中属性显示方式有________和________两种。

③ 启动 Visual Basic 后，在窗体的左侧存放有随着 Visual Basic 启动而加载进来的内部控件窗口，此窗口称为________。

④ Visual Basic 采用________方法，把程序和数据封装起来作为一个对象，并为每个对象赋予相应的属性。

### 二、简答题

① 简述 Visual Basic 6.0 的主要特点。

② 简述 Visual Basic 程序设计的基本步骤。

③ Visual Basic 6.0 集成开发环境的主窗口由哪些主要部分构成？各部分的主要功能分别是什么？

④ 工程管理器可以管理哪些类型的文件？

⑤ 简述对象、属性、事件、方法的概念，并用一个具体的例子进行说明。

⑥ 创建一个简单应用程序，该应用程序由两个命令按钮组成。单击“欢迎”命令按钮，在窗体上输出“欢迎使用 Visual Basic 6.0!”字样，单击“结束”命令按钮，退出程序。

# 第2章　Visual Basic 语言基础

在程序设计语言中，程序由语句构成，语句由字符、关键词和各种不同类型的数据、常量、变量、函数以及由它们组成的表达式构成。字符集、标识符、数据类型、常量、变量、运算符、表达式、常用内部函数和语句是程序设计语言的基础。本章介绍 Visual Basic 语言基础。

## 2.1　Visual Basic 语言基本概念

### 2.1.1　字符集

字符是构成程序设计语言的最小语法单位，每一种程序设计语言都有一个字符集。Visual Basic 字符集是指编写 Visual Basic 程序所能使用的所有符号的集合，Visual Basic 的基本字符集包括数字、英文字母和专用字符。

- 数字：0 ~ 9。
- 字母：大写英文字母 A ~ Z；小写英文字母 a ~ z。
- 专用字符：共 28 个，见表 2 - 1。

表 2 - 1　Visual Basic 的专用字符

| 符号 | 说明 | 符号 | 说明 | 符号 | 说明 | 符号 | 说明 |
| --- | --- | --- | --- | --- | --- | --- | --- |
| Space | 空格 | ! | 感叹号 | # | 井号 | $ | 币号 |
| % | 百分号 | & | 与号 | @ | 花 a 号 | _ | 下划线 |
| + | 加号 | - | 减号 | * | 星号(乘号) | / | 斜杠(除号) |
| \ | 反斜杠 | ^ | 上箭头 | < | 小于号 | > | 大于号 |
| = | 等于号 | ( | 左圆括号 | ) | 右圆括号 | " | 双引号 |
| ' | 单引号 | , | 逗号 | . | 小数点 | : | 冒号 |
| ; | 分号 | ? | 问号 | [ | 左方括号 | ] | 右方括号 |

所有符号必须使用半角符号，在使用时要特别注意标点符号应为半角符号。

### 2.1.2　关键字

关键字又称保留字是程序设计语言的组成部分，是在语法上有固定含义的词。关键字不能重新定义，Visual Basic 的关键字包括标准过程名、标准函数名、语句动词、类型说明符、常量、逻辑运算符等。如 Abs、Sin、And、If、False、Open、Long、While 等。

关于关键字表的详细信息，请参阅《Visual Basic 6.0 语言参考手册》或查阅联机帮助文件。

### 2.1.3 标识符

标识符是编程时为变量、常量、类型、过程、函数、控件等定义的名称，一个名称为一个标识符。在 Visual Basic 中标识符的命名规则如下：

① 必须以字母开头，由字母、数字和下划线组成。

② 变量名的最后一个字符可以是类型说明符(规定数据类型的特殊字符)。

③ 标识符的长度不能超过 255 个字符，控件、窗体、类和模块的名字不能超过 40 个字符。

④ 不能和关键字同名。

**例如**

合法的变量名：ab X12 sum% s4b_2 姓名 日期

不合法的变量名：2x a+b β π print (x,y)

## 2.2 基本数据类型

Visual Basic 具有很强的数据处理能力，数据是可以被计算机程序处理的信息。在高级语言中，“数据类型”的概念被广泛使用，数据类型体现了数据结构的特点。不同的数据类型所占的存储空间不同，对其处理的方式也不同。Visual Basic 提供了系统定义的基本数据类型，并允许用户根据需要自定义数据类型。

数据类型介绍见表 2-2，其中，类型名用于在进行变量说明时表示数据类型，数值的后面加上类型符表示数据类型。

**表 2-2 Visual Basic 标准数据类型**

| 数据类型 | 类型名 | 类型符 | 前缀 | 存储空间（字节数） | 范围 |
|---|---|---|---|---|---|
| 字节型 | Byte | 无 | b | 1 | 0~255 |
| 逻辑型 | Boolean | 无 | f | 2 | True 与 False |
| 整型 | Integer | % | i | 2 | -32768 ~ +32767 |
| 长整型 | Long | & | l | 4 | -2147483648 ~ +2147483647 |
| 单精度型 | Single | ! | s | 4 | $-3.402823\times10^{38}$ ~ $-1.401298\times10^{-45}$<br>$1.401298\times10^{-45}$ ~ $3.402823\times10^{38}$ |
| 双精度型 | Double | # | dbl | 8 | $-1.79769313486232\times10^{308}$ ~<br>$-4.94065645841247\times10^{-324}$<br>$4.94065645841247\times10^{-324}$ ~<br>$1.79769313486232\times10^{308}$ |
| 货币型 | Currency | @ | c | 8 | -922337203685477.5808 ~<br>922337203685477.5807 |

续表

| 数据类型 | 类型名 | 类型符 | 前缀 | 存储空间（字节数） | 范围 |
| --- | --- | --- | --- | --- | --- |
| 日期型 | Date | 无 | dt | 8 | 公元100年01月01日～9999年12月31日 |
| 字符型 | String | $ | str | 字符 | 0～65535个字符(定长) |
| 对象型 | Object | 无 | 对象 | 4 | 任何对象引用 |
| 变体型 | Variant | 无 | v | 根据需要分配 | 由最终数据类型决定 |

### 2.2.1 数值(Numeric)型数据

Visual Basic有6种数值型数据：整型(Integer)、长整型(Long)、单精度型(Single)、双精度型(Double)、货币型(Currency)和字节型(Byte)，分为整型数和实型数两大类。

**1. 整型数**

整型数是不带小数点和指数符号的数。整数运算速度快、精确，但表示数据的范围小。

(1) 整型(Integer)

整型数用2字节(16位)二进制码表示，类型名为Integer，类型符为“%”，取值范围是－32768～＋32767。

(2) 长整型(Long)

长整型数用4字节(32位)二进制码表示，类型名为Long，类型符为“&”，取值范围是－2147483648～＋2147483647。

(3) 字节型(Byte)

字节型数用1字节(8位)二进制码表示，用于存储二进制数，类型名为Byte，取值范围是0～255。

**2. 实型数**

实型数是带小数部分的数，分浮点数和定点数。实型数表示数据的范围大，但有误差。浮点数由符号、指数、尾数三部分组成。

(1) 单精度浮点数(Single)

单精度浮点数用4字节(32位)二进制码表示，其中符号占1位，指数占8位，23位表示位数，类型名为Single，类型符为“!”。负数的取值范围是$-3.402823\times10^{38}$～$-1.401298\times10^{-45}$，正数的取值范围是$1.401298\times10^{-45}$～$3.402823\times10^{38}$。

编程时单精度数的指数用“E”表示。如123.45E3表示$123.45\times10^{3}$，23.45E－23表示$23.45\times10^{-23}$。

(2) 双精度浮点数(Double)

双精度浮点数用8字节(64位)二进制码表示，其中符号占1位，指数占11位，52位表示位数，类型名为Double，类型符为“#”。负数的取值范围是$-1.79769313486232\times10^{308}$～$-4.94065645841247\times10^{-324}$，正数的取值范围是$4.94065645841247\times10^{-324}$～

$1.79769313486232\times10^{308}$。

编程时双精度数的指数用“D”表示。如123.45D3表示$123.45\times10^{3}$，23.45D-23表示$23.45\times10^{-23}$。

（3）货币型数据(Currency)

货币型数据是定点实数，保留小数点右边4位和小数点左边15位，多用于货币计算。用8字节(64位)二进制码表示。取值范围是-922337203685477.5808~922337203685477.5807

在Visual Basic中声明和使用数值型数据时，如果数据包含小数，则应使用Single、Double或Currency型，如果数据为二进制数，则应使用Byte数据类型。每种数值型数据都有一个有效的范围，程序中的数据如果超出有效范围，就会出现“溢出”(Overflow)。

### 2.2.2 字符(String)型数据

字符型数据是一个字符序列，由ASCII字符组成，类型名为String，类型符为“$”，包括变长字符串和定长字符串两种表示形式。

**1. 变长字符串**

变长字符串是指字符串的长度不固定，随着对字符串变量赋予新的字符串，长度可增可减，变长字符串的最大长度为$2^{31}-1$个字符。

**2. 定长字符串**

定长字符串是指在程序执行过程中始终保持其长度不变的字符串，定长字符串的最大长度为65535个字符。

字符串在使用时用双引号引起来，例如" Student "、"中国"等。双引号是字符串的定界符，输出时不显示。

### 2.2.3 逻辑(Boolean)型数据

逻辑型数据也称为布尔型数据，用一个逻辑值表示，用2个字节存储，用于逻辑判断，只有两个取值：真(True)和假(False)。

数值型数据转换为Boolean型时，0值会转换为False，非0值转换为True。Boolean值转换为数值型时，False转换为0，True转换成-1。

### 2.2.4 日期(Date)型数据

日期型数据用于表示日期和时间，按8字节的浮点数存储，可以表示多种格式的日期和时间，表示的日期范围从公元100年1月1日至9999年12月31日，时间范围从0:00:00至23:59:59。

字面上可被认作日期和时间的字符，只需用号码符(#)括起来，即可表示为日期型数据。

**例如：** #January 1, 1997#

#1 Jan, 97#、#5/12/98#

#1998-5-12 12:30:00 PM#

其他数据类型转换为日期型数据时，小数点左边的数字表示日期(即从1899年12月31日开始的天数)，小数点右边的数字代表时间，0表示为午夜，0.5表示为中午12点，负数表示

1899 年 12 月 31 日之前的日期和时间。

### 2.2.5 对象(Object)型数据

对象型数据用于表示 Visual Basic 应用程序中或其他应用程序中的对象。用 Set 语句指定一个被声明为 Object 的变量引用应用程序所识别的实际对象。Object 变量通过 32 位(4 字节)地址存储，该地址可引用应用程序中的对象。

### 2.2.6 变体(Variant)型数据

变体型数据是一种可变的数据类型，可以存放任何类型的数据，因此变体类型是 Visual Basic 中最灵活的一种变量类型，对数据的处理取决于程序的需要。

## 2.3 常量与变量

在程序中输入的数据、参加运算的数据、运行结果等临时数据，都暂存在计算机内存中，为确定数据在内存中的位置，需要为存储数据的内存单元命名，通过内存单元名访问数据。命名的内存单元就是常量或变量。

### 2.3.1 常量

在应用程序运行过程中其值不变的量称为常量。Visual Basic 中的常量包括普通常量、符号常量和系统常量 3 种。

**1. 普通常量**

普通常量也称直接常量，即在程序代码中以直接明显的形式给出的数据。根据使用的数据类型分为数值常量、字符串常量、逻辑型常量和日期常量。

(1) 数值常量

数值常量即常数，共有 5 种数值类型：整数、长整数、定点数、浮点数和字节数。

整数、长整数、字节数都是整型常量，可以用十进制、八进制、十六进制来表示。数值默认用十进制表示，如 234、-583、0 等。以 &O 开头的数表示八进制数，如 &O231、&O224 等。以 &H 开头的数表示十六进制数，如 &H58、&H3A5 等。

定点数、浮点数是实型常量，又分单精度数和双精度数。实型常量有两种表示形式：

① 十进制小数表示形式：由正负号、数字和小数点组成，例如 2.345、-15.87 等。

② 指数形式表示：由尾符、尾数、指数符号和指数 4 部分构成，单精度数用 E 表示 10 的幂，双精度数用 D 表示 10 的幂。

**例如：** 8.533E+12、-1.235D-23、-23.45E+5 等。

(2) 字符串常量

字符串常量是用双引号括起来的一串字符，如"abcsd"、"1245GF"、"姓名"等。字符串中的字符可以是中文、西文、标点符号等字符。

**注意：** ""表示空字符串，而" "表示有一个空格字符的字符串。

(3) 逻辑型常量

逻辑型常量只有 True(真)和 False(假)两个值。

(4) 日期常量

用两个“#”符号把表示日期和时间的值括起来表示日期常量。

**例如:** #5/12/98#

#1998-5-12 12:30:00 PM#

**2. 符号常量**

在程序设计中，如果某常量需要重复使用，则可以使用一个符号来表示该常量，这样可减少程序的出错率且便于维护。

用户定义常量使用 Const 语句为常量分配名字、值和类型。声明常量的语法为:

Const　常量名　[As 类型] = 表达式

**说明:**

① 常量名命名规则要符合标识符的命名规则。

②“As 类型”说明了该常量的数据类型，若省略该选项，则数据类型由表达式决定。类型可使用 Integer、Single 、Long、String 等。

**例如:** Const PI = 3.14159　'声明常量 PI，代表 3.14159，单精度型。或 Const PI As Single = 3.14159

Const MAX As Integer = &O144　　'声明常量 MAX，代表八进制数 144，整型。

③ 表达式可以是数值常数、字符串常数或由运算符组成的表达式。

④ 也可以在常量名后加类型符来代替“As 类型”。此时常量名与类型符之间不能有空格。用类型符说明的符号常量，在程序中引用时可省略类型符。

**例如:** Const COUNTS# = 45.67 '声明常量 COUNTS，代表 45.67，双精度型。

⑤ 一个说明语句可以同时说明多个常量，常量之间用逗号分隔，每个常量必须有类型声明，类型声明不能共用。

**例如:** Const Str = "Hello", PI As Single = 3.14159

**3. 系统常量**

除了用户通过声明定义常量外，Visual Basic 系统提供了应用程序和控件的系统常量，系统常量位于对象库中。系统常量通常以 vb 开头，如 vbRed 表示红色。

在“对象浏览器”中的 Visual Basic(VB)、Visual Basic for Applications (VBA)等对象库中列举了 Visual Basic 的系统常量。其他提供对象库的应用程序，如 Microsoft Word 和 Microsoft Excel，也提供了系统常量列表，这些常量可以与应用程序的对象、方法和属性一起使用。在每个 ActiveX 控件的对象库中也定义了系统常量。

### 2.3.2　变量

变量是在程序运行过程中其值可变的量，在应用程序运行期间，用变量存储临时数据。可以把变量看作内存中存放未知值的存储单元，变量名就是存储单元的符号地址。

在 Visual Basic 中，变量属性变量和内存变量有两种形式。

属性变量：在窗体中设计用户界面时，VB 会自动为产生的对象(包括窗体本身)创建一组变量，即属性变量，并为每个变量设置其默认值。

内存变量：内存变量需要程序员根据程序需要创建，下面主要介绍内存变量的定义方法。使用内存变量前，必须先声明变量名及其类型，确定系统为它分配的存储单元。

在 Visual Basic 中可以通过以下两种方式来声明变量。

（1）用 Dim 语句声明变量(显式声明)

Dim 语句形式如下：

Dim 变量名 [As 类型]

**说明：**

① 变量名的命名要符合标识符的命名规则，最好使用有实际意义和容易记忆的变量名，即要见名知义。

② 类型可使用 Integer、Single 、Long、String 或用户自定义类型。

**例如：**
```
Dim var1 As Integer    '定义整型变量 var1
Dim total As Double    '定义双精度实型变量 total
```

③ 方括号部分表示该部分可以缺省，缺省“As 类型”部分时，则创建的变量默认为变体类型。

**例如：**
```
Dim vP1, dblP2 As Double    '创建变体型变量 vP1 和双精度型变量 dblP2
```

④ 可在变量名后加类型符来代替“As 类型”，此时变量名与类型符之间不能有空格。

**例如：**
```
Dim Count%    '定义整型变量 Conut
Dim sum!      '定义单精度型变量 total
```

⑤ 一条 Dim 语句可以同时定义多个变量，变量之间用逗号分隔，每个变量必须有类型声明，类型声明不能共用。

**例如：**
```
Dim Count As Integer, sum As Single
Dim Count%, sum!
```

对于字符串变量，根据其存放的字符串长度是否固定，其定义方法有两种：

Dim 字符串变量名 As String

Dim 字符串变量名 As String * 字符数

第一种方法定义的字符串为变长字符串，第二种方法定义的字符串为定长字符串，存放的最多字符个数由其中的字符数确定。

**例如：**
```
Dim str As String * 100    '定义了一个长度为 100 个字符的字符串变量 str
```

除了用 Dim 语句声明变量外，还可以用 Static、Public、Private 等关键字声明变量。

（2）隐式声明

在 Visual Basic 中，允许对使用的变量未进行上述的声明而直接使用，称为隐式声明，隐式声明的变量都是 variant 类型的。

隐式声明变量存在隐患，容易造成程序错误。例如，编写一个函数，用于求给定数值的平方，就不必在使用变量 Temp 之前先声明它，代码如下。

```
Function Sqr(num)
    Temp = num * num
    Sqr = Temp
End Function
```

在函数 Sqr 中，自动创建一个变量 Temp，使用该变量时认为它是隐式声明的。虽然这种方法很方便，但是如果把变量名拼错会导致一个难以查找的错误。例如，假定在倒数第二行中把 Temp 变量名错写为 Tmp，即：

Sqr = Tmp

当程序运行时，由于遇到新变量 Tmp，函数总是返回 0，Visual Basic 认为又隐式声明了一个新变量 Tmp。由于 Tmp 没有赋值，因此，取默认值 0 赋值给函数名，使返回值为 0。

为避免写错变量名引起的麻烦，可以规定在使用变量前必须先用声明语句进行声明，否则系统发出警告“Variable not defined”（变量未定义），即强制显式声明变量。

强制显式声明变量的方法有两种：

① 在类模块、窗体模块或标准模块的声明段中加入语句：

Option Explicit

Option Explicit 语句的作用范围仅限于该语句所在模块，因此，对每个需要强制显式变量声明的窗体模块、标准模块及类模块，必须将 Option Explicit 语句放在这些模块的声明段中，如图 2－1 所示。

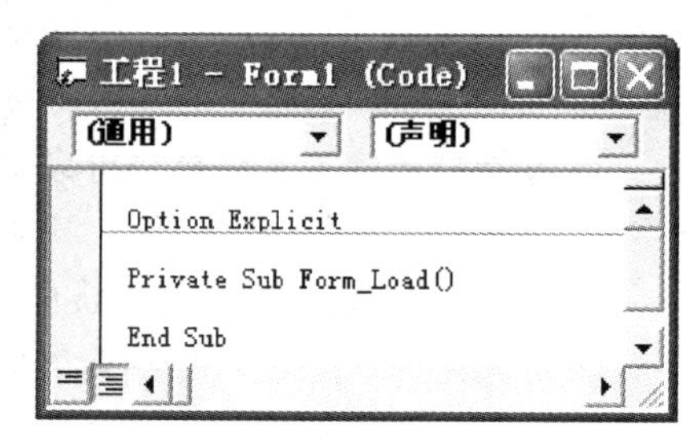


图 2－1 在模块的声明中加入强制语句

② 从“工具”菜单中执行“选项”命令，在打开的“选项”对话框中单击“编辑器”选项卡，选中“要求变量声明”选项，如图 2－2 所示。Visual Basic 会在后续的窗体模块、标准模块及类模块中自动插入 Option Explicit，这一语句总是显示在代码编辑窗口的顶部。

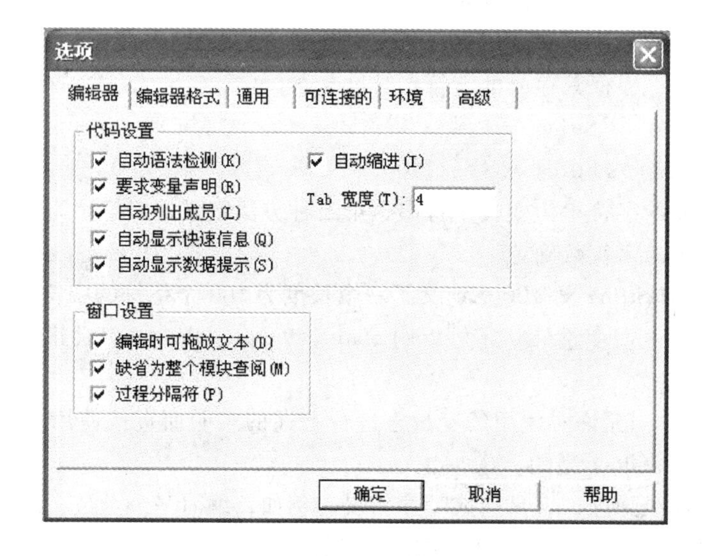


图 2－2 “编辑器”选项卡

# 2.4 运算符与表达式

在程序设计过程中，通过运算对数据进行加工处理，Visual Basic 可以实现各种运算，这些运算过程通过表达式来实现。

实现运算要有运算符，Visual Basic 提供了大量的运算符，包括算术运算符、字符运算符、关系运算符和逻辑运算符。通过运算符、圆括号将一组常量、变量、函数连接起来构成表达式。Visual Basic 表达式包括算术表达式、字符串表达式、关系表达式和逻辑表达式。

## 2.4.1 算术运算符与算术表达式

### 1. 算术运算符

算术运算符用于对数值型数据进行运算，Visual Basic 提供了 8 种算术运算符，见表 2－3。

**表 2－3 Visual Basic 的算术运算符**

| 运算符 | 说明 | 优先级 | 示例 | 结果 |
| --- | --- | --- | --- | --- |
| ^ | 乘方 | 1 | 3^2 | 9 |
| - | 负号 | 2 | -6 | -6 |
| * | 乘 | 3 | 2 * 3 * 4 | 24 |
| / | 除 | 3 | 10/3 | 3.333333333333 |
| \ | 整除 | 4 | 10 \ 3 | 3 |
| Mod | 取模 | 5 | 10 Mod 3 | 1 |
| + | 加 | 6 | 20 + 24 | 44 |
| - | 减 | 6 | 5 - 15 | -10 |

表中，“－”运算符在单目运算(单个操作数)中作取负号运算，在双目运算(两个操作数)中作算术减运算，其余都是双目运算符。

运算优先级表示当表达式中含有多个运算符时，运算的先后顺序。表 2－3 中以优先级为序列介绍了算术运算符。

### 2. 算术表达式

算术表达式也称数值型表达式，由算术运算符、数值型常量、变量、函数和圆括号组成，其运算结果为数值。

算术表达式的格式为：

〈操作数 1〉〈算术运算符〉〈操作数 2〉

表达式的书写规则：

① 每个符号占 1 个字符位，所有符号必须并排写在同一行，不能出现角标。例如，数学

中的 $x^3$ 要写成 x^3，$x_1+y_2$ 应写成 x1 + y2。

② 乘号不能省略，也不能使用“·”或“×”。例如，数学中的 $2x$、$2\cdot x$、$2\times x$ 都必须写成 2 * x。

③ 所有括号都用圆括号(  )，括号必须成对出现。例如，数学中的 $3[x+2(y+z)]$ 必须写成 3 * (x + 2 * (y + z))。

④ 不能出现希腊字符。例如，数学中 $2\pi r$ 应写成 2 * pi * r。

加、减(负号)、乘、除运算符的含义与数学中表示的意义相同，下面介绍其他运算符的操作。

(1) 指数运算

指数运算用来计算乘方和方根。计算 a^b 时，若 $a$ 为正实数，$b$ 可为任意数值，当 $b$ 不是整数时，设 $b=n/m$，其中 $m$、$n$ 均为整数，则 Visual Basic 中按下式计算：

$$a\hat{}b = a^{\frac{n}{m}} = \sqrt[m]{a^n}$$

若 $a$ 为负实数，则 $b$ 必须是整数。

**例如：** 10^2　　　　结果为 100

10^ - 2　　　　结果为 0.01

25^0.5　　　　结果为 5

8^(1/3)　　　　结果为 2

(2) 整除运算

整除运算中，两个操作数如果是非整数，则对其进行“四舍五入”取整后进行运算。运算结果简单地取整数部分。

**例如：** 12.3 \ 4.5　　　　结果为　2

12.3 \ 4.4　　　　结果为　3

(3) 取模运算

取模运算是求余数，即第一个操作数整除第二个操作数所得的余数。如果操作数都为小数，运算时先对其进行“四舍五入”取整，然后求模，运算结果的符号取决于左操作数的符号。

**例如：** 10 Mod 4　　　　结果为 2

20 Mod 2.6　　　　结果为 2

-5 Mod 2　　　　结果为 -1

-5 Mod -2　　　　结果为 -1

5 Mod -2　　　　结果为 1

## 2.4.2 关系运算符与关系表达式

### 1. 关系运算符

关系运算符又称比较运算符，是双目运算符，用于对两个操作数进行比较，若关系成立，则返回 True，否则返回 False。在 Visual Basic 中，True 用 -1 表示，False 用 0 表示。表 2-4 列出了 Visual Basic 中的关系运算符。

表 2－4 Visual Basic 关系运算符

| 运算符 | 说明 | 示例 | 结果 |
|---|---|---|---|
| = | 等于 | "ABCD"="ABD" | False |
| > | 大于 | "ABCD">"ABD" | False |
| > = | 大于等于 | "bc">="abcdef" | True |
| < | 小于 | 12 <3 | False |
| < = | 小于等于 | "23"<="3" | True |
| < > | 不等于 | "abc"< >"ABC" | True |
| Like | 字符串匹配 | "abc" Like"a * c" | True |
| Is | 对象比较 | | |

**2. 关系表达式**

关系表达式是由关系运算符和操作数构成的表达式，操作数可以是数值型或字符型，其运算结果为逻辑值。

关系表达式的格式为：

〈操作数 1〉〈关系运算符〉〈操作数 2〉

在比较时注意以下规则：

① 如果两个操作数是数值型，则按其大小比较。

**例如：** 456 > =78　　　结果为 True

456 =78　　　结果为 False

② 如果两个操作数是字符型，则按字符的 ASCII 码值从左到右一一比较。即首先比较两个字符串的第一个字符，其 ASCII 码值大的字符串大，如果第一个字符相同，则比较第二个字符，依此类推，直到出现不同的字符为止。

**例如：** "abd"> ="abcdef"　　结果为 True

"123456">"45"　　结果为 False

③ 两个操作数可为数值表达式或字符串表达式，比较时先计算表达式的值然后进行比较。

**例如：** 3 * 6 +8 > =180/6　　　结果为 False

3 * (6 +8) > =180/6　　结果为 True

④ 数值型与能转化为数值型的字符串比较，按数值大小进行比较。数值型与不能转化为数值型的字符串比较会产生类型不匹配错误。

**例如：** "34"<45　　结果为 True

34 <"abc"　　产生类型不匹配错误

⑤ 关系运算符的优先级相同。

⑥ Like 是字符串匹配运算符，其语法格式为：

〈字符串1〉Like〈字符串2〉

在字符串匹配运算中，可使用通配符“?”、“*”、“#”，其中，“?”表示任意一个单字符，“*”表示任意个字符，“#”表示任意一个数字。

**例如：** "abc" Like "a?c" 结果为True

"abbbc" Like "a*c" 结果为True

"a6c" Like "a#c" 结果为True

⑦ Is运算符是对象引用的比较运算符，其语法格式为：

〈对象1〉Is〈对象2〉

如果〈对象1〉和〈对象2〉两者引用相同的对象，则结果为True，否则结果为False。

### 2.4.3 逻辑运算符与逻辑表达式

#### 1. 逻辑运算符

逻辑运算符又称布尔运算符，用于对操作数进行逻辑运算，结果是逻辑值True或False。表2-5给出了逻辑运算符及其功能、优先级、功能说明，并通过示例说明运算关系。其中，除Not是单目运算符外，其余都是双目运算符。

**表2-5 Visual Basic 逻辑运算符**

| 运算符 | 功能 | 优先级 | 说明 | 示例 | 结果 |
| --- | --- | --- | --- | --- | --- |
| Not | 非 | 1 | 当操作数为False时，结果为True，反之为False | Not(6>10) | True |
| And | 与 | 2 | 当两个操作数均为True时，结果为True，其余情况结果均为False | (2+3=5)And False | False |
| Or | 或 | 3 | 只要两个操作数中有一个为True时，结果为True，当两个操作数均为False时，结果为False | (2+3=5)Or False | True |
| Xor | 异或 | 3 | 两个操作数逻辑值不同时，结果为True，否则为False | (2<3)Xor(3>2) | False |
| Eqv | 等价 | 4 | 两个操作数逻辑值相同时，结果为True，否则为False | (2<3)Eqv(3>2) | True |
| Imp | 蕴含 | 5 | 只有第一个操作数为True，第二个操作数为False时，结果才为False，其余结果均为True | (2+3=5)Imp(2>3) | False |

#### 2. 逻辑表达式

逻辑表达式是由逻辑运算符和操作数构成的表达式。操作数可以是关系表达式、算术表达式，其运算结果为逻辑值。

逻辑表达式的语法格式为：

〈操作数1〉〈逻辑运算符〉〈操作数2〉

**说明：**

① 逻辑运算可以由逻辑运算符连接多个关系表达式进行运算。

**例如：** x > =21 And x < y  Or x + b * 5

② 参加逻辑运算的操作数一般为逻辑型数据，如果逻辑运算符对数值进行运算，则以数字的二进制值逐位进行逻辑运算。

**例如：** 10 And 7

表示对二进制数 1010 与 0111 按位进行逻辑与运算，得到二进制值 0010，结果为十进制数 2。

③ 逻辑运算符对数值进行运算时有如下作用：

- And 运算符常用于屏蔽左操作数某些位。例如表达式 x And 7 表示仅保留 x 中的最后 3 位，其余位置清零。例如，101010 And 000111 结果为 000010
- Or 运算符常用于把某些位置 1。例如表达式 x Or 7 表示把 x 中的最后 3 位置 1，其余位不变。例如，101010 Or 000111 结果为 101111
- 对一个数连续进行两次 Xor 操作可恢复原值，在设计动画时，用 Xor 模式可恢复原来的背景

## 2.4.4 字符串运算符与字符串表达式

**1. 字符串运算符**

字符串运算符有“&”和“+”，用于将两个字符串连接起来。在字符串变量后使用运算符“&”时应注意，变量与运算符“&”间应加一个空格，这是因为符号“&”是长整型的类型定义符，当变量与符号“&”接在一起时，Visual Basic 会作为类型定义符处理，这样就会造成程序出错。例如：

"计算机" + "与程序设计"　　　结果为"计算机与程序设计"

" This is a " & " Visual Basic "　　　结果为" This is a Visual Basic "

**2. 字符串表达式**

字符串表达式由字符串常量、字符串变量、字符串函数和字符串运算符组成，可以是一个简单的字符串常量，也可以是若干个字符串常量或字符串变量的组合。

字符串表达式的语法格式为：

〈字符串 1〉&〈字符串 2〉[&〈字符串 3〉]

**例如：** " This is a " & " Visual Basic " & " 6.0 "

连接符“&”与“+”的区别：“+”连接符两旁的操作数应均为字符型或均为数值型，若均为数值型则进行算术加运算，否则会出错。“&”连接符的操作数无论是字符型还是数值型，进行连接操作前，系统都会将操作数转换成字符型进行连接。

**例如：**

" abcdef " + 12345　　　出错

" abcdef " & 12345　　　结果为：abcdef12345

## 2.4.5 日期型表达式

日期型数据是 Visual Basic 的一种特殊的数值型数据，只能进行加“+”、减“-”运算。

日期型表达式由算术运算符“+”、“-”、算术表达式、日期型常量、日期型变量和函数组成。

① 两个日期型数据相减，结果是一个数值型数据(两个日期相差的天数)。

**例如：** #08/05/2011# - #06/24/2011#　　结果是数值42

② 一个表示天数的数值型数据与日期型数据相加，其结果仍然为一日期型数据(按天数向后推算日期)。

**例如：** #06/24/2011# + 42　　结果是日期型数据#08/05/2011#

③ 与日期型数据一个表示天数的数值型数据相减，其结果仍然为日期型数据(按天数向前推算日期)。

**例如：** #08/05/2011# - 42　　结果是日期型数据#06/24/2011#

### 2.4.6 运算符的优先级

算术运算符、逻辑运算符都有不同的优先级，关系运算符优先级相同。当一个表达式中出现不同类型的运算符时，不同类型的运算符优先级由高到低依次为：

括号( )→函数运算→算术运算符→字符运算符→关系运算符→逻辑运算符

在表达式中，加、减算术运算符与字符运算符同级，为防止混淆，Visual Basic系统自动加分隔符，表示不能同时存在，除非增加括号以改变优先级，其余算术运算符优先级高于字符运算符。

对于多种运算符并存的表达式，可增加圆括号改变优先级，使表达式更清晰。

例如，选拔优秀生的条件为：年龄(Age)小于19岁，三门课总分(Total)高于285分，其中有一门为100分，其表达式为：

Age < 19 And Total > 285 And (Mark1 = 100 Or Mark2 = 100 Or Mark3 = 100)

## 2.5 常用内部函数

函数是一种特定的运算，在程序中使用一个函数时，只要给出函数名并给出相应参数，即可得到函数值。

在Visual Basic中，函数包括内部函数和用户定义函数。

① 用户定义函数是由用户根据需要定义的函数。

② 内部函数也称标准函数，是Visual Basic系统提供的供用户直接调用的函数。

本节主要介绍内部函数，用户定义函数将在后面章节介绍。

Visual Basic提供了大量的内部函数，可以直接调用完成特定的功能。按内部函数的功能和用途分为数学函数、字符串函数、日期时间函数、转换函数、随机函数和格式输出函数。

在调试程序时，可以采用命令行解释执行方式(也称直接方式)在立即窗口中执行。这种方式验证VB内部函数的运算可以免去编写事件过程的麻烦。

激活立即窗口的方法是：选择“视图”菜单的“立即窗口”菜单项，在开发环境中出现如图2-3所示的“立即”窗口。在立即窗口中，每输入一行语句并按Enter键后，VB就执行该语句行。

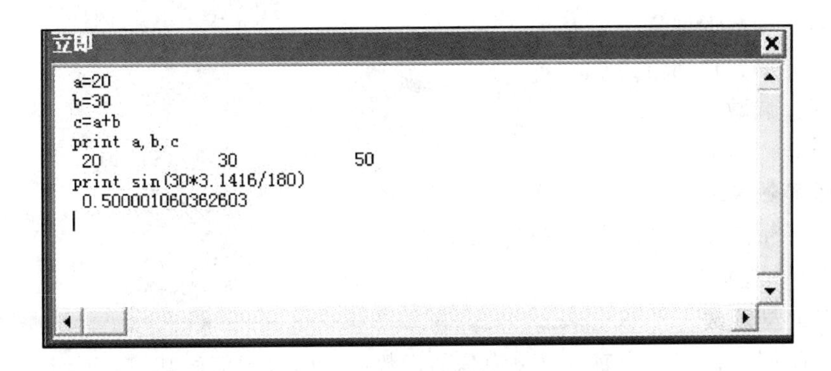


图 2-3 “立即”窗口

## 2.5.1 数学函数

数学函数用于各种数学运算，包括三角函数、指数函数、平方根函数、对数函数、绝对值函数等，常用数学函数见表 2-6。

**表 2-6 常用数学函数**

| 函数名 | 说明 | 示例 | 结果 |
| --- | --- | --- | --- |
| Abs(x) | 取绝对值 | Abs(-6.5) | 6.5 |
| Atn(x) | 反正切函数 | Atn(0) | 0 |
| Cos(x) | 余弦函数 | Cos(0) | 1 |
| Exp(x) | 以 e 为底的指数函数，即 $e^x$ | Exp(3) | 20.086 |
| Log(x) | 以 e 为底的自然对数 | Log(10) | 2.3 |
| Sin(x) | 正弦函数 | Sin(0) | 0 |
| Sgn(x) | 符号函数 | Sgn(-3.5) | -1 |
| Sqr(x) | 平方根 | Sqr(16) | 4 |
| Tan(x) | 正切函数 | Tan(0) | 0 |

**1. 三角函数**

正弦函数 Sin(x)、余弦函数 Cos(x)、正切函数 Tan(x)、反正切函数 Atn(x)，用于求自变量 $x$ 的三角函数值。其中，$x$ 是数值表达式，在 Sin(x)、Cos(x)、Tan(x)中，自变量 $x$ 是以弧度表示的角度值，Atn(x)中 $x$ 是正切值，返回以弧度表示的角度值。

**例如：** Sin(30 * 3.1316/180)返回值是 0.5，Tan(30 * 3.1316/180)返回值是 0.577。

**2. 绝对值函数 Asb(x)**

绝对值函数 Asb(x)求 $x$ 的绝对值。$x$ 是数值型变量，返回值是一个大于或等于 0 的数值。

**例如：** Asb(-5.15)返回值为 5.15，Asb(85)返回值为 85。

**3. 符号函数 Sgn(x)**

符号函数 Sgn(x)返回一个整型数，表示 $x$ 的正负号。$x$ 为数值变量时，返回值如下：

当 $x>0$ 时，函数返回值为 1；

当 $x=0$ 时，函数返回值为 0；

当 $x<0$ 时，函数返回值为 -1。

**例如：** Sgn( -5.15)返回值为 -1；Sgn(0)返回值为 0；Sgn(85)返回值为 1。

**4. 平方根函数 Sqr(x)**

平方根函数 Sqr(x)计算 x 的平方根，要求 $x \geqslant 0$。

**例如：** Sqr(9)返回值为 3。

**5. 指数和对数函数**

指数函数 Exp(x)求以 e 为底，以 $x$ 为幂的指数值，即求 $e^x$ 值。其中，e = 2.718282。

**例如：** Exp(3)的返回值为 20.0855369231877。

对数函数 Log(x)，求 $x$ 的自然对数，即 $\log_e x$。

**例如：** Log(3)的返回值为 1.09861228866811。

将 $x$ 的自然对数值除以 $n$ 的自然对数值，就可以对任意底 $n$ 来计算数值 $x$ 的对数值，即 Logn(x) = Log(x) / Log(n)。

## 2.5.2 转换函数

在 Visual Basic 中，某些数据类型可以自动转换，例如，字符串型数字可自动转换为数值型，但多数数据类型不能自动转换，需要用类型转换函数来实现不同数据类型之间的转换。常用的转换函数见表 2-7。

**表 2-7　常用的转换函数**

| 函数名 | 说明 | 示例 | 结果 |
| --- | --- | --- | --- |
| Asc(c) | 将字符转换成 ASCII 码值 | Asc("A") | 65 |
| Chr $(n) | 将 ASCII 码值转换成对应的字符 | Chr $(65) | "A" |
| Fix(n) | 截取取整 | Fix( -3.5) | -3 |
| Hex[$](n) | 将十进制转换成十六进制 | Hex(100) | 64 |
| Int(n) | 正数取整同 Fix，负数取不大于 n 的最大整数 | Int( -3.5) | -4 |
| Lcase $(s) | 大写字母转换为小写字母 | Lcase $("ABC") | "abc" |
| Oct[$](n) | 将十进制转换成八进制 | Oct $(100) | "144" |
| Str $(n) | 将数值转换为字符串 | Str $(123.45) | "123. 45" |
| Ucase $(s) | 小写字母转换为大写字母 | Ucase $("abc") | "ABC" |
| Val(s) | 将数字字符串转换为数值 | Val("123AR") | 123 |

**1. 取整函数**

Int(n)：返回不大于 $n$ 的最大整数。

Fix(n)：去掉 $n$ 的小数部分，返回其整数部分。

**例如：** Int(15.5) = 15，Int( -15.5) = -16

Fix(15.5) =15, Fix( -15.5) = -15

**2. 类型转换函数**

Asc(s)：返回字符串 s 的首字符的 ASCII 码。

**例如：** Asc("abcd") =97

Chr(n)：把 *n* 转换为相应的字符，*n* 值应在 ASCII 码值范围之内。

**例如：** chr(97) =a,

Val(s)：返回字符串表达式 s 中包含的数值，将数字串转化为对应的数值。转换从左到右进行，遇到不能转换的字符结束，即返回字符串 s 中第一个字符前的所有数字。

**例如：** Val("123asd") =123

Str(n)：返回数值 n 的字符串形式，第一位是空格或符号。

**例如：** Str(123) ="123"

此外，数值型数据之间的转换函数还有：

CInt(x)：把 *x* 的小数部分四舍五入，转换成整数。

CCur(x)：把 *x* 的值转换成货币类型值。

CDbl(x)：把 *x* 的值转换成双精度数。

CLng(x)：把 *x* 值的小数部分四舍五入，转换成长整数。

CSng(x)：把 *x* 的值舍入为单精度数。

CVar(x)：把 *x* 的值转换为可变型值。

**3. 字母大小写转换函数**

UCase(s)：把字符串 s 中的小写字母转换为大写字母。

**例如：** Ucase("Visual") ="VISUAL"

LCase(s)：把字符串 s 中的大写字母转换为小写字母。

**例如：** Lcase("Visual") ="visual"

### 2.5.3 字符串函数

在程序设计中，需要对字符串的处理很多，Visual Basic 提供了丰富的字符串函数，常用的字符串处理函数见表 2-8。

**表 2-8 常用的字符串函数**

| 函数名 | 说明 | 示例 | 结果 |
|---|---|---|---|
| Left $(s,n) | 取出字符串 s 左边 *n* 个字符 | Left $("ABCDFFG",3) | "ABC" |
| Len (s ) | 返回字符串 s 的长度 | Len("ABCDFFG") | 7 |
| Ltrim $(s ) | 去掉字符串 s 左边空格 | Ltrim $("    ABCD") | "ABCD" |
| Mid $(s,n1,n2) | 在字符串 s 的第 *n*1 个字符开始向右取 *n*2 个字符 | Mid $("ABCDEFG",2,3) | "BCD" |
| Right $(s,n) | 取出字符串 s 右边 *n* 个字符 | Rights $("ABCDEF",3) | "DEF" |
| Rtrim $(s ) | 去掉字符串 s 右边空格 | Rtrim $("ABCD    ") | "ABCD" |
| Space $(n) | 产生 *n* 个空格的字符串 | Space $(3) | "   " |

续表

| 函数名 | 说明 | 示例 | 结果 |
|---|---|---|---|
| String $(n,s) | 返回由串 s 中首字符组成的 n 个字符的字符串 | String $(3, "ABCDEF") | "AAA" |
| InStr([n1,] s1,s2,[,n2]) | 在 s1 中从 n1 开始查找 s2 的位置，若省略 n1 从头开始查找，找不到返回 0 | InStr(3,"ABCDEF","EF") | 5 |
| StrComp(s1,s2) | 比较串 s1、s2，以 -1、0、1 分别表示两个字符串的大小 | StrComp("ABCDEF","BC") | -1 |
| Trim $(s) | 去掉字符串 s 两边空格 | Trim $("    ABCD  ") | "ABCD" |

**1. 字符串长度测试函数 Len(s)**

Len(s)函数计算字符串 s 的长度，即所含的字符个数，一个汉字为一个字符，空格也为一个字符，空字符串的长度为 0。

**例如：** Len("Microsoft China")结果为 15

Len("计算机系统")结果为 5

**2. 字符串截取函数**

Left(s,n)函数　截取字符串 s 最左边的 n 个字符。

Right(s,n)函数　截取字符串 s 最右边的 n 个字符。

Mid(s,n1,n2)函数　在字符串 s 中，从第 n1 个字符开始，向右截取 n2 个字符。

**例如：** Left("Visual Basic6.0",6)　结果为"Visual"

Right("Visual Basic6.0",8)　结果为"Basic6.0"

Mid("Visual Basic6.0",8,5)　结果为"Basic"

**3. 删除空格函数**

LTrim(s)函数　去掉字符串 s 左边的空格。

RTrim(s)函数　去掉字符串 s 右边的空格。

Trim(s)函数　去掉字符串 s 左右两边的空格。

**例如：** LTrim("Visual Basic 6.0") 结果为"Visual Basic 6.0"

RTrim("Visual Basic 6.0")结果为"Visual Basic 6.0"

Trim("Visual Basic 6.0")结果为"Visual Basic 6.0"

**4. 字符串函数**

String(n,s)函数　生成由 n 个相同字符组成的字符串，该字符由 s 确定。s 是字符串或某个字符的 ASCII 码，如果 s 是字符串，则 s 的第一个字符即为构成重复串的字符，若为 ASCII 码，则 s 所代表的字符即为构成重复串的字符。

**例如：** String(5,"Visual Basic 6.0")　结果为"VVVVV"

String(5,65)　结果为"AAAAA"（A 的 ASCII 码为 65）

Spsce(n) 函数　生成由 n 个空格组成的字符串。

**例如：** Spsce(6) 结果为"  "

**5. 字符串匹配函数**

InStr([n1,]s1,s2[,n2])函数 查找字符串 s2 在字符串 s1 中的位置。如果找到，则返回值为 s2 的第一个字符在 s1 中的位置值，否则返回值为 0。

**说明：**

①字符串 s2 的长度必须小于 65535 个字符。

②参数 *n*1 可选，是对 s1 开始搜索位置的设定，默认值为 1，即如果省略 n1 则从 s1 第一个字符开始搜索。

③参数 *n*2 可选，若为 0，表示区分字母大小写，若为 1，表示不区分字母大小写，默认值为 0。

**例如：** InStr(3,"Visual Basic 6.0","Basic")返回值为 8

**6. 字符串比较函数**

StrComp(s1,s2) 函数 比较字符串 s1 和 s2 的大小。如果s1 > s2，则返回值为 1；如果 s1 = s2，则返回值为 0；如果 s1 < s2，则返回值为 -1。

**例如：** StrComp("ABCD","BC") 结果为 -1

StrComp("ABCD","ABC") 结果为 1

StrComp("ABC","ABC") 结果为 0

此外，Visual Basic 还提供字符串替代函数等字符串处理函数，使用时可以查手册或使用 Visual Basic 6.0 在线帮助系统。

### 2.5.4 日期和时间函数

Visual Basic 提供了处理日期和时间的函数以及用于日期和时间操作的内部变量，常用时间和日期函数见表 2-9。

**表 2-9 常用的日期和时间函数**

| 函数名 | 说明 | 示例 | 结果 |
|---|---|---|---|
| Time[$][()] | 取得系统时间 | Time 或 Time( ) | 22:56:23 PM |
| Date[$][()] | 取得系统日期 | Date 或 Date( ) | 2006-12-18 |
| Now | 取得系统日期和时间 | Now | 2006/12/18 22:56:30 PM |
| DateSerial(y,m,d) | 返回指定的日期型数据 | DateSerial(07,02,01) | 2007-2-1 |
| DateValue(s) | 同上，但自变量为字符串 | DateValue("07,02,01") | 2007-2-1 |
| Day(d) | 提取日期 d 中的日 | Day("07,05,15") | 15 |
| Month(d) | 提取日期 d 中的月份 | Month("07,05,15") | 5 |
| Year(d) | 提取日期 d 中的年份 | Year("07,05,15") | 2007 |
| WeekDay(d) | 返回日期 d 中的星期代号 | WeekDay("07,05,15") | 3 |
| Hour(t) | 提取时间 t 中的时 | Hour("4:35:17PM") | 16 |

续表

| 函数名 | 说明 | 示例 | 结果 |
| --- | --- | --- | --- |
| Minute(t) | 提取时间t中的分 | Minute("4:35:17PM") | 35 |
| Second(t) | 提取时间t中的秒 | Second("4:35:17PM") | 17 |
| DateAdd(i,n,d) | 返回加上了时间间隔的日期 | DateAdd("d",16,#2007/3/20#) | 2007-4-5 |
| DateDiff(i,d1,d2) | 返回两个时间的差值 | DateDiff("d",#2007/5/15#,#2007/8/5#) | 82 |

**1. 系统日期和时间函数**

Date() 函数　返回系统的当前日期，返回值是日期型数据。

Time() 函数　返回系统的当前时间，返回值是日期型数据。

Now 函数　返回系统的当前日期和时间，返回值是日期型数据。

以上三个函数是无参函数，在Visual Basic中使用无参函数时，可以省略函数名后面的括号。

例如，如果当前的系统时间是2011年6月24日18时26分38秒，则Date()的返回值是2011-6-24，Time()的返回值是18:26:38，Now的返回值是2011-6-24　18:26:38。

**2. 日期函数**

Year(d) 函数　提取日期d中的年份，返回值是整型数。

Month(d) 函数　提取日期d中的月份，返回值是整型数。

Day(d) 函数　提取日期d中的日，返回值是整型数。

WeekDay(d) 函数　提取日期d指定的是一个星期中的第几天(星期的代号1~7)，其中，星期日是1、星期一是2……星期六是7。

其中参数d是用字符串形式给出的日期，该参数还可以是数值型，若是数值型则表示距1899年12月30日前后(正或负)的天数。

**例如：** Day(26)　结果为25，表示1900年1月25日，提取日25。

Day(-26)　结果为4，表示1899年12月4日，提取日4。

Month(26)　结果为1，表示1900年1月25日，提取月份1。

Month(-26)　结果为12，表示1899年12月4日，提取月份12。

Year(26)　结果为1900，表示1900年1月25日，提取年份1900。

Year(-26)　结果为1899，表示1899年12月4日，提取年份1899。

即在1899年12月30日的基础上，加(减)参数给定的天数，得到相应的日期，从得到的日期中提取相应的年、月、日。

**3. 时间函数**

Hour(t) 函数　提取时间t中的时，返回值是整型数。

Minute(t) 函数　提取时间t中的分，返回值是整型数。

Second(t) 函数　提取时间t中的秒，返回值是整型数。

**例如：** Hour("8:15:25AM")　结果为8。

Minute("8:15:25AM") 结果为15。

Second("8:15:25AM") 结果为25。

其中参数t是用字符串形式给出的时间，时的取值范围是0~23，分的取值范围是0~59，秒的取值范围是0~59。

**4. 生成日期型数据函数**

DateSerial(y,m,d)函数 返回包含指定的年y、月m、日d的日期型数据。

**例如：** DateSerial(11,05,15) 结果为2011-5-15

DateValue(s)函数 功能同DateSerial函数，只是参数是用字符串类型。

**例如：** DateValue("11,05,15") 结果为2011-5-15

函数中的每个参数的取值范围应该满足相应日期范围，当一个数值表达式表示某日之前或其后的年、月、日数时，也可以使用该数值表达式指定相对日期。

**例如：** DateSerial(1990 - 10, 8 - 2, 1 - 1) 结果为1980-5-31

参数y的数值若介于0与29之间，则将其解释为2000~2029年，若介于30和99之间则解释为1930~1999年。其他表示年份的y参数，则用四位数值表示。

**5. 计算日期增减函数**

DateAdd(i,n,d)函数返回日期d加上时间间隔n的日期。

其中，参数i是时间单位，用字符串表达式给出，"yyyy"表示年、"q"表示季、"m"表示月、"y"表示一年的日数、"d"表示日、"w"表示一周的日数、"ww"表示周、"h"表示时、"n"表示分、"s"表示秒。

参数n表示时间间隔数，其值可以为正数(得到d以后的日期)，也可以为负数(得到d以前的日期)。

参数d表示要进行增减的基础日期。

**例如：** DateAdd("d",82,#2011/5/15#)，返回值是2011-8-5。DateAdd("m",12,#2011/5/15#)，返回值是2012-5-15。

**6. 计算日期差值函数**

DateDiff(i,d1,d2)函数 返回两个日期之间的差值，用于指出两个日期之间相差几月、几天、几个星期等。

其中，参数i是时间单位，用字符串表达式给出，d1、d2是两个求差值的时间。

**例如：** DateDiff("w",#1961/8/5#,#1964/5/15#)，返回值为144，表示相差144个星期。DateDiff("m",#1961/8/5#,#1964/5/15#)，返回值为33，表示相差33个月。

### 2.5.5 随机函数和语句

在测试、模拟和游戏程序中，经常要使用随机数，随机函数用于产生随机数。

随机函数格式如下：

Rnd [(x)]

产生一个大于或等于0小于1的单精度随机数。计算机系统的随机数生成器在生成随机数时有一定的算法，需要为其提供“种子”，不同的种子生成不同的随机数。

可选参数x是单精度型的数值表达式，x的值决定了Rnd函数生成随机数的方式：

① x<0　每次都使用 x 作为随机数种子，得到相同的随机数。

② x=0　产生与最近生成的随机数相同的数。

③ x>0　默认值。以上次随机数作种子，产生序列中的下一个随机数。

**例如：** Rnd(-4)　　结果为 0.2133257

Rnd(23)　　结果为 0.6928332

Rnd(0)　　结果为 0.6928332

可以使用以下公式生成某个范围内的随机数：

Int((upper - lower + 1) * Rnd + lower)

这里，upper 是随机数范围的上限，lower 是随机数范围的下限。

**例如：** Int(91 * Rnd + 10)　　要产生 10～100 之间的随机数

Visual Basic 还提供了初始化随机数发生器的语句 Randomize，语法格式为：

Randomize [x]

该语句用 x 参数将随机数发生器初始化，为随机数发生器提供一个新的种子，如果省略了参数 x，则默认使用系统时钟的值作为随机数发生器的种子。

### 2.5.6 格式输出函数

格式输出函数 Format 用于将要输出的数值、日期或字符型数据按指定的格式输出，常用于 Print 方法中。Format 函数的语法格式为：

Format(〈表达式〉,〈格式字符串〉)

其中〈表达式〉是要输出的内容，可以是数值、日期和字符串型表达式。〈格式字符串〉决定了输出内容的输出格式。格式字符串按照类型可以分为数值格式，日期格式和字符串格式，格式字符串要加引号。

**1. 数值格式化**

数值格式化是将数值表达式的值按“格式字符串”指定的格式输出，常用数值格式符见表 2-10。

**表 2-10　常用数值格式符**

| 格式符 | 作用 | 数值表达式 | 格式化字符串 | 显示结果 |
|---|---|---|---|---|
| 0 | 实际数字小于符号位数时，数字前后加 0 | 1234.567<br>1234.567 | "00000.0000"<br>"000.00" | 01234.5670<br>1234.57 |
| # | 实际数字小于符号位数时，数字前后不加 0 | 1234.567<br>1234.567 | "#####.####"<br>"###.##" | 1234.567<br>1234.57 |
|  | 加小数点 | 1234 | "0000.00" | 1234.00 |
|  | 千分位 | 1234.567 | "##,##0.0000" | 1,234.5670 |
| % | 数值乘以 100 并加百分号 | 1234.567 | "####.##%" | 123456.7% |
| $ | 在数字前强加$ | 1234.567 | "$####.##" | $1234.57 |
| + | 在数字前强加“+” | -1234.567 | "+###.##" | + - 1234.57 |
| - | 在数字前强加“-” | 1234.567 | "-###.##" | - 1234.57 |

**例如**：Format(1234.567,"##,##0.0000") 结果为1，234.5670

对于格式符“0”和“#”，若要显示数值表达式的整数部分位数多于格式字符串的位数，按实际数值输出，若小数部分的位数多于格式字符串的位数，则按四舍五入处理后输出。

**2. 日期和时间格式化**

日期和时间格式化是将日期类型表达式的值或数值表达式的值转换为日期、时间的序数值，按“格式字符串”指定的格式输出。常用日期和时间格式符见表2－11。

**表2－11 常用日期和时间格式符**

| 格式符 | 作用 | 格式符 | 作用 |
|---|---|---|---|
| d | 日期(1～31)个位前不加0 | yy | 两位数显示年份(00～99) |
| dd | 显示日期(01～31)个位前加0 | yyyy | 四位数显示年份(0100～9999) |
| ddd | 显示星期缩写(Sun～Sat) | q | 季度数(1～4) |
| dddd | 显示星期全名(Sunday～Saturday) | h | 显示小时(0～23)，个位前不加0 |
| ddddd | 显示完整日期(日、月、年)缺省格式为mm/dd/yy | hh | 显示小时(00～23)，个位前加0 |
| w | 星期为数字(1～7,1是星期日) | m | 在h后显示分(0～59)，个位前不加0 |
| ww | 一年中的星期数(1～53) | mm | 在h后显示分(00～59)，个位前加0 |
| m | 显示月份(1～12)，个位前不加0 | s | 显示秒(0～59)，个位前不加0 |
| mm | 显示月份(01～12)，个位前加0 | ss | 显示秒(00～59)，个位前加0 |
| mmm | 显示月份缩写(Jan～Dec) | ttttt | 显示完整的时间(小时、分、秒)，缺省格式为hh:mm:ss |
| mmmm | 月份全名(January～ December) | AM/PM am/pm | 12小时的时钟，中午前AM或am，中午后PM或pm |
| y | 显示一年中的天(1～356) | A/P，a/p | 12小时的时钟，中午前A或a，中午后P或p |

**例如**：Format(#2007/3/21#,"dddd, mmmm dd,yyyy")

结果为Wednesday, March 21, 2007

**3. 字符串格式化**

字符串格式化是将字符串按指定的格式显示，常用的字符串格式符见表2－12。

**表2－12 常用字符串格式符**

| 格式符 | 作用 | 字符串表达式 | 格式化字符串 | 显示结果 |
|---|---|---|---|---|
| < | 强制以小写显示 | "HELLO" | "<" | "hello" |
| > | 强制以大写显示 | "Hello" | ">" | "HELLO" |
| @ | 实际字符位数小于符号位数时，字符前加空格 | "ABC" | "@@@@@" | "  ABC" |
| & | 实际字符位数小于符号位数时，字符前不加空格 | "ABC" | "&&&&&" | "ABC" |

**例如**：Format(" HELLO "," <")　　结果为" hello "。

# 2.6 Visual Basic程序编写规范

Visual Basic程序代码的编写要遵守Visual Basic语言的编写规范，这样能增加程序的正确性和可读性。下面简单介绍Visual Basic程序编写规范，详细的规则在各章节中介绍。

## 2.6.1 大小写

Visual Basic程序设计语言不区分代码字符的大小写，例如，如果用student表示一个变量，则Student、STUDENT、StuDent等都表示同一个变量。但Visual Basic会自动将代表同一标识符的不同大小写形式转换为最先出现的形式，即以第一次定义的标识符为准。

如果输入的是关键字，如Sub、Print、Form、End等，Visual Basic会自动转换为内部的标准形式，通常是单词的首字母大写。

## 2.6.2 语句

语句是程序代码的基本功能单位，每条语句都有确切的含义，执行具体操作的指令。语句由Visual Basic的关键字、变量、常量、函数、运算符和属性等按照语句的编写规则组合形成。例如，UserName = " Song han zhen" 是一条赋值语句。一个完整的程序语句可以简单到只有一个关键字，例如Stop等。

Visual Basic语句以Enter键作为语句结束。即在Visual Basic代码窗口中输入程序时，当写完一条语句后，按回车键进入下一行，输入下一条语句，不用加其他结束符。语句与语句之间可以有空行，每条语句前可以有相应的空格。

如果设置了“自动语法检测”，则在输入语句的过程中，Visual Basic将自动进行语法检查，发现语法错误，则弹出一个信息框提示出错的原因。

Visual Basic会按约定对语句进行简单的格式化处理，例如关键字、函数的首字母自动变为大写，运算符前后加空格等。

通常，输入程序时要求一行输入一条语句，但是Visual Basic也允许把几个语句放在一行中，语句之间用冒号“:”隔开，一个语句行的长度最多不能超过1023个字符。

**例如**：X = 64 : Y = 15 : Z = X + Y

## 2.6.3 续行

当一条语句很长时，在代码编辑窗口阅读程序时不方便，可以将一条语句使用续行符分成多行输入。Visual Basic程序中续行符为“ _ ”（空格加下划线）。

续行的方法是：一条语句写到要换行的位置时，首先输入空格，然后输入下划线“_”，按Enter键另起一行再继续输入语句的剩余部分。

**例如**：lblDisplay. Caption =“姓名” + txtName. Text + _
　　　　　　　　　　　　“年龄” + txtAge. Text

语句的续行通常在语句的运算符处断开，不要在标识符中间断开。同一条语句的续行之间不能有空行。

### 2.6.4　注释

为了增强程序的可读性，可以在程序中加注释。Visual Basic 程序中的注释符为“Rem”或“'”，即注释内容是以“Rem”或“'”开始。在程序运行时注释内容不执行。

**例如**：Text1. Text = " Hello "　'文本赋初值

注释内容可以单独站一行，也可以在语句后面，但续行符后不能加注释。可以使用英文单引号“'”或“Rem”关键字引导注释语句，在“Rem”和注释内容之间要加一个空格。如果使用“Rem”关键字引入注释，必须使用冒号与前面的语句隔开。

**例如**：Rem　声明单精度型符号常量 PI

Const　PI As Single = 3. 14159

或者写为：

Const　PI As Single = 3. 14159 ：Rem　声明单精度型符号常量 PI

如需把多行内容注释，可以使用集成开发环境中“编辑”工具栏上的“设置注释快”按钮。

### 2.6.5　命令格式中的符号约定

为了便于解释语句、方法和函数，在各语句、方法、函数格式和功能说明中，采用统一约定的符号。以尖括号〈 〉、方括号[ ]、竖线 | 、逗号加省略号,…、省略号…作为专用符号，这些符号的含义如下：

①〈 〉为必选参数表示符。尖括号中的参数为必选参数，由使用者根据问题的需要提供具体参数，如果缺少必选参数，则发生语法错误。

② [ ]为可选参数表示符。方括号中的内容根据具体情况可以选用或不选，如果省略该选项，则使用缺省值，不使用可选参数不会发生语法错误。

③ | 为多取一表示符。竖线分割多个选择项，必须选择其中之一。

④ ,…为重复符号，表示同类项目的重复出现。

⑤ …为省略符号，表示省略了可以不涉及的部分。

**注意**：以上专用符号和其中的提示，不是语句或函数的组成部分。在输入具体命令或函数时，上面的符号均不能作为语句的成分输入，它们只是语句、函数格式的书面表示。

## 习　题

### 一、单项选择题

① 对于变量名说法不正确的是________。

A. 必须是字母开头，不可以是数字或其他字符

B. 不能是 VB 的保留字

C. 可以包含字母、数字、下划线和标点符号

D. 不能超过 255 个字符

② 下列变量名合法的是________。

A. n _ name　B. n name　C. name　D. n - name

③ 表达式 5^2 * 2 + 3 Mod 10 \ 4 的值是________。

A. 50　B. 51　C. 52　D. 53

④ 下面表达式的值为假的是________。

A. "Ac"<"a"　B. "a">"85"　C. "123">"55"　D. 123 > 55

⑤ 数学表达式 sin30°写成 Visual Basic 表达式是________。

A. Sin30　B. Sin(30)　C. Sin(30°)　D. Sin(30 * 3.14/180)

⑥ 已知 A 的 ASCII 码的十进制数为 65，则表达式 Asc("A") + Asc("C") + InStr("abcd","c")的值是________。

A. 6567　B. 135　C. "Acabcd"　D. "ACabcd"

⑦ 如果一个变量未经定义直接使用，则该变量的类型为________。

A. Integer　B. Byte　C. Boolean　D. Variant

⑧ 在一行内写多个语句时，每个语句之间要用________符号分割。

A. ,　B. ;　C. :　D. 、

⑨ 数学关系表达式 $3 \leqslant x < 10$，表示成 VB 的表达式，其正确的形式是________。

A. 3 < = x < 10　B. 3 < = x And x < 10

C. x > = 3 OR x < 1010　D. 3 < = x And < 10

⑩ 以下声明语句中错误的是________。

A. Const var1 = 123　B. Dim var2 = 'ABC'

C. Dim A as Integer　D. Dim a; b; c

⑪ Rnd 函数不可能为下列________值。

A. 0　B. 1　C. 0.1234　D. 0.0005

⑫ Int(198.555 * 100 + 0.5)/100 的值是________。

A. 198　B. 199.6　C. 198.56　D. 198.55

## 二、填空题

① 随机产生小写字母的表达式是________。

② Visual Basic 程序中的注释符为________或________。

③ Visual Basic 程序中续行符为________。

④ Visual Basic 允许多条语句在同一行中，语句之间用________隔开。

⑤ X 大于 10 或小于等于 100 的 Visual Basic 表达式是________。

⑥ Print Format(37548.6,"##,####.##")的输出结果是________。

⑦ 若有一个实数 X，对 X 的第 3 位小数进行四舍五入的表达式是________。

⑧ 随机产生一个在区间[26,52]之间的随机整数的表达式是________。

⑨ 函数 Fix(46.89)的值是________。

⑩ 表达式 "#10/10/2006# - 10" 的值是________。

## 三、问答题

1. 简述 Visual Basic 标识符的命名规则。
2. 不同类型的运算符的优先级是怎样的?

3. Visual Basic 中的常量有哪几种？变量有哪几种？举例说明。

4. 下列变量名哪些是正确的，哪些是错误的？

① n　② 3x　③ Rnd　④ 515　⑤ pienr_56

⑥ 姓名　⑦ π　⑧ a * b　⑨ "性别"　⑩ A = 23

5. 把下列数学表达式写成 VB 表达式。

① $\frac{x+y+z}{\sqrt{x^2+y^2+z^2}}$　② $a^2+2ab+b^2$

③ $\ln\left(1+\left|\frac{a+b}{a-b}\right|\right)$　④ $2\sin\left(\frac{x+y}{2}\right)\cos\left(\frac{x-y}{2}\right)$

6. 计算下列表达式的值(已知 a = 1,b = 2,c = 3)。

① a + b > c And b = c

② 1 * 2 + 3/4 \ 2^2

③ Not(a > b)　And　Not c or 1

④ "BCD" < "BCE"

⑤ 25 \ 3 Mod 3.2 * Int(2.5)

⑥ "xyz" + "515"

# 第3章　窗体及基本控件

Visual Basic 应用程序最主要的对象是窗体和控件。窗体和控件是用户界面的基本组成部分，用户界面是用户与应用程序交互的平台。用户界面和应用程序一般由窗口、标签、文本框、命令按钮组成。如图3-1所示，是学生信息管理系统的登录界面的基本组成元素。

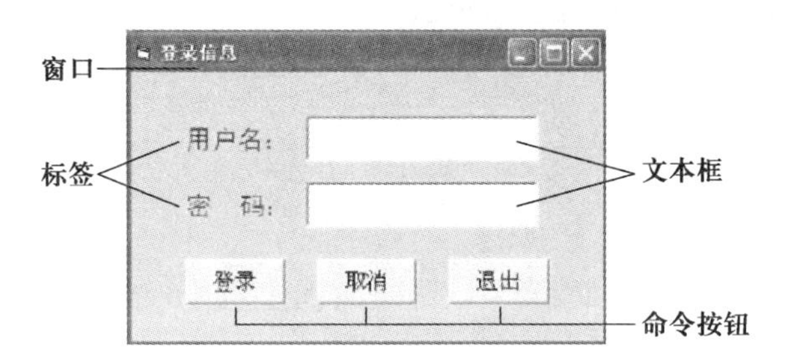


图3-1　登录界面

本章介绍窗体及界面设计，并介绍 Visual Basic 的最基本控件：命令按钮、标签、文本框。以快速介入方式进入应用程序的设计，便于本章内容的学习，其他控件在后面章节介绍。

## 3.1　窗　　体

Visual Basic 应用程序通常由一个或多个窗体组成。通过窗体显示信息、输入用户数据，或提供相应的选项供用户选择，与应用程序进行交互。

### 3.1.1　窗体概述

窗体可以看做是控件的容器，在窗体中添加各种控件，如文本框、标签、命令按钮和图像框等。

图3-2　窗体结构

**1. 窗体的结构**

窗体结构如图3-2所示，由标题栏、边框和工作区组成。在标题栏有控制菜单框、窗体名称“Form1”、窗体最小化按钮、最大化按钮和关闭按钮。控制菜单框位于窗体的左上角，单击控制菜单图标弹出下拉菜单，可以缩小、放大、关闭窗体等。“Form1”为窗体的默认名称，可以通过窗体的 Name 属性修改窗体名称。

窗体上的小点将窗体划分成网格，这些网格便于用户确定控件在窗体上的摆放位置。可以通过相应设置改变网格的大小或隐藏网格。具体操作方法如下：

单击 Visual Basic 主窗口的“工具”菜单，在其下拉菜单中选择“选项”命令，打开“选项”对话框，如图 3-3 所示。选择“通用”选项卡，可以看到一个标题为“窗体网格设置”的框架，通过“显示网格”的左边有一个复选按钮设置网格是否显示(单击复选按钮出现一个“√”符号,表示在窗体上出现网格,再次单击一下“√”符号消失,表示不在窗体上出现网格)。改变“宽度”和“高度”右边的数值即可改变网格的大小。

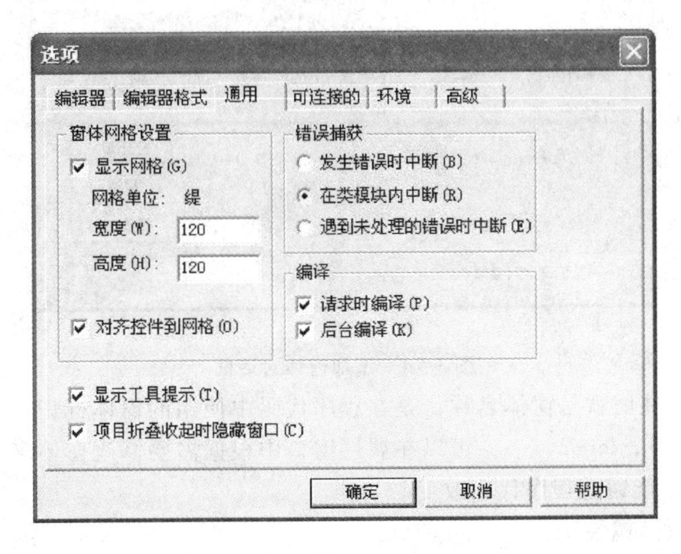


图 3-3 网格设置对话框

选中“对齐控件到网格”左边的复选按钮，表示在窗体上拖拉控件时，至少拖拉一个网格长度(即使拖拉不足一个网格大小的长度,当放开鼠标左键后,也会自动对齐到一个网格的边界处)，否则可以随意拖动控件在窗体任意位置，不受网格影响。

**2. 创建窗体**

在启动 Visual Basic 时自动创建一个窗体，也可以在 Visual Basic 主窗口的“工程”菜单中选择“添加窗体”菜单项，打开如图 3-4 所示“添加窗体”对话框，在“新建”选项卡中选择窗口类型，单击“打开”按钮，则建立相应类型的空白窗体。

**3. 窗体文件**

每个窗体都对应一个窗体文件，其扩展名为 .frm。窗体文件存储窗体的详细描述，包括窗体的初始大小、位置、标题文字等属性，以及与窗体有关的所有代码。

### 3.1.2 窗体属性

窗体属性决定了窗体的外观、特征和操作，在 Visual Basic 中，窗体拥有 50 多个属性，通常列于属性窗口中。

设置属性有两种方法：一是在程序设计时通过属性窗口设置，二是在程序运行时通过程序代码设置。大多数窗体属性既可以通过属性窗口设置，也可以在程序中设置，只有少量属性只能在设计状态设置或只能在窗体运行期间设置。在程序设计中不必对每一个属性进行设置，按照需要设置相应属性，其他属性使用系统默认值。

**1. Name(名称)属性**

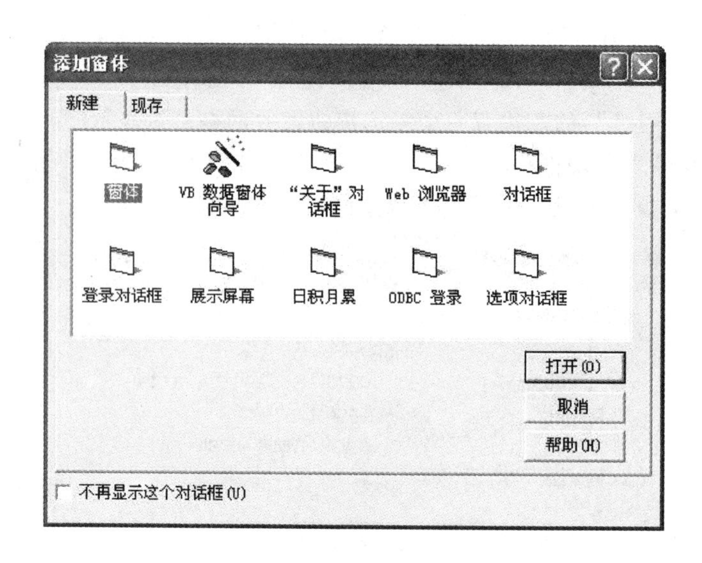


图3－4　添加窗体对话框

窗体的Name属性值就是窗体名称，是在程序代码中使用的窗体标识。在创建窗体时，默认窗体名依次为form1，form2，…，可以在属性窗口中根据需要修改窗体名，但在程序运行中窗体名是只读的，不能通过程序代码改变。

**2. Caption(标题)属性**

Caption属性用于设置窗体显示的标题。Caption的默认值是窗体名。可以通过属性窗口或程序代码设置。例如，通过如下程序代码可以设置Form1窗体的标题：

```
Form1. Caption  ="我的窗体"
```

**3. Height(高)、Width(宽)、Top(顶边)和Left(左边)属性**

Height和Width属性用于设置窗体的初始高度和宽度，即窗体的大小。Top和Left属性用于设置窗体的左上角坐标，即窗体的位置。Top表示窗体到屏幕顶部的距离，Left表示窗体到屏幕左边的距离。

以上4个属性的度量单位为twip(缇)，1twip＝1/20点＝1/1440英寸＝1/567 cm。窗体初始大小和位置由拖放和调整窗体的情况而定，如在图3－1登录界面中，Height和Width分别为3450、5280，Top和Left均为0。

**4. ForeColor(前景颜色)和BackColor(背景颜色)属性**

ForeColor属性用来设置窗体的前景颜色(文字和图形的颜色)，BackColor属性用来设置窗体的背景颜色。这两个属性值可以在属性窗口设置，也能在程序中指定。如图3－5、图3－6所示，在属性窗口中选择所需颜色，单击属性窗口中这两个属性值右边的下拉列表框，选择系统颜色选项卡或调色板选项卡设置颜色。

在图3－1登录界面中，将窗体的背景色设置为淡蓝色。

**5. Font属性**

Font属性用于设置窗体文本的字体、字型、字号和效果等。单击属性窗口Font属性右边的按钮，弹出字体对话框选择字体、字形、大小等属性。Font属性实际是一个属性的组，其详细说明见本章第3节。

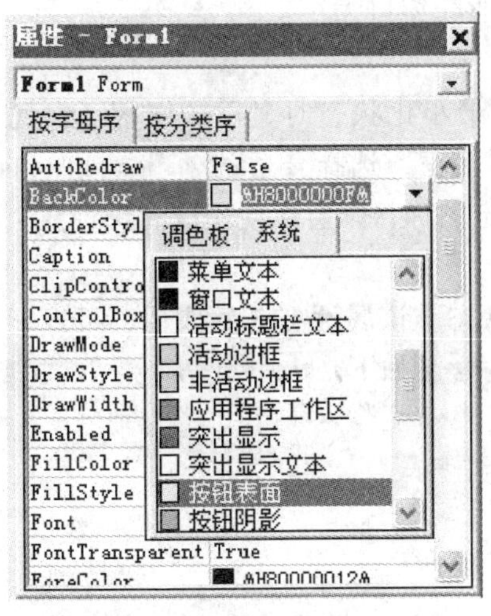


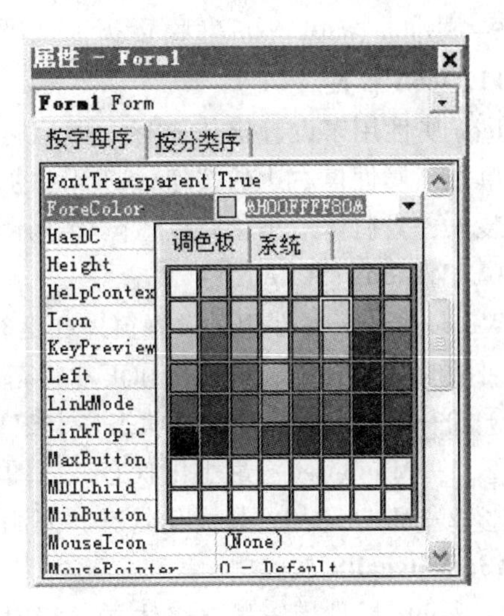


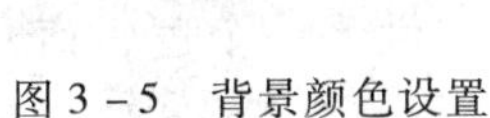
图 3-5　背景颜色设置

图 3-6　前景颜色设置

**6. Enabled 属性**

Enabled 属性决定窗体是否允许对用户事件做出响应(即可用性)。该属性值是一个逻辑值，True 表示响应用户操作，False 表示不响应用户操作，此时窗体上的控件也不响应用户操作。

**7. Visible 属性**

Visible 属性决定窗体是否可见。该属性值是一个逻辑值，True 表示程序运行时窗体可见，False 表示程序运行时窗体隐藏，用户看不到，但窗体本身存在。

**8. MaxButton 和 MinButton 属性**

MaxButton 属性用于设置窗体右上角是否有“最大化”按钮；MinButton 属性用于设置窗体右上角是否有“最小化”按钮，即是否允许最大(小)化窗口。这两个属性值是逻辑值，True 表示有“最大化(最小化)”按钮；False 表示没有“最大化(最小化)”按钮，按钮变成灰色。当 MaxButton、MinButton 属性同时为 False 时，“最大化”和“最小化”按钮在标题栏中不显示。

**9. ControlBox 属性**

ControlBox 属性用来设置窗体是否有控制菜单。该属性值是一个逻辑值，True 表示窗口左上角显示控制菜单框，False 表示窗体上没有控制菜单框，也不显示最大化和最小化按钮。

**10. BorderStyle 属性**

BorderStyle 属性用于设置窗体边框类型，边框类型决定了窗体的标题栏状态与可缩放性，该属性在运行时是只读的。BorderStyle 属性取值为 0 ~ 5 之间的整数，具体意义如下。

0—None：窗口无边框。

1—FixedSingle：窗口为单线边框，不可以改变窗口大小。

2—Sizable：窗口为双线边框，可以改变窗口大小。

3—FixedDialog：窗口具有双线框架，不可以改变窗口大小。

4—FixedToolWindow：窗口为工具栏风格，不可以改变窗口大小。

5—SizableToolWindow：窗口为工具栏风格，可以改变窗口大小。

**11. Icon 属性**

Icon 属性用于设置窗体图标，即运行时窗口处于最小化状态时显示的图标。在属性窗口中，单击该属性值右边的按钮，打开“加载图标”对话框，选择合适的 *.ico 或 *.cur 图标文件装入，当窗体最小化时以该图标显示。如果不指定图标，则窗体使用缺省图标。

**12. WindowsState 属性**

WindowsState 属性用于设置窗体在运行时的显示状态。该属性有 3 种取值，可以把窗体设成在启动时是最大化、最小化和正常状态。3 种取值的含义如下。

① 0—Normal：正常窗口状态，有窗口边界；

② 1—Minimized：最小化状态，以图标方式运行；

③ 2—Maximized：最大化状态，充满整个屏幕。

**13. Moveable 属性**

Moveable 属性用于指定窗体在运行时是否可以移动。该属性是一个逻辑值，属性值设为 True 时，窗体在运行时可以通过拖动标题栏移动该窗体；当属性值为 False 时，不能被拖动。

**14. Picture 属性**

Picture 属性用于为窗体指定背景图片。在属性窗口中，可以单击该属性值右边的按钮，打开“加载图片”对话框，选择相应的 *.jpg、*.gif、*.bmp、*.ico 格式的图形文件装入，作为窗体的背景图片。

**15. AutoRedraw 属性**

AutoRedraw 属性用于控制窗体输出的重建。该属性是一个逻辑值，将 AutoRedraw 设置为 True 时，在其他窗口覆盖某窗体后，返回该窗体时，则 Visual Basic 将自动刷新或者重画该窗体的输出，否则必须调用一个事件过程来执行这项任务。只有当 AutoRedraw 设置为 True 时，才能重画 Circle、Cls、Point 和 Print 等方法的输出。在默认状态下，AutoRedraw 设置为 False，这时不能重画窗口，即不能自动回复覆盖部分。

### 3.1.3 窗体事件

与窗体有关的事件有 30 多个，常用的窗体事件有 Load(装入)、Click(单击)、DblClick(双击)、Activate 和 MouseDown(按下鼠标)等。下面介绍主要的窗体事件。

**1. Load(装入)事件**

Load 事件是窗体被装入时触发的事件。当执行应用程序时，首先装入窗体，也就触发了 Load 事件，并执行 Load 事件过程。Load 事件过程通常用于对窗体、变量等进行初始化。

例如，在窗体的 Load 事件中设置窗体和标签的有关属性：

```
Private Sub Form_Load()
   Move 100, 100, 5000, 3000
   Caption ="主窗体"
   Label1.Caption ="你好！"
End Sub
```

Load 事件是由操作系统发送的。

**2. Unload(卸载)事件**

关闭窗体时，触发 Unload 事件。当单击窗体的“关闭”按钮或使用 UnLoad 语句时触发该事件，Unload 事件过程可以用于确认窗体是否应被卸载，或指定卸载时要发生的操作。

Unload 事件的参数 Cancel 用于确定窗体是否从屏幕删除。Cancel 参数值为 0，则窗体被删除，如果将 Cancel 设置为非零值则可以防止窗体被删除。

**3. Click(单击)事件**

Click 事件是鼠标单击事件，在程序运行后，用鼠标单击窗体时触发该事件。一旦触发 Click 事件便执行 Click 事件过程，在单击事件过程中编写程序，实现单击窗体时要完成的操作。

**4. DblClick(双击)事件**

DblClick 事件是鼠标双击事件，在程序运行后，用鼠标双击窗体时触发该事件。当在窗体上双击时，首先触发窗体的 Click 事件，然后触发 DblClick 事件。如果两个事件都编写了事件过程代码，则会被依次执行。

**5. Activate 事件**

当一个窗体被激活变成当前活动窗口时触发该事件。

### 3.1.4 窗体方法

不同的对象有不同的方法，通过在代码中调用执行。窗体有很多方法，常用方法有 Cls、Hide、Show、Move 和 Print 等。

**1. Cls 方法**

Cls 方法用于清除窗体中显示的文本和图形。

语法：[对象名.]Cls

对象名为窗体对象名，省略时默认为当前窗体。Cls 方法清除图形和打印语句在运行时产生的文本和图形，而设计时设定的窗体背景图片和控件不受 Cls 方法影响。

**2. Hide 方法**

Hide 方法用于隐藏窗体，使窗体不可见。调用该方法仅仅是把窗体在屏幕上隐藏并将其 Visible 属性设置为 False，但没有卸载窗体，用户无法直接访问隐藏窗体上的控件，但对该窗体的代码操作仍然有效。

语法：[对象名.]Hide

**3. Show 方法**

Show 方法用于显示窗体，使窗体可见。调用该方法将窗体显示到屏幕上，并将其 Visible 属性设置为 True。该方法有装入和显示窗体两种功能。

语法：[对象名.]Show

**注意：** Hide、Show 两种方法通常用于多窗体程序设计。例如：

```
Form1.Hide          '隐藏第一个窗体
Form2.Show          '显示第二个窗体
```

**4. Move 方法**

Move 方法用于移动窗体位置或改变窗体尺寸。

语法：[对象名 .]Move left[ ,top,width,height]

left、top 是窗体的左上角坐标，即窗体左上角距屏幕左上角的距离。Width、height 是窗体的宽度和高度。Left 参数必选，其他参数是可选参数，没有指定的参数保持原来的值不变。

**例如：**

```
Private Sub Form _ Click( )
    Move 20, 30, Width/2, Height/2
End sub
```

运行这段程序后，窗体左右边界分别为 20twip 和 30twip，每单击一下窗体，窗体左右边界不变，但宽度和高度缩小一半。

**5. Print 方法**

Print 方法用于在窗体上显示文字，也可以在打印机上输出。

语法：[对象名 .]Print[输出列表]

**例如：**

```
Print "Visual BASIC"              '在当前对象上显示 Visual BASIC
Printer. Print "Visual BASIC"     '在打印机输出 Visual BASIC
Picture1. Print "Visual BASIC"    '在图片框显示 Visual BASIC
Form2. Print "A + B =";3 +5       '在 Form2 窗体显示 A + B = 8
Print                             '在当前窗体输出一空行
```

**注意：**

Cls 和 Print 方法不仅适用于窗体，而且适用于图片框。如需使 Print 方法在 Form _ Load( ) 事件过程中起作用，必须把窗体的 AutoRedrow 属性设置为 True，否则，Print 方法在 Form _ Load( ) 事件过程中不起作用。

Move 方法适用于除计时器(Timer)以外的对象，使用时若省略对象名，则隐含指当前对象。

### 3.1.5 窗体应用

【任务 3－1】设计“学生信息管理系统”的欢迎界面。

创建一个窗体 Form1，标题设为“学生信息管理系统”，调整为合适位置和大小，背景设置为一幅图片，前景色设为红色，字体设为隶书、一号字。各属性设置见表 3－1。

**表 3－1 【任务 3－1】各窗体属性设置**

| 对象 | 属性 | 值 |
|---|---|---|
| Form1 | Name | Form1 |
| | Caption | 学生信息管理系统 |
| | Picture | (选择一个图片文件) |
| | ForeColor | &H000000FF&(红色) |
| | Font | (隶书、一号) |

编写窗体 load 事件过程如下：

```
Private Sub Form _ Load( )
  Show
  Print
  Print Tab(13); "欢 迎 使 用"
  Print Tab(8); "学 生 信 息 管 理 系 统"
End Sub
```

编写窗体 Click 事件过程如下:

```
Private Sub Form _ Click( )
  Cls
  Caption ="进入登录界面"
  ForeColor = RGB(0,0,255)
  Print
  Print Tab(10);"单 击 进 入 登 录 界 面"
End Sub
```

程序运行后显示“学生信息管理系统”欢迎主界面，并在主窗体上输出欢迎文字，如图3-7所示。当单击窗体时显示“进入登录”界面，窗体标题信息改为“进入登录界面”，清除欢迎语并改变字体颜色，输出“单击进入登录界面”提示语，如图3-8所示。

图3-7 欢迎界面

图3-8 进入登录界面

# 3.2　控件的添加与布局

控件是包括窗体对象在内的对象，如按钮、文本框、列表框等。在窗体上添加所需的控件是 Visual Basic 可视化程序设计中界面设计的重要内容。

## 3.2.1　在窗体上添加控件

在窗体中添加控件有两种方法：

① 单击工具箱中的控件图标，鼠标指针变成一个十字指针。在窗体的工作区拖动鼠标在窗体上画出相应控件，该方法画出的控件大小和位置可随意确定。

② 双击工具箱中的控件图标，即可在窗体的中央添加控件。用该方法添加的控件大小和位置是暂时固定的，可以根据需要进行调整。

按上述方法在窗体上添加一个文本框、两个命令按钮，并用鼠标调整位置如图3－9所示。

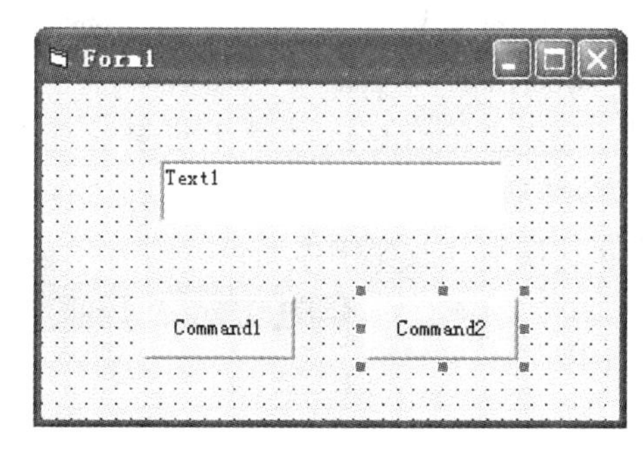


图3－9　添加控件

## 3.2.2　控件的缩放和移动

当在窗体上添加控件后，控件的边框上有8个蓝色小方块，这表明该控件是“活动”的，通常称为“当前控件”，8个蓝色小方块为方向控制点，如图3－9所示。当窗体上有多个控件时，通常只有一个控件是当前控件，对控件的所有操作都针对当前控件进行。用鼠标单击选中控件，可以使之成为当前控件。

对当前控件可以用两种方法来进行缩放和移动：

① 直接使用鼠标拖动控件至合适位置。利用鼠标指针对准控件的方向控制点出现双向箭头时，拖动鼠标改变控件的大小。也可以按 Shift＋“方向键”改变控件的大小，按 Ctrl＋“方向键”来移动控件的位置。

② 在属性窗口修改相应属性改变控件的大小和位置。改变属性 Left，Top 可以改变控件的左上角坐标，即改变控件的位置，改变属性 Width，Height 可以改变控件的宽度和高度，即改变控件的大小。在属性窗口的“按分类序”选项卡上的“位置”栏修改相应属性，如图3－10所示。

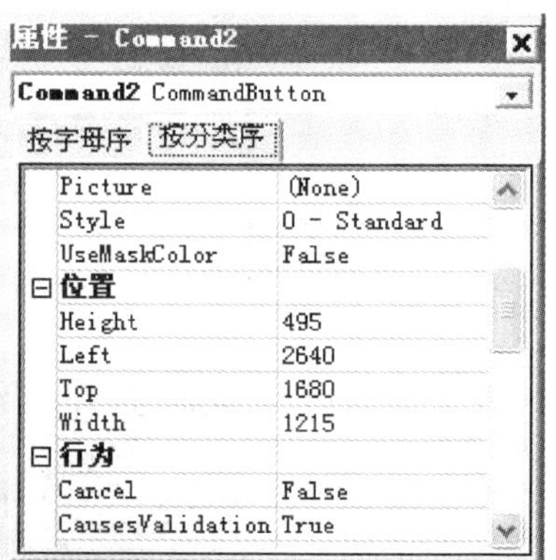


图3－10　控件大小和位置属性

## 3.2.3　控件的复制与删除

在窗体上，控件的复制和删除操作与 Windows 环境下文件的复制和删除操作相同。

**1. 复制控件**

复制控件的操作步骤如下：

① 选中控件，单击工具栏上的“复制”按钮或按

Ctrl + C 组合键，或在选中的控件上单击鼠标右键，在弹出的右键快捷菜单中选择“复制”命令，可将控件复制到剪贴板中。

② 单击工具栏上的“粘贴”按钮或按 Ctrl + V 组合键，或单击鼠标右键，在弹出的快捷菜单中选择“粘贴”命令，将控件粘贴到窗体的左上角。由于复制控件名称相同，系统会弹出一个“是否创建控件数组”对话框。

③ 单击“是(Y)”按钮，将在窗体上创建一个控件数组，单击“否(N)”按钮即可在窗体上得到该控件的复件，复件的所有属性与原控件相同，只是名称属性(Name)的序号比原控件大。

**2. 删除控件**

删除控件有两种方法：

① 选中控件，按 Del 键或单击工具栏上的“删除”按钮。

② 在选中的控件上单击鼠标右键，在弹出的快捷菜单中选择“删除”命令。

### 3.2.4 控件的布局

当窗体上有多个控件时，需要对窗体上的控件进行排列、对齐、调整间距、统一尺寸等操作，这些操作通常通过“格式”菜单完成。

**1. 选定多个控件**

要进行多个控件的布局调整时，需要选定进行调整的多个控件，然后进行调整操作。选定多个控件通常有如下方法：

① 在窗体的空白区域利用鼠标左键拉出一个矩形框，将需要选中的控件框上即可选定多个控件，该方法常用于选择相邻的多个控件。

② 先按住 Shift 键，再用鼠标单击所要选中的多个控件，这种方法可用于选择不相邻的多个控件。

**2. 设置控件的对齐方式**

选定多个控件后，通过“格式”菜单中的“对齐”子菜单中的命令，可以对齐多个控件，如图 3 – 11 所示。

① 左对齐：使所选对象的水平位置左对齐，其左边界以最后选择的对象的左边界为基准对齐。

② 居中对齐：使所选对象的水平位置居中对齐，其中心位置以最后选择的对象的中心位置为基准对齐。

③ 右对齐：使所选对象的水平位置右对齐，其右边界以最后选择的对象的右边界为基准对齐。

④ 顶端对齐：使所选对象的垂直位置顶端对齐，其顶端位置以最后选择的对象的顶端位置为基准对齐。

⑤ 中间对齐：使所选对象的垂直位置居中对齐，其中心位置以最后选择的对象的中心位置为基准对齐。

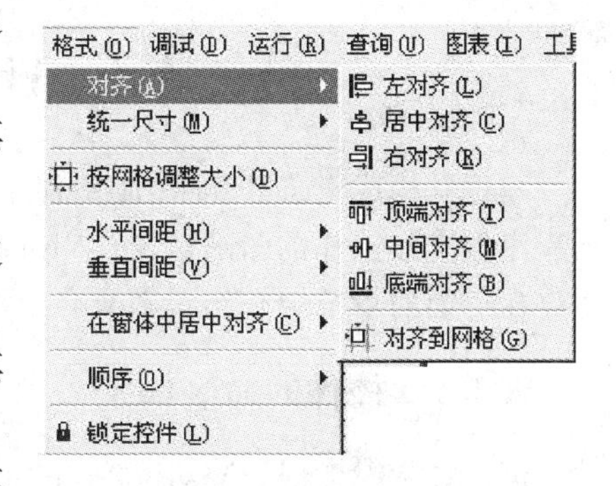


图 3 – 11 “格式”菜单

⑥ 底端对齐：使所选对象的垂直位置底端对齐，其底端位置以最后选择的对象的底端位置为基准对齐。

⑦ 对齐到网格：使所选对象的左上角与最近的网格对齐。

**3. 设置控件的统一尺寸**

通过“格式”菜单中的“统一尺寸”命令，可以自动调整控件的大小，使其具有统一的尺寸。“统一尺寸”命令中有3项子菜单命令。

① 宽度相同：以最后选择的对象为基准，使其他被选定的控件与其具有相同的宽度。

② 高度相同：以最后选择的对象为基准，使其他被选定的控件与其具有相同的高度。

③ 两者都相同：以最后选择的对象为基准，使其他被选定的控件与其具有相同的宽度和高度。

**4. 设置控件的间距**

利用“格式”菜单中的“水平间距”和“垂直间距”子菜单，可以调整控件之间的间距。每个子菜单都有以下4个命令。

① 相同间距：对被选定的控件之间设置相同的间距，即将所有控件均匀排列。

② 递增：被选定的控件之间间距增加，增加一个网格的距离。

③ 递减：被选定的控件之间间距减少，减少一个网格的距离。

④ 移除：删除被选定控件之间的间距。

**5. 设置控件在窗体上的居中对齐方式**

在选定多个控件之后，通过“格式”菜单中的“在窗体中居中对齐”子菜单，选择“水平对齐”或“垂直对齐”可以调整控件在窗体上的水平居中对齐或垂直居中对齐方式。

① 水平对齐：使所选择对象的中心位置与窗体中心的水平线对齐。

② 垂直对齐：使所选择对象的中心位置与窗体中心的垂直线对齐。

**6. 设置控件的前台和后台显示**

通过“格式”菜单中的“顺序”子菜单，可以设置多个控件重叠时控件的显示关系。

① 置前：将所选对象设置为前台显示，即移到其他对象的前面。

② 置后：将所选对象设置为后台显示，即移到其他对象的后面。

除了通过“格式”菜单对控件进行布局调整外，还可以使用鼠标进行手动调整。手动调整比较自由、方便，但由于有视差问题，使得手动调整不容易准确规范。

## 3.3 Visual Basic 的基本控件

控件是构成Visual Basic应用程序界面的基本元素，是进行信息输入、输出，启动事件驱动程序等交互操作的图形对象。Visual Basic工具箱提供了很多基本控件，这些控件的具体应用将在后面的章节中介绍，本节介绍控件的常用属性以及命令按钮、文本框、标签的使用。

### 3.3.1 控件的命名约定

创建控件对象时，Visual Basic自动给出控件的默认名称，如Text1、Text2等。为了提高程序的可读性和可维护性，建议为控件设置一个易于记忆且有意义的名称，微软公司建议控件的命名规则为：前缀+标识

其中，前缀由控件类型的三个简称字母组成，表示控件类型，标识表示控件所代表的含

义。例如，用 cmdOK 表示一个“确定”命令按钮。表 3－2 给出了微软公司建议的常用控件的命名前缀。

**表 3－2 Visual Basic 常用控件命名前缀**

| 对象的类型 | 意义 | 前缀 |
|---|---|---|
| CheckBox | 复选框 | chk |
| ComboBox | 组合列表框 | cbo |
| CommandButton | 命令按钮 | cmd |
| Data | 数据 | dat |
| DirListBox | 目录列表框 | dir |
| DriveListBox | 驱动器列表框 | drv |
| FileListBox | 文件列表框 | fil |
| Frame | 框架 | fra |
| HorizontalScrollBars | 水平滚动条 | hsb |
| VerticalScrollBaxs | 垂直滚动条 | vsb |
| Image | 图像 | img |
| Label | 标签 | lbl |
| Line | 线 | lin |
| ListBox | 列表框 | lst |
| OptionButton | 单选按钮 | opt |
| PictureBox | 图片框 | pic |
| Shape | 图形 | shp |
| TextBox | 文本框 | txt |
| Timer | 计时器 | tmr |

### 3.3.2 控件的常用属性

在 Visual Basic 中，每个控件都有自己的属性，许多属性对于大多数控件是公用的，这些属性提供了控件的基本特征。此外，每类控件还有专门属性，专门属性进一步确定了该控件的特殊特征。下面介绍控件的常用属性，控件的专门属性在介绍具体控件时再详细介绍。

**1. Name(名称)属性**

Name 属性是所有的对象都具有的属性，是对象的名称，是程序操作控件时的唯一标识。所有的控件在创建时由 Visual Basic 自动提供一个默认名称。在 Visual Basic 中，Name 属性只能在属性窗口的“名称”栏设置。在应用程序中，对象名称作为对象的标识而引用，不在窗体上显示。

一个事件过程调用另一个事件过程，要用到名称属性，调用格式是：

对象名称．事件名

**例如：**［对象名．］ForeColor＝颜色值。

**2. Caption（标题）属性**

Caption 属性决定了控件上显示的内容。默认情况下，Caption 属性显示控件名称（Name），但 Caption 属性和 Name 属性是完全不同的。

不是所有控件都有 Caption 属性，比如滚动条控件就没有 Caption 属性。

**3. Height、Width、Top 和 Left 属性**

Height 和 Width 属性决定控件的高度和宽度，Top 和 Left 属性决定了控件在窗体中的位置，即左上角坐标。Top 表示控件到窗体顶部的距离，Left 表示控件到窗体左边框的距离。

可以在窗体中拖曳控件的外框改变控件大小，拖动控件改变位置，相应的属性值自动改变，也可以在属性窗口中输入具体数值改变控件的大小和位置。在窗体上设计控件时，Visual Basic 自动提供了缺省坐标系，窗体的上边框为坐标横轴，左边框为坐标纵轴，窗体左上角顶点为坐标原点。

**4. Enabled 属性**

Enabled 属性决定控件是否允许操作。该属性是一个逻辑值，True 表示允许用户进行操作，并对操作作出响应，False 表示禁止用户进行操作，控件呈暗淡色。

**5. Visible 属性**

Visible 属性决定控件是否可见。该属性是一个逻辑值，True 表示程序运行时控件可见，False 表示程序运行时控件不可见，但控件本身存在。

**6. Font 属性**

Font 属性用于设置对象上文本的字体效果。Font 属性是一个属性集，包括字体、字号、字型等。在“属性”窗口设置方法是：从属性列表中选择 Font 属性，单击右边的按钮，弹出字体设置对话框，如图 3－12 所示。在字体对话框中设置字体、大小等。

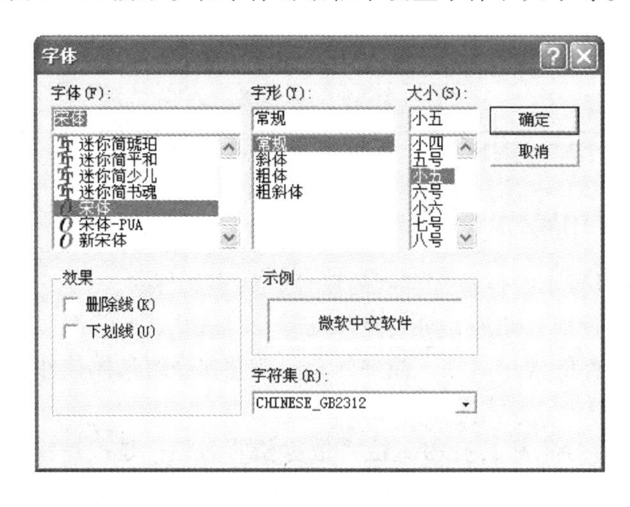


图 3－12　字体对话框

在 Font 属性集中包含如下属性，可以在程序中通过设置相应属性设定对象文本的格式。

① FontName 属性：字符型，用于设置控件文本的字体。例如，FontName＝"隶书"，将当

前对象字体设置为隶书。

② FontSize 属性：整型，用于设置控件文本的字体大小。例如，Text1. FontSize = 16，将文本框 Text1 字符大小设置为 16，数值越大字也越大。

③ FontBold 属性：逻辑型，用于设置控件文本是否是粗体。选 True 设置为粗体字，选 False 为非粗体字。

④ FontItalic 属性：逻辑型，用于设置控件文本是否是斜体。

⑤ FontStrikethru 属性：逻辑型，用于设置控件文本是否加删除线。

⑥ FontUnderline 属性：逻辑型，用于设置控件文本是否加下划线。

**7. 颜色**

控件的颜色是指控件的背景色 BackColor 和前景色 ForeColor。ForeColor 属性用来指定对象中文字和图形的颜色，BackColor 用来指定对象的背景颜色，该属性值可以在属性窗口或在程序中指定。

在程序中设定时，颜色值通常有 4 种表示方式。

（1） RGB 函数

RGB 函数返回一个 Long 整数，用于表示一种 RGB 颜色值，用于在运行时指定颜色，是常用的颜色函数。

RGB 函数格式：RGB(red,green,blue)

其中，red、green、blue 取 0 ~ 255 之间的整数，分别代表色彩中红、绿和蓝三种颜色的成分，0 表示亮度最低，而 255 表示亮度最高。RGB 函数可以设置 256 × 256 × 256 种颜色。

**例如：**

```
Form1. BackColor = RGB(0,128,0)          '指定窗体背景为浅绿色
Form1. BackColor = RGB(255,255,0)        '指定窗体背景为黄色
Form1. ForeColor = RGB(0,0,70)           '指定窗体前景为浅蓝色
```

（2） QBColor( )函数

QBColor 函数用于设置颜色的 RGB 颜色码。

QBColor 函数格式：QBColor(n)

其中，*n* 取 0 ~ 15 间的整数，选择 16 种 Microsoft QuickBasic 颜色中的一种，例如：

```
Text1. ForeColor = QBColor(2)            '指定文本框的前景色为绿色
BackColor = QBColor(4)                   '指定当前窗体的背景色为红色
```

QBColor( )函数值的颜色效果见表 3 – 3。

**表 3 – 3 QBColor(n)函数值的颜色效果**

| 值 | 颜色 | 值 | 颜色 |
|---|---|---|---|
| 0 | 黑色 | 4 | 红色 |
| 1 | 蓝色 | 5 | 洋红色 |
| 2 | 绿色 | 6 | 黄色 |
| 3 | 青色 | 7 | 白色 |

续表

| 值 | 颜色 | 值 | 颜色 |
|---|---|---|---|
| 8 | 灰色 | 12 | 亮红色 |
| 9 | 亮蓝色 | 13 | 亮洋红色 |
| 10 | 亮绿色 | 14 | 亮黄色 |
| 11 | 亮青色 | 15 | 亮白色 |

(3) Visual Basic 定义的颜色常数

Visual Basic 将常用的颜色值定义为内部常数，可以通过内部常数设置颜色，内部常数见表3-4。

**表3-4 常用颜色值常数**

| 颜色常数 | 十六进制数 | 颜色 |
|---|---|---|
| vbBlack | &H0 | 黑色 |
| vbRed | &HFF | 红色 |
| vbGreen | &HFF00 | 绿色 |
| vbYellow | &HFFFF | 黄色 |
| vbBlue | &HFF0000 | 蓝色 |
| vbMagenta | &HFF00FF | 洋红色 |
| vbCyan | &HFFFF00 | 青色 |
| vbWhite | &HFFFFFF | 白色 |

**例如：**

```
BackColor = vbRed                   '指定当前对象的背景色为红色
Text1. ForeColor = vbYellow         '指定文本框 Text1 前景色为黄色
Form. ForeColor = vbWindowsText     '指定窗体前景为黑色
```

(4) 直接输入一种颜色值

可以用十六进制数按照下述语法指定颜色：

&HBBGGRR&

BB 指定蓝颜色的值，GG 指定绿颜色的值，RR 指定红颜色的值。每个数段都是两位十六进制数，即从00到FF。

**例如：** BackColor = &H00&　　'指定当前窗体的背景色为白色

```
ForeColor = &HFF0000&     '指定当前窗体的前景色为蓝色
ForeColor = &H00FF00&     '指定当前窗体的前景色为绿色
```

### 3.3.3 焦点和 Tab 键顺序

#### 1. 焦点

焦点是接收鼠标或键盘输入的标识。当对象具有焦点时，可接收用户的输入。在 Windows 环境下，同一时刻可运行多个应用程序，但只有具有焦点的应用程序才有活动标题栏，才能接受用户输入。在有多个文本框的窗体中，只有具有焦点的文本框才接收并显示键盘输入的文本。

当对象得到或失去焦点时，会触发 GotFocus 或 LostFocus 事件，窗体和多数控件支持这些事件。GotFocus 事件在对象得到焦点时发生，LostFocus 事件在对象失去焦点时发生。

GotFocus 事件通常用来进行文本的选择，初始化等。LostFocus 事件过程常用来进行数据验证、有效性检查，或用于修正或改变在对象的 GotFocus 过程中设定的条件。用下列方法可以使对象获得焦点。

- 运行时用鼠标选择对象
- 运行时用快捷键选择对象
- 在代码中使用 SetFocus 方法

只有当对象的 Enabled 和 Visible 属性为 True 时才能接收焦点。大部分控件可以接收焦点，但 Frame、Label、Menu、Timer、Image、Line、Shape 等控件不能接收焦点。对象是否具有焦点有时可以显示方式不同。例如，当命令按钮具有焦点时，标题周围的边框将突出显示。

**2. Tab 键顺序**

当窗体上有多个控件时，对可接收焦点的控件，系统会分配一个 Tab 顺序。Tab 顺序就是按 Tab 键时焦点在各个控件上移动的顺序，通常，其顺序与控件建立的顺序相同。

例如，在窗体上分别建立了名称为 Text1 和 Text2 的文本框、一个名称为 Command1 的命令按钮。应用程序启动时，Text1 具有焦点，按 Tab 键将使焦点按控件建立的顺序在控件间移动。

设置控件的 TabIndex 属性可以改变控件的 Tab 键顺序。控件的 TabIndex 属性决定了它在 Tab 键顺序中的位置。按照缺省规定，第一个建立的控件其 TabIndex 值为 0，第二个建立的控件 TabIndex 值为 1，依次类推。当改变了一个控件的 Tab 键顺序位置，Visual Basic 自动为其他控件的 Tab 键顺序位置重新编号，以反映插入和删除。例如，要使 Command1 变为 Tab 键顺序中的首位，其他控件的 TabIndex 值将自动向上调整，见表 3－5。

**表 3－5　改变控件的 Tab 顺序例子**

| 控件 | 变化前的 TabIndex 值 | 变化后的 TabIndex 值 |
|---|---|---|
| Text1 | 0 | 1 |
| Text2 | 1 | 2 |
| Command1 | 2 | 0 |

由于 TabIndex 编号从 0 开始，TabIndex 的最大值总是比 tab 键顺序中控件的数目少 1，因此，TabIndex 属性值高于控件数目时，Visual Basic 会将该值转换为 TabIndex 的最大值。

不能获得焦点的控件、不可用的和不可见的控件没有 TabIndex 属性，因而不包含在 Tab 键顺序中。按 Tab 键时，这些控件将被跳过。

通常，运行时按 Tab 键能选择 Tab 键顺序中的每一个控件。将控件的 TabStop 属性设为 False(0) 即可将此控件从 Tab 键顺序中删除。

TabStop 属性已置为 False 的控件，仍然保持它在实际 Tab 键顺序中的位置，只是在按 Tab 键时该控件被跳过。

### 3.3.4 命令按钮(CommandButton)

在应用程序中，命令按钮是最常见的控件之一。命令按钮通常用来接受用户命令，完成相应的输入、启动、中断或者结束某个进程等操作。在程序执行期间，当用户选择某个命令按钮时就会执行相应的事件过程，完成相应的操作。

应用控件必须掌握该控件三方面的内容。第一，必须掌握控件的属性以及属性的含义和使用方法；第二，了解控件的常用事件的发生机制和触发事件的条件；第三，了解控件各个方法的作用。下面介绍命令按钮常用的属性、事件和方法。

**1. 命令按钮的属性**

命令按钮常用的属性有很多，有一些属性为公共属性，其含义在前面已经介绍，下面介绍另外几个常用属性。

(1) Caption 属性

Caption 属性是按钮的标题，是显示在按钮控件上的文本。可以使用 Caption 属性设置按钮的快捷键，在设置 Caption 属性时，如果在某个字母前加“&”，则程序运行时标题中的该字母带有下划线，带有下划线的字母即该按钮的快捷键。当用户按 Alt + 快捷键时，即可激活并操作该按钮。例如，设置按钮的 Caption 属性时键入 &OK，程序运行时就会显示OK，当用户按 Alt + O 键时即可激活并操作 OK 按钮，如图 3 - 13 所示。为了在标题中加入一个“&”符号而不是创建快捷键，需要在标题中输入“&&”符号，此时，标题中只有单个“&”符号被显示且没有带下划线的字符。

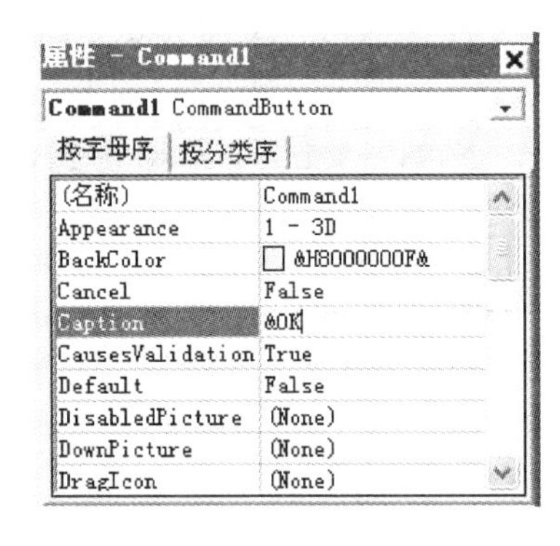

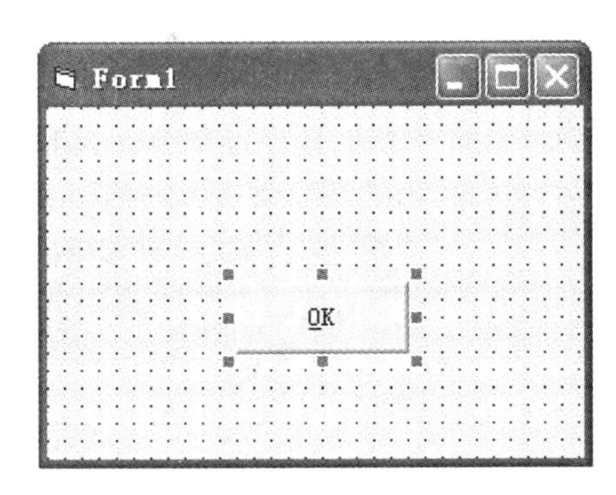


图 3 - 13 命令按钮快捷键设置

(2) Default 属性

Default 属性用于指定缺省命令按钮，返回或设置一个值，以确定哪一个命令按钮是窗体的缺省命令按钮。即按 Enter 键相当于单击该按钮。Default 属性为逻辑值，当设置为 True 时，该按钮是缺省命令按钮，为 False(缺省值)时不是缺省命令按钮。

在一个窗体中只能有一个缺省命令按钮，当某个命令按钮的 Default 设置为 True 时，窗体中其他的命令按钮自动设置为 False。

(3) Cancel 属性

Cancel 属性指定缺省的取消按钮，确定哪一个命令按钮是窗体的缺省取消命令按钮。即按 Esc 键相当于单击此按钮。Cancel 属性为逻辑值，设置值为 True 时，按钮控件是缺省取消按钮，为 False(缺省值)时，按钮控件不是缺省取消按钮。

在一个窗体中只能有一个按钮的 Cancel 属性为 True，当某个命令按钮的 Cancel 设置为 True 时，其他按钮的 Cancel 属性自动变为 False。

(4) Value 属性

Value 属性用于检查该按钮是否被按下。该属性在设计阶段无效，只能在程序运行期间设置或引用。当 Value 值为 True 时，表示该按钮被按下，为 False(缺省)时表示按钮未被按下，在程序运行过程中，只要 Value 值为 True，便触发按钮的 Click 事件并执行相应的程序。

(5) Style 属性

Style 属性用来指示控件的显示类型和行为，在运行时是只读的。

该属性值有两个。

① 0—standard(缺省)：标准按钮，按钮上只能显示文字，不能显示图形。

② 1—graphical：图形按钮，按钮上可以显示图形或文字。

(6) Picture 属性

Picture 属性返回或设置图形按钮上显示的图片文件，显示的图片文件(.bmp 和 .ico)，存储在 Visual Basic 文件夹的 Graphic 子文件夹中。

若在 Picture(图片)属性中选择了图片文件，则 Style 属性值必须为 1，否则无法显示图形。

(7) ToolTipText 属性

ToolTipText 属性用于设置按钮的提示，该属性与 Picture 属性同时使用。如果仅用图像作为按钮的标签，那么能够使用该属性以较少的文字提示按钮的功能。

(8) Appearance 属性

Appearance 属性用于设置命令按钮的外观，其值为 0 时，平面绘制按钮，为 1 时(缺省值)，带有三维效果绘制按钮。

**2. 命令按钮的事件**

命令按钮常用的事件如下：

(1) Click 事件

Click(单击)事件在一个命令按钮上单击鼠标时发生。按钮的值(Value)改变时也会触发该事件。按钮控件的 Click 事件仅当单击鼠标左键时发生。

(2) KeyDown 事件

KeyDown(键按下)事件是当一个按钮具有焦点时按下一个键时触发的事件。

(3) KeyUp 事件

KeyUp(键弹起)事件当一个按钮具有焦点时松开一个键时触发的事件。

(4) KeyPress 事件

KeyPress(键按下并弹起)事件当用户按下和松开一个键时触发的事件。

**3. 命令按钮的方法**

命令按钮常用的方法有 SetFocus 方法、Refresh 方法、Move 方法等。

**4. 命令按钮应用**

【任务 3-2】把任务 3-1 中的“学生信息管理系统”欢迎界面的单击窗体事件改为单击命令按钮。

窗体的设置同任务 3-1，添加两个命令按钮(Command1，Command2)，调整大小和位置。一个按钮是“进入”按钮，快捷键为 E，一个是“退出”按钮，快捷键为 X。当程序运行时，单击“进入”按钮或按 Alt+E 键，在窗体中显示欢迎语，单击“退出”按钮或按 Alt+X 键则退出程序。各控件属性设置见表 3-6。

表 3-6 【任务 3-2】各控件属性设置

| 对象 | 属性 | 值 |
| --- | --- | --- |
| Form1 | Name<br>Caption<br>Picture<br>ForeColor<br>Font | Form1<br>学生信息管理系统<br>(选择一个图片文件)<br>&H000000FF&(红色)<br>(隶书、一号) |
| Command1 | Name<br>Caption<br>Font | Command1<br>进入(&E)<br>(宋体、粗体、四号) |
| Command2 | Name<br>Caption<br>Font | Command2<br>退出(&X)<br>(宋体、粗体、四号) |

编写命令按钮 Command1 的单击事件代码：

```
Private Sub Command1 _ Click( )
   Show
   Print
   Print Tab(11); "欢 迎 使 用"
   Print Tab(5); "学 生 信 息 管 理 系 统"
End Sub
```

编写命令按钮 Command2 的单击事件代码：

```
Private Sub Command2 _ Click( )
   End
End Sub
```

程序运行后，出现图 3-14 界面，单击“进入”按钮或按 Alt+E 组合键或按 Enter 键，在窗体上显示欢迎语，如图 3-15 所示。单击“退出”按钮或按 Alt+X 组合键，则退出程序。

### 3.3.5 文本框(TextBox)

文本框(TextBox)是常用的用于输入输出数据的控件。用户可通过文本框输入变量的初值、查询条件以及程序继续运行时所需的数据，并传递给应用程序。应用程序也可以将运行结果在文本框中显示，供用户查阅。文本框中的文本可以进行选择、删除、复制、粘贴、替换和修改

图 3-14 程序运行初始界面

图 3-15 单击“进入”按钮的欢迎界面

等编辑操作，还可以实现密码输入、多行显示和自动换行等功能。

**1. 文本框的属性**

文本框的一些公共属性，其含义在前面已经介绍，下面介绍另外几个常用属性。

(1) Text 属性

Text 属性用于设置或获取文本框中显示的文本。其值可以在属性窗口中设置，或使用赋值语句为该属性赋值，例如：Text1.Text ="文本框控件"，也可以在程序运行时从键盘输入内容。

Text 属性的值为字符型。缺省时，文本框最多输入字符 2048 个，若将文本框的 MultiLine 属性设置为 True，则可输入多达 32K 的文本。

清除文本框的内容可为该属性赋值为空字符串。例如：Text1.Text =""。

(2) MaxLength 属性

MaxLength 属性用于设置 Text 属性中所能输入的最大字符数。如果输入的字符数超过 MaxLength 设定的数目后，系统将不接收超出的字符并发出警告声。MaxLength 属性值是一个整数，默认值为 0，表示可以输入任意长字符串，非零值表示文本框中字符个数的最大值。在 Visual

Basic 中一个汉字的长度相当于一个西文字符。

(3) MultiLine 属性

MultiLine 属性用于设置文本框是否可以输入或显示多行文字。其属性值为逻辑类型，缺省值为 False，文本框只能输入一行文本，若该属性设置为 True，文本框能接受多行文本，且当文本超出控件边界时，自动换行。

(4) Alignment 属性

Alignment 属性用于设置文本框文本的对齐方式，取值为 0 ~ 2 含义如下。

- 0—为左对齐
- 1—为右对齐
- 2—为居中

(5) ScrollBars 属性

ScrollBoars 属性用于设置文本框滚动条模式，有 4 个值含义如下。

0—None：无滚动条

1—Horizontal：加水平滚动条

2—Vertical：加垂直滚动条

3—Both：同时加水平和垂直滚动条

当 MultiLine 属性为 True 时，ScrollBars 属性才有效。当加入了水平滚动条以后，文本框内的自动换行功能会自动消失，按 Enter 键才能换行。

(6) Locked 属性

Locked 属性用于设置文本框的内容是否可以编辑。其属性值是逻辑类型，默认值为 False，表示可编辑，如果设置为 True，则锁定文本框的 Text 属性内容，只能显示，不能通过键盘修改，成为只读文本。此时在文本框中可以使用“复制”命令，但不能使用“剪切”和“粘贴”命令。

(7) PassWordChar 属性

PassWordChar 属性设定文本框是否用于输入口令或密码类文本。当把该属性设置一个非空字符时(如设定为“*”)，运行程序时用户键入的所有字符全部显示为该字符。例如，用户输入 abc123，则在文本框中显示 * * * * * *，但 Text 属性接受的仍然是用户输入的字符 abc123。

(8) SelStart、SelLength 和 SelText 属性

在程序运行中对文本内容进行选择操作时，这三个属性用于标识用户选中的文本。

① SelStart：选定文本的开始位置，第一个字符的位置是 0；

② SelLength：选定文本的长度；

③ SelText：选定文本的内容。

设置了 SelStart 和 SelLength 属性后，Visual Basic 会自动将设定的文本存入 SelText。这些属性常用于在文本编辑中设置插入点及范围、选择字符串、清除文本等，且经常与剪贴板一起使用完成文本信息的剪切、复制、粘贴等功能。

**2. 文本框的常用事件**

在文本框控件的常用事件如下。

(1) Change 事件

在文本框输入字符、编辑文本或在程序中将 Text 属性设置为新值时，触发该事件。用户每输入一个字符触发一次 Change 事件。

(2) KeyDown 事件

按下键盘键的瞬间，触发该事件。KeyDown 事件不仅能响应全部键盘键，而且能返回键代码。通过参数 KeyCode 和 Shift 判断用户按下的是哪个键。

(3) KeyUp 事件

释放键盘键的瞬间触发该事件，KeyUp 事件的其他特点与 KeyDown 事件相同。

(4) KeyPress 事件

按下并释放键盘上的一个键时触发 KeyPress 事件，并通过参数 KeyAscii 返回该字符对应的 ASCII 码值，该值是整型。例如，当用户键入字符 a 时，返回 KeyAscii 的值为 96，通过 Chr(KeyAscii)可以将 ASCII 码转换为字符 a。

**注意：** Change 事件、KeyPress 事件不响应键盘的非字符键(如光标键)，若要捕捉非字符键，应使用 KeyDown 事件和 KeyUp 事件。

(5) MouseDown、MouseUp 事件

按下(MouseDown)或者释放(MouseUp)鼠标按钮时触发该事件。当事件发生时，由事件参数 Button 返回值判断按下或者释放哪个按钮。Button 值及其含义如下。

1—表示左按钮

2—表示右按钮

4—表示中间按钮

其中，由事件参数 x，y 给出鼠标指针的当前位置。

(6) MouseMove 事件

该事件在移动鼠标时触发，事件参数 button、x、y 与上述意义相同。

**3. 文本框的方法**

文本框最常用的方法是 SetFocus，该方法把焦点移到指定的文本框中。当在窗体上添加了多个文本框后，可以用该方法把光标置于所需的文本框上。

其形式如下：

[对象.]SetFocus

**例如：** Text2.SetFocus 将使当前窗体中的 Text2 文本框获得焦点，只有获得焦点的文本框才能编辑文本框的内容。

**4. 文本框应用**

【任务 3-3】设计“学生信息管理系统”的登录功能，界面如图 3-16 所示。

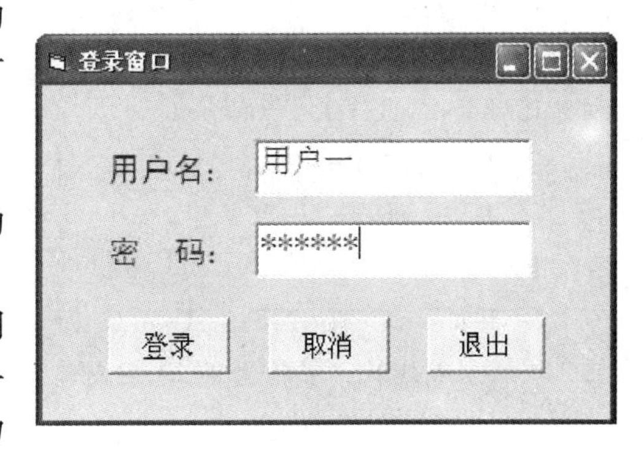


图 3-16　登录窗口

在窗体上添加两个文本框，一个用于输入用户名，设置为单行，长度不超过 4 个汉字，另一个用于输入密码。再添加 3 个命令按钮，分别为“登录”、“取消”和“退出”，添加两个标签用于

提示说明。各控件按图3－16所示布局。各控件属性设置见表3－7。

**表3－7 【任务3－3】各控件属性设置**

| 对象 | 属性 | 值 |
|---|---|---|
| Form1 | Caption<br>BackColor | 登录窗口<br>&H00FFFF80&(淡蓝色) |
| Text1 | Text<br>MaxLength<br>Font | (清空)<br>4<br>(宋体、四号) |
| Text2 | Text<br>PassWordChar | (清空)<br>* |
| Command1 | Caption<br>Font | 登录<br>(宋体、四号) |
| Command2 | Caption<br>Font | 取消<br>(宋体、四号) |
| Command3 | Caption<br>Font | 退出<br>(宋体、四号) |
| Lebel1 | Caption<br>BackColor<br>Font | 用户名:<br>&H00FFFF80&(淡蓝色)<br>(黑体、四号) |
| Lebel2 | Caption<br>BackColor<br>Font | 密码:<br>&H00FFFF80&(淡蓝色)<br>(黑体、四号) |

按钮Command1、Command2和Command3的事件过程代码如下：

```
Private Sub Command1 _ Click( )
  Dim  yhm  As  String,  mm  As  String
  yhm ="用户一"
  mm =" 123321 "
  If yhm < >Text1. Text Then
     MsgBox "用户名错,请重新输入! ", ,"登录对话框"
     Text1. Text =""
  Else
     If mm < >Text2. Text Then
         MsgBox "密码错误,请重新输入! ", ,"登录对话框"
         Text2. Text =""
     Else
```

```
        MsgBox "登录成功",,"登录对话框"
      End If
    End If
  End Sub
  Private Sub Command2_Click( )
    Text1.Text = ""
    Text2.Text = ""
    Text1.SetFocus
  End Sub
  Private Sub Command3_Click( )
    End
  End Sub
```

运行程序后，输入用户名和密码，如图 3-16 所示。单击“登录”按钮显示提示信息，如图 3-17 所示，如果输入错误，显示错误提示信息。单击“取消”按钮各文本框的内容被清除，可重新输入，单击“退出”按钮退出程序。

图 3-17　登录成功提示信息

### 3.3.6　标签(Label)

标签(Label)控件用于输出运行结果，显示提示信息。标签(Label)控件常作为其他控件的标识，尤其是本身不具有 Caption 属性的控件，如为文本框、滚动条、列表框等控件标注说明性文字。标签控件一般不用于触发事件过程，标签控件上的字符不能编辑和修改。

**1. 标签的属性**

(1) Caption 属性

Caption 属性用于设置标签显示的文本内容，该属性是标签控件最重要的属性，它的值是一个任意的字符串。

(2) Alignment 属性

Alignment 属性用于设置标签文本的对齐方式，可取的 3 个值及其含义如下。

- 0—左对齐
- 1—右对齐
- 2—中间对齐

(3) BorderStyle 属性

BorderStyle 属性用于设置标签控件边界模式，属性值及其含义如下

- 0—不带边框，即无边界线
- 1—带立体边框

(4) AutoSize 属性

AutoSize 属性用于设置标签控件尺寸是否随标题内容的大小、多少自动调整。该属性值为布尔类型，True—自动调整；False—不调整。

(5) BackStyle 属性

BackStyle 属性用于设置标签的背景模式，属性值及其含义如下。

- 0—透明
- 1—不透明

(6) WordWrap 属性

WordWrap 属性用于设置标签文本是否自动换行。该属性值为逻辑类型：设置为 True 时，标题内容到达标签控件右边界会自动换行显示，设置为 False 时，不自动换行，超出边界内容不显示。

**注意：**要实现标签标题遇到控件右边界自动换行，除了使 WordWrap 属性设置为 True 外，还必须将 AutoSize 属性设置为 True。

**2. 标签的事件和方法**

标签的事件和方法与命令按钮基本相同，标签控件在程序中主要是用于给出一个标识或标题，一般不需要对事件编程。

**3. 标签应用**

【任务 3-4】将例 3-2 的“学生信息管理系统”的欢迎界面的欢迎语用标签显示，并显示当前日期。

窗体和按钮设计同例 3-2，在窗体上添加 3 个标签(Label1、Label2、Label3)，Label1、Label2 用于显示欢迎语，设为隶书、一号字，红色，Label3 用于显示当前日期，设为楷体、二号字，蓝色。控件的位置按图 3-18 布局。各对象属性设置见表 3-8。

图 3-18 窗体布局设计

**表 3-8 【任务 3-4】各控件属性设置**

| 对象 | 属性 | 值 |
| --- | --- | --- |
| Form1 | Caption<br>Picture | 学生信息管理系统<br>(选择一个图片文件) |
| Command1 | Caption<br>Font | 登录(&E)<br>(宋体、粗体、四号) |

续表

| 对象 | 属性 | 值 |
|---|---|---|
| Command2 | Caption<br>Font | 退出(&X)<br>(宋体、粗体、四号) |
| Label1 | Caption<br>ForeColor<br>Font | (清空)<br>&H000000FF&(红色)<br>(隶书、一号) |
| Label2 | Caption<br>ForeColor<br>Font | (清空)<br>&H000000FF&(红色)<br>(隶书、一号) |
| Label3 | Caption<br>ForeColor<br>Font | (清空)<br>&H00FF0000&(蓝色)<br>(楷体、二号) |

编写2个命令按钮的单击事件过程如下：

```
Private Sub Command1 _ Click( )
  Label1. Caption ="欢 迎 使 用"
  Label2. Caption ="学 生 信 息 管 理 系 统"
  Label3. Caption ="今天是:" & Year( Date) & "年" &Month( Date) & "月" &Day( Date) & "日"
End Sub
Private Sub Command2 _ Click( )
    End
End Sub
```

程序运行，单击“登录”按钮，显示如图3-19所示界面。

图3-19　程序运行显示界面

# 3.4 综合应用

【应用3-1】设计“学生信息管理系统”中的学生简介录入功能。

学生简介录入是一个小编辑器，用文本框实现。在窗体上添加3个文本框，一个用于输入姓名，设置为单行，长度不超过8个字符，另一个用于输入简介，设置为多行、带滚动条，第三个文本框录入关键字，具有从简介框选中关键字的功能，即从简介框中用鼠标选中的内容自动添加到关键字框中。此外，添加3个命令按钮，分别为“确定”、“清除”、“取消”，添加4个标签作为提示说明。

操作步骤如下。

（1）创建窗体，添加控件

创建窗体，添加3个文本框，3个命令按钮，4个标签，调整为适当的大小，各控件在窗体的布局如图3-20所示。

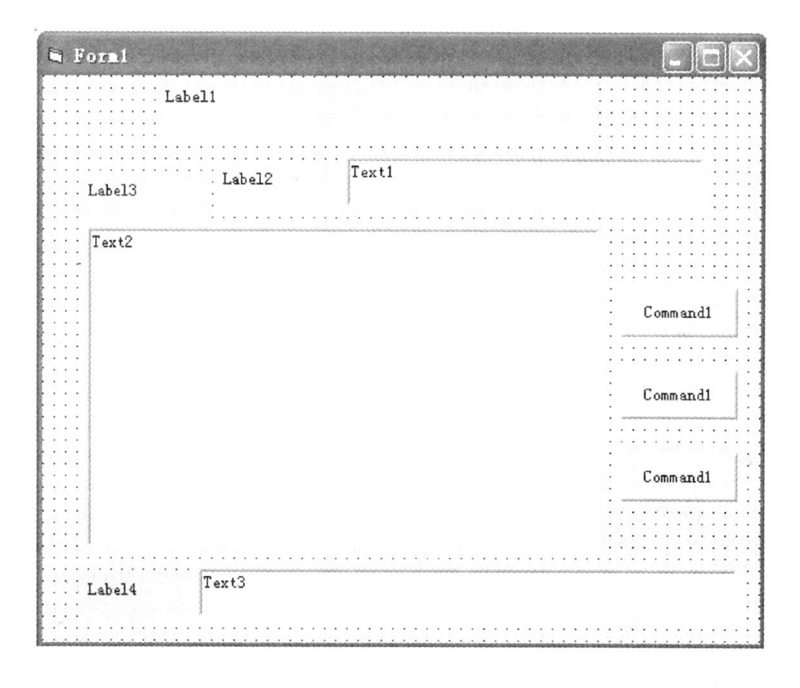


图3-20 界面布局设计

（2）设置对象的属性，见表3-9。

表3-9 控件属性设置

| 对象 | 属性 | 值 |
| --- | --- | --- |
| Form1 | Caption<br>BackColor<br>BorderStyle | 学生简介录入窗口<br>&H00FFFFC0&(浅蓝色)<br>1 - Fixed Singgle |

续表

| 对象 | 属性 | 值 |
| --- | --- | --- |
| Text1 | Text<br>Maxlength<br>Font | 空<br>8<br>（宋体、小四号） |
| Text2 | Text<br>MultiLine<br>Font<br>ScrollBars | 空<br>True<br>（宋体、小四号）<br>2 – Vertical |
| Text3 | Text<br>MultiLine<br>Font | 空<br>True<br>（宋体、小四号） |
| Command1 | Caption<br>Font | 确定(&O)<br>（宋体、五号、粗体） |
| Command2 | Caption<br>Font | 清除(&C)<br>（宋体、五号、粗体） |
| Command3 | Caption<br>Font | 退出(&X)<br>（宋体、五号、粗体） |
| Label1 | Caption<br>BackColor<br>Font | 学生简介录入<br>&H00FF0000&(蓝色)<br>&H00FFFFC0&(浅蓝色)<br>（隶书、二号、粗体） |
| Label2 | Caption<br>BackColor<br>Font | 姓名：<br>&H00FFFFC0&(浅蓝色)<br>（宋体、四号、粗体） |
| Label3 | Caption<br>BackColor<br>Font | 简介录入：<br>&H00FFFFC0&(浅蓝色)<br>（宋体、四号、粗体） |
| Label4 | Caption<br>BackColor<br>Font | 关键字：<br>&H00FFFFC0&(浅蓝色)<br>（宋体、四号、粗体） |

（3）编写事件过程

①“确定”按钮单击事件过程：

```
Private Sub Command1_Click()
  MsgBox "录入完成,数据已经存储", ,"数据存储对话框"
End Sub
```

该程序只是给出一个信息提示，实际应用中应该进行数据存储、有效性检查等数据处理操作。

②“清除”按钮单击事件过程：

```
Private Sub Command2 _ Click( )
  Text1. Text = ""
  Text2. Text = ""
  Text3. Text = ""
End Sub
```

该程序将3个文本框的信息全部清除。

③“退出”按钮单击事件过程：

```
Private Sub Command3 _ Click( )
  End
End Sub
```

④ 简介录入文本框的鼠标移动事件过程：

```
Private Sub Text2 _ MouseUp( Button As Integer,Shift As Integer,X As Single,Y As Single)
  Text3. Text = Text3. Text + Text2. SelText
End Sub
```

该程序将简介录入框中被鼠标选中的内容作为关键字写入关键字框，可以选择项内容，分别写入关键字框。

（4）运行程序

运行程序，显示录入界面，输入相应的内容并查看显示效果，如图3－21所示。单击“确定”按钮，给出完成输入提示信息，单击“清除”按钮，将所有输入信息清空，单击“退出”按钮，则退出程序。

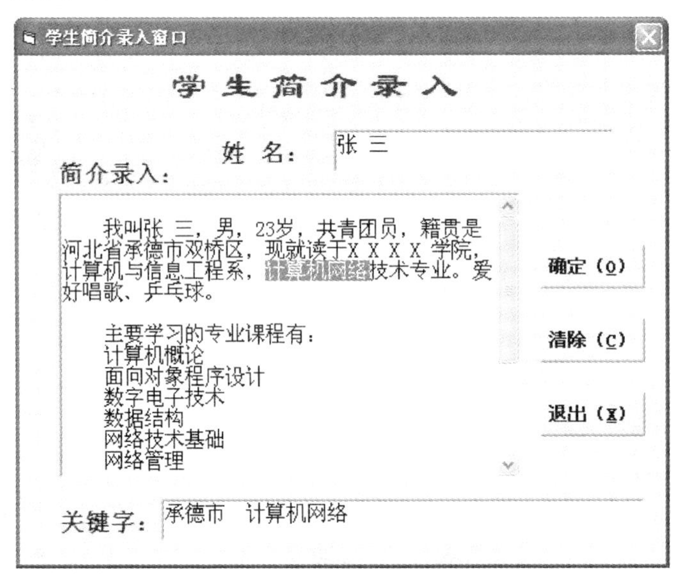


图3－21　程序运行时录入信息的显示情况

# 习　题

## 一、单项选择题

① 用于设置粗体字的属性是________。

A. FontItalic　　B. FontName　　C. FontBold　　D. FontSize

② 文本框没有________属性。

A. Enabled　　B. Visible　　C. Caption　　D. Backcolor

③ 若要使命令按钮不可用，应对________属性进行设置。

A. Enabled　　B. Visible　　C. Caption　　D. Backcolor

④ 标签控件能够显示文本信息，文本内容可用________属性来设置。

A. Alignment　　B. Caption　　C. Visible　　D. BorderStyle

⑤ 在 Visual Basic 中，要使标签上的内容居中显示，则将 Alignment 属性设置为________。

A. 0　　B. 2　　C. 1　　D. 3

⑥ 任何对象都有的属性是________。

A. BackColor　　B. Caption　　C. Name　　D. BorderStyle

⑦ 要将名为 MyForm 的窗体显示出来，正确的使用方法为________。

A. MyForm. Show　　B. Show. MyForm

C. MyForm Load　　D. MyForm Show

⑧ 若要使 Print 方法在 Form _ Load 事件中起作用，应将窗体的________属性设为 True。

A. BackColor　　B. Caption　　C. ForeColor　　D. AutoRedraw

⑨ 文本框中，选定文本内容的属性是________属性。

A. Text　　B. SelText　　C. SelLength　　D. MaxLength

⑩ 运行下面程序，单击命令按钮，则输出结果为________。

```
Private Sub Command1 _ Click( )
  a = 80: b = 30
  a = a + b
  b = a - b
  a = a * b
  Print b
End Sub
```

A. 70　　B. 80　　C. 90　　D. 100

## 二、填空题

① 要使 Form1 窗体的标题栏显示“欢迎使用 Visual Basic”，使用的语句是________。

② 要判断在文本框中是否按了 Enter 键，应在文本框的________事件中判断。

③ 若使文本框可进行多行显示，应将________属性设为 True。

④ 若使窗体运行时最大化，应设置________属性为________。

⑤ 清空文本框中的内容，使用的语句是________。

⑥ 程序运行时，标签控件上的字符不能________。

⑦ 命令按钮 ToolTipText 属性的功能是________。

⑧ 窗体上有一个文本框，其名称为 TextTxt，若要给其赋值 “AABB”，其语句为________。

⑨ 函数________可以产生一个回车符。

⑩ 设置文本框的________属性可以使其成为密码框。

⑪ 将________和________属性都设为 True，则标签中的文本会遇到控件右边界自动换行。

⑫ 对象的 Font 属性是一个属性集，包括________属性、________属性、________属性、________属姓、________属性和________属性。

⑬ 文本框中与鼠标有关的事件有________事件、________事件、________事件。

## 三、编程题

① 设计如图 3-22 所示的窗体，按照图示进行控件的布局，并设置控件的相应属性。

② 设计一个窗体，如图 3-23 所示，编写程序将第一个文本中选定的字符个数显示在第二个文本框中。

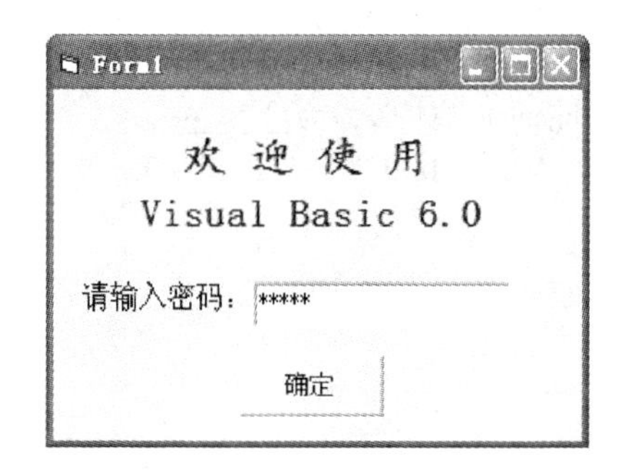


图 3-22 设计窗体

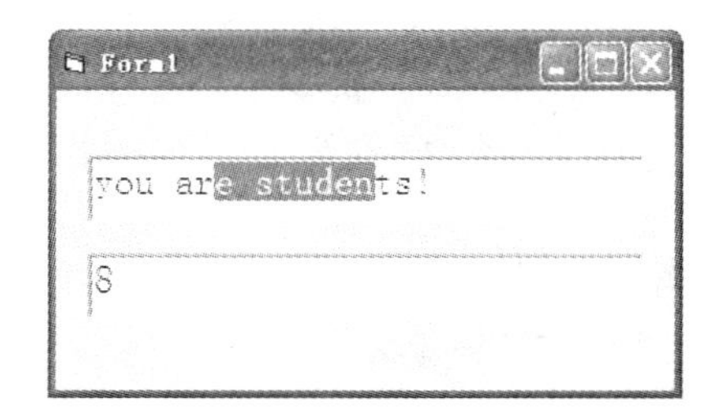


图 3-23 设计窗体

③ 设计一个十进制与二进制之间的转换窗体，如图 3-24 所示，编写程序完成十进制与二进制之间的转换。

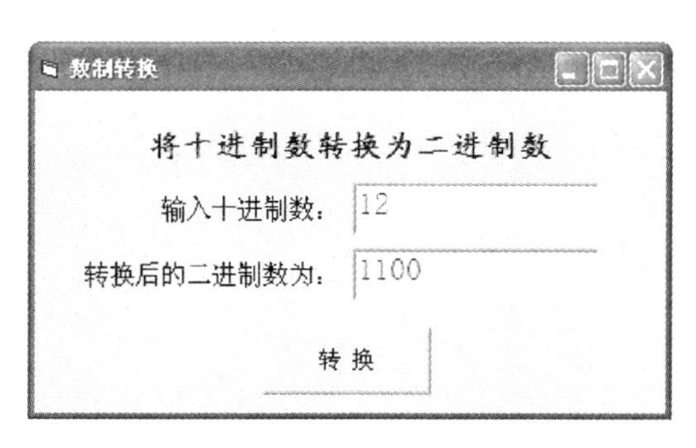


图 3-24 设计窗体

# 第4章　程序控制结构

## 4.1　控制结构概述

Visual Basic 应用程序由若干对象构成，各个对象通过其事件过程完成相应功能，系统根据当前发生的事件，执行该事件对应的事件过程代码。事件过程代码的编写使用结构化程序设计的方法，控制程序执行的流程。结构化程序设计有 3 种基本结构：顺序结构、选择结构和循环结构。

在实际生活中，要完成某项工作，首先根据工作的性质决定采取什么方法，然后根据所采用的方法设计具体步骤，最后，再按照步骤完成工作。编写程序的过程也是如此，要编写一个程序，首先要设计算法。算法是解决问题的方法及步骤，对于较复杂的问题要借助流程图或N－S 图来表示算法。流程图也称为框图，是由几何图形、流向线和文字说明表示各种类型的操作，图 4－1 列出了常用的标准流程图符号。

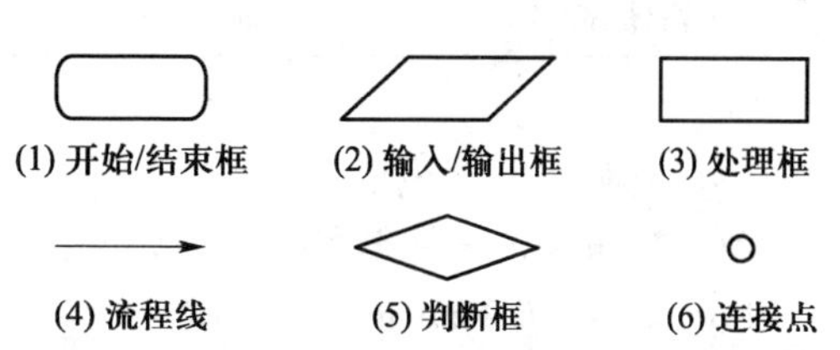

图 4－1　标准流程图符号

流程图可以形象地表示复杂的程序结构，结构化程序设计基本结构的特点如下。

① 只有一个入口，一个出口；

② 无死语句，所谓“死语句”是指始终执行不到的语句；

③ 无死循环，即循环次数是有限的。

## 4.2　顺 序 结 构

【任务 4－1】学校离小明的家有 1000 米，小明每分钟走 50 米，问小明从家走到学校需要多少时间？

按照程序设计的思想求解此问题的步骤如下：

输入距离($s$)和速度($v$)→通过已知条件求解时间($t = s/v$)→输出所需时间。

(1) 界面设计

利用 3 个标签显示提示信息，利用 2 个文本框进行数据的输入，利用第三个文本框输出计算结果，并将输出文本框的 Locked 属性设为 True，使输出结果被锁定。

窗体运行后，用户单击“计算”按钮，输出所需时间，设计界面如图 4－2 所示。各控件的属性设置见表 4－1。

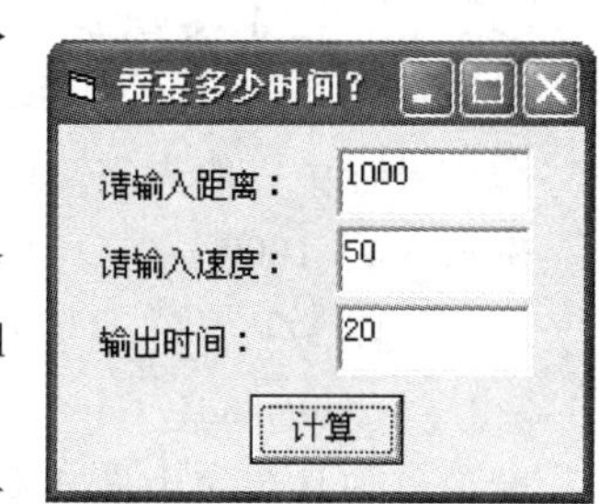

图 4－2　【任务 4－1】设计界面

表4-1 【任务4-1】各控件属性设置

| 控件名 | Name属性 | 其他属性 | 属性值 |
|---|---|---|---|
| 标签 | Label1 | Caption | 请输入距离: |
| | Label2 | Caption | 请输入速度: |
| | Label3 | Caption | 输出时间: |
| 文本框 | Text1 | Text | 空 |
| | Text2 | Text | 空 |
| | Text3 | Text | 空 |
| | | Locked | True |
| 命令按钮 | Command1 | Caption | 计算 |
| 窗体 | Form1 | Caption | 需要多少时间? |

(2) 代码设计

命令按钮单击事件编写的代码如下:

```
Private Sub Command1 _ Click( )
    Dim s As Single,v As Single,t As Single              '定义变量
    s = Val(Text1. Text)              '数据输入,将表达式的值赋给变量 s
    v = Val(Text2. Text)              '数据输入,将表达式的值赋给变量 v
    t = s / v                          '数据处理,将表达式的值赋给变量 t
    Text3. Text = t                    '数据输出,将变量值赋给对象的属性
End Sub
```

按F5键或单击工具栏上“启动”按钮运行程序。

在程序中，如果没有使用控制流程语句，语句按照顺序自顶向下逐一执行，这样的结构称之为顺序结构。顺序结构是一种线性结构，是程序设计中最简单和最常用的基本结构，其流程图如图4-3所示。顺序结构程序设计通常分为三个部分：输入、处理和输出。

数据的输入常用的控件有文本框和输入对话框，数据的输出常用文本框、输出消息框、标签等控件。

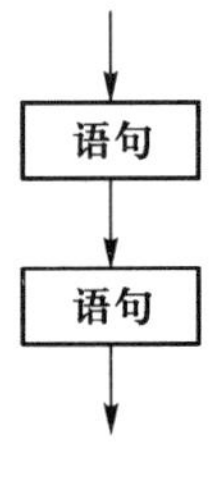

语句

语句

图4-3 顺序结构流程图

### 4.2.1 赋值语句

程序设计中一般先定义(声明)变量，然后用赋值语句为变量设定初始值。

**例如：** a = 1000

```
t = s/v
Command1. Caption ="计算"
```

赋值语句是程序中最基本的语句，也是为变量和控件属性赋值的方法之一。其作用是把一个表达式的值赋给某个变量或控件的某个属性，该值一直保存到下一次再对其赋值时为止。

赋值语句的一般格式为：

[let] <变量名> = <表达式>　或

[let] [<对象名>.] <属性名> = <表达式>

其中：

- let 是赋值保留字，可省略
- <变量名>为用户定义标识符
- “=”号称为赋值号
- 表达式应该有确定的值。可以是单个属性、常量、变量和函数，也可以是算术表达式、关系表达式、逻辑表达式等

下面是合法的表达式的例子：

```
a = 100                                  '把数值常量 100 赋给变量 a
k = k + sqr(2)                           '把变量 k 原来的值加上√2,再赋给变量 k
St $ = " Goodmorning,"                   '把字符串常量赋给字符串变量
Text1. Text = St $ & " teacher! "        '把串表达式的值赋给控件 Text1 的 Text 属性
text $ = CommandButton. Caption          '把控件属性值赋给字符串变量
```

下面是非法的表达式的例子：

```
2 = a                                    '常量不能被赋值
abs(x) = 24                              '函数不能被赋值
a + b = 3                                '表达式不能被赋值
```

【任务 4－2】利用文本框输入一个两位正整数，交换个位数和十位数的位置，把交换后的数显示在另一个文本框中，界面设计如图 4－4 所示。

（1）界面设计

利用一个标签显示提示信息，利用两个文本框进行数据的输入与输出，并将输出文本框的 Locked 属性设为 True，锁定输出结果。

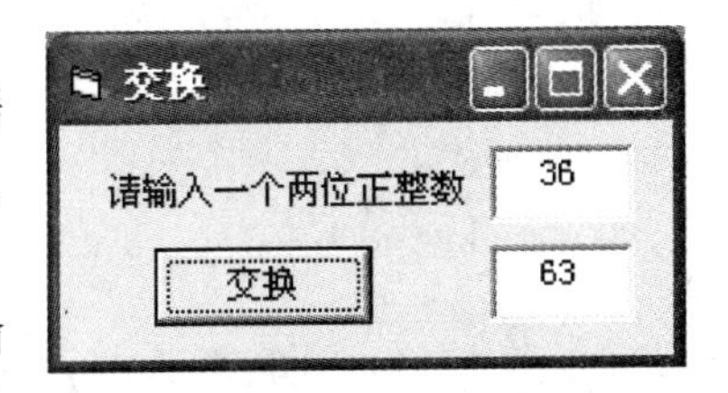


图 4－4　【任务 4－2】设计界面

窗体运行后，单击“交换”按钮，在第二个文本框中输出输入数据的个位与十位交换之后的数据。各控件的属性设置见表 4－2。

**表 4－2　【任务 4－2】各控件属性设置**

| 控件名 | Name 属性 | 其他属性 | 属性值 |
|---|---|---|---|
| 标签 | Label1 | Caption | 请输入一个两位正整数 |
| 文本框 | Text1 | Text | 空 |
| | | Alignment | 2－Center |
| | Text2 | Text | 空 |
| | | Alignment | 2－Center |
| | | Locked | True |

续表

| 控件名 | Name 属性 | 其他属性 | 属性值 |
| --- | --- | --- | --- |
| 命令按钮 | Command1 | Caption | 交换 |
| 窗体 | Form1 | Caption | 交换 |

（2）代码设计

编写命令按钮单击事件的代码如下：

```
Private Sub Command1 _ Click( )
  Dim x As Integer,a As Integer
  Dim b As Integer,c As Integer
  x = Val( Text1. Text)
  a = x/10                    '求十位数
  b = x - 10 * a              '求个位数
  c = b * 10 + a
  Text2. Text = c
End Sub
```

**说明：**

① 给对象的属性赋值时，应指明对象名和属性名，省略对象名时表示当前对象。

② 在 Visual Basic 语言中，“ = ” 号是一个具有二义性的符号，既可以作为赋值号，也可以表示为关系运算中的逻辑等号，其实际意义要根据前后文的形式判断。

如，“ = ” 号在以下语句中有不同含义：

```
b = 1/( x + y)                '赋值号
a = b = c                     '第一个赋值号,第二个逻辑等号
k = a = b And b = c           '第一个赋值号,第二个、第三个逻辑等号
```

【任务 4 - 3】计算表达式 $y=\sqrt{\dfrac{3+x^3}{1+x+x^2}}$ 的值，利用文本框输入 $x$ 的值，在另一文本框中输出 $y$ 的值，保留 2 位小数。

（1）界面设计

利用一个标签显示提示信息，利用一个文本框输入 $x$ 的值，利用另一个文本框显示计算结果，并将该文本框的 Locked 属性设为 True，锁定输出结果。

窗体运行后，用户单击“计算”按钮，输出计算之后的结果，窗体设计如图 4 - 5 所示，各控件的属性设置见表 4 - 3。

**表 4 - 3 【任务 4 - 3】各控件属性设置**

| 控件名 | Name 属性 | 其他属性 | 属性值 |
| --- | --- | --- | --- |
| 标签 | Label1 | Caption | 请输入 x 的值 |
| 文本框 | Text1 | Text | 空 |

续表

| 控件名 | Name 属性 | 其他属性 | 属性值 |
|---|---|---|---|
| | Text2 | Text | 空 |
| | | Locked | True |
| 命令按钮 | Command1 | Caption | 计算 |
| 窗体 | Form1 | Caption | 计算 |

(2) 代码设计

编写命令按钮的单击事件代码如下：

```
Private Sub Command1 _ Click( )
    Dim x As Single,y As Single
    x = Val(Text1. Text)
    y = Sqr((3 + x^3)/(1 + x + x^2))
    Text2. Text = Int(y * 100)/100
End Sub
```

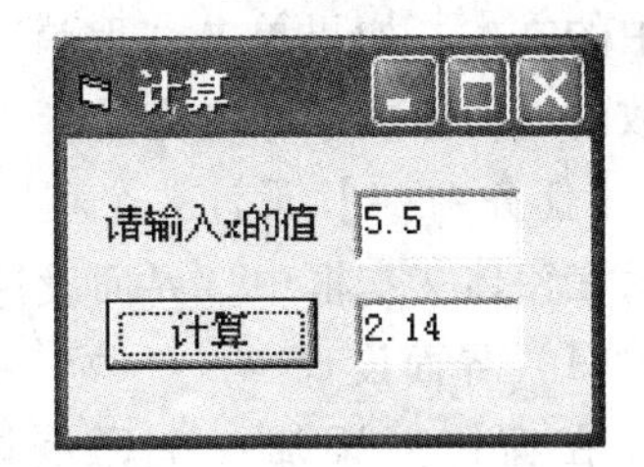

图 4-5 【任务 4-3】运行结果

变量在使用前可以通过赋值语句进行赋值操作。Visual Basic 还提供了 InputBox( ) 函数，用户可以通过键盘输入数据，使变量的取值更加灵活。

### 4.2.2 InputBox 输入框

InputBox 函数是一个能接受用户输入的对话框，执行时需要用户输入数据，并返回用户在对话框中输入的信息。InputBox 函数执行时，显示如图 4-6 所示对话框。

图 4-6 InputBox 对话框

InputBox 对话框通过如下语句实现：

name = InputBox("请输入学生姓名","姓名")

用户在对话框的文本框中输入姓名，单击“确定”按钮后，输入的文本将赋值给 name 变量。

InputBox 函数的一般形式为：

变量 = InputBox(对话框字符串[,标题][,文本框字符串][,横坐标值][,纵坐标值])

参数说明：

① 对话框字符串：提示内容，指在对话框中显示的文本，文本最大长度为 1024 个字符，

如果对话框字符串包含多行，可在各行之间用回车换行符的组合(Chr(13)&Chr(10)) 或 Visual Basic 常量 VbCrLf 来分隔。

② 标题：可选项，指对话框标题栏上显示的字符串，如果省略，则标题栏中显示当前工程名。

③ 文本框字符串：可选项，指对话框中文本框默认文本，如果省略，则文本框内容为空。

④ 横坐标值、纵坐标值：指对话框在窗体上显示时的坐标值。

**注意：**省略某些可选项时必须加入相应的逗号分隔符。

InputBox 函数返回值是字符串(String)类型，单击“确定”按钮，InputBox 函数返回文本框中的文本，如果单击“取消”按钮，返回一个长度为零的字符串。通常在使用中将 InputBox 函数的返回值赋予相应变量。

【任务4-4】设计一个程序，利用 InputBox 函数分别输入学生姓名和成绩，并将输入信息显示在窗体文本框中，界面设计如图4-7所示。

(1) 界面设计

在窗体上添加一个命令按钮和一个文本框控件。

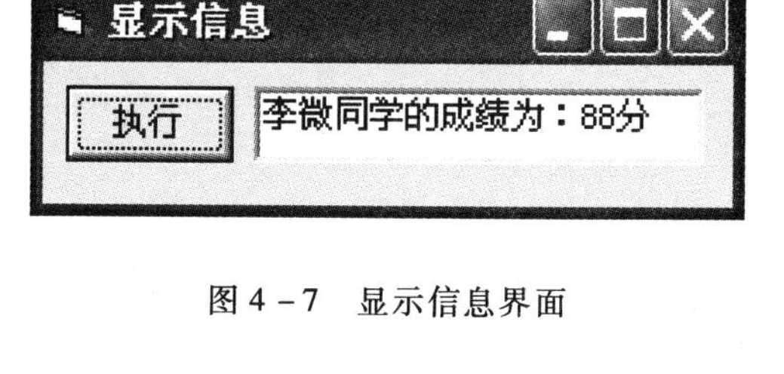

图4-7 显示信息界面

(2) 代码设计

编写命令按钮的单击事件的代码如下：

```
Private Sub Command1 _ Click()
    Dim name As String
    Dim score As Integer
    name = InputBox("请输入学生姓名","姓名")
    score = InputBox("请输入学生成绩","成绩")
    Text1. Text = name & "同学的成绩为:" & score & "分"
End Sub
```

程序运行后单击命令按钮，依次弹出两个输入框，分别输入学生姓名和成绩，将输入信息显示在文本框中。

**说明：**每执行一次 InputBox 函数，只能输入一项数据，在实际应用中，经常把 InputBox 函数与循环语句、数组结合使用。

### 4.2.3 MsgBox 消息框

MsgBox 消息框用于显示输出信息，消息框外观如图4-8所示。MsgBox 消息框可以通过两种形式来使用，分别是 MsgBox 函数和 MsgBox 方法，图4-8使用了 MsgBox 方法，语句如下：MsgBox "对不起，您的输入有误！",, "错误！"

**1. MsgBox 方法**

MsgBox 方法用于向用户发布提示信息。

MsgBox 方法一般形式为：

MsgBox 消息文本[,显示按钮和图标][,标题]

参数含义

图4-8 消息对话框

① 消息文本：指在对话框中显示的字符串，作为提示信息。如果消息的内容包含多行，可在各行之间用回车换行符的组合(Chr(13)&Chr(10)) 或 Visual Basic 常量 VbCrLf 来分隔。

② 显示按钮和图标：可选项，使用一个整型表达式指定对话框中显示的按钮的类型、数目、使用的图标样式、默认按钮，默认值为0。按钮类型、图标样式、默认按钮及对应值见表4－4。

**表4－4 MsgBox消息框按钮类型、图标样式、默认按钮及对应值**

| 分类 | 符号常数 | 取值 | 描述 |
| --- | --- | --- | --- |
| 按钮类型与数目 | VbOkOnly | 0 | 只显示“确定”按钮 |
| | VbOkCancel | 1 | 显示“确定”及“取消”按钮 |
| | VbAbortRetryIgnore | 2 | 显示“放弃”、“重试”及“忽略”按钮 |
| | VbYesNoCancel | 3 | 显示“是”、“否”及“取消”按钮 |
| | VbYesNo | 4 | 显示“是”及“否”按钮 |
| | VbRetryCancel | 5 | 显示“重试”及“取消”按钮 |
| 图标样式 | VbCritical | 16 | 显示图标 |
| | VbQuestion | 32 | 显示图标 |
| | VbExclamation | 48 | 显示图标 |
| | VbInformation | 64 | 显示图标 |
| 默认按钮 | VbDefaultButton1 | 0 | 第一个按钮是默认值 |
| | VbDefaultButton2 | 256 | 第二个按钮是默认值 |
| | VbDefaultButton3 | 512 | 第三个按钮是默认值 |
| | VbDefaultButton4 | 768 | 第四个按钮是默认值 |

③ 标题：可选项，在对话框标题栏中显示的标题，省略时 Visaul Basic 将应用程序名显示在标题栏中。

**说明：**

① 如果对话框中显示“取消”按钮，则按 Esc 键与单击“取消”按钮的效果相同。

② 如果代码中省略某些位置上的参数，则必须加入相应的逗号分隔符。

③“显示按钮和图标”中的数值是从表4－4中3类数据中各取一个数值相加而得。注：每部分只能取一个值。如：取值为65，系统会自动将它分解为3个值：1(显示确定和取消按钮)、64(显示图标)、0(第一个按钮为默认按钮)，即：65＝1＋64＋0。

④ 对话框未关闭不允许执行程序的其他部分。

**2. MsgBox 函数**

MsgBox 函数不仅向用户发布提示信息，而且要求用户做出响应，用户单击按钮后返回一个代表用户单击的按钮的整型值。

MsgBox 函数的一般形式为：

变量 = MsgBox(消息文本[,显示按钮和图标][,标题]

参数功能与 MsgBox 方法一致，MsgBox 函数返回值指明了在对话框中选择的按钮，MsgBox 函数的返回值及其含义见表4-5。

**表4-5 MsgBox 函数返回值**

| 符号常数 | 值 | 描述 | 符号常数 | 值 | 描述 |
| --- | --- | --- | --- | --- | --- |
| VbOk | 1 | 用户单击“确定”按钮 | VbIgnore | 5 | 用户单击“忽略”按钮 |
| VbCancel | 2 | 用户单击“取消”按钮 | VbYes | 6 | 用户单击“是”按钮 |
| VbAbort | 3 | 用户单击“放弃”按钮 | VbNo | 7 | 用户单击“否”按钮 |
| VbRetry | 4 | 用户单击“就绪”按钮 | | | |

【任务4-5】设计一个如图4-9(a)所示的窗体，在文本框中输入商品的单价、数量，计算商品的金额，并用 Msgbox 方法输出。

(1) 界面设计

利用3个标签显示提示信息，2个文本框进行数据的输入。窗体运行后，用户单击“计算”按钮，弹出消息框显示商品的总金额，如图4-9(b)所示。

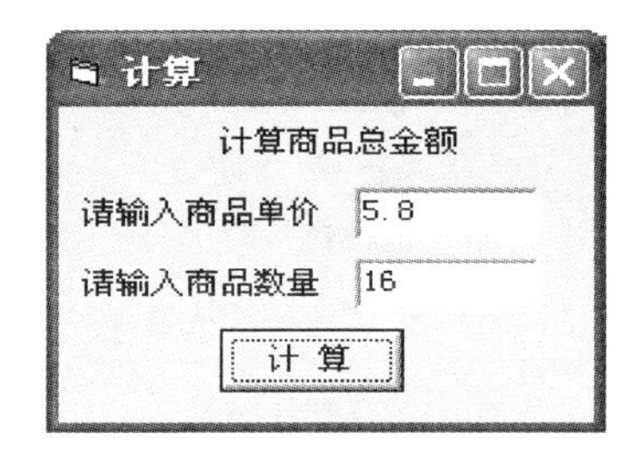


(a) 应用程序用户界面

(b) 程序运行结果

图4-9 【任务4-5】界面

各控件的属性设置见表4-6。

**表4-6 【任务4-5】各控件属性设置**

| 控件名 | Name 属性 | 其他属性 | 属性值 |
| --- | --- | --- | --- |
| 标签 | Label1 | Caption | 计算商品总金额 |
| | Label2 | Caption | 请输入商品单价 |
| | Label3 | Caption | 请输入商品数量 |
| 文本框 | Text1 | Text | 空 |
| | Text2 | Text | 空 |
| 命令按钮 | Command1 | Caption | 计算 |
| 窗体 | Form1 | Caption | 计算 |

（2）代码设计

编写命令按钮的单击事件代码如下：

```
Private Sub Command1 _ Click( )
    Dim price As Single,number As Integer
    price = Val( Text1. Text)
    number = Val( Text2. Text)
    MsgBox "商品总金额是" & Str( price * number) & "元",64 ,"总金额"
End Sub
```

### 4.2.4 Stop、End 语句

**1. 暂停语句格式**

Stop 语句可以放置在过程中的任何地方，用于暂停程序的执行，相当于在程序代码中设置断点。使用 Stop 语句，类似于执行 Run 菜单中的 Break 命令，系统将自动打开立即窗口（Debug)，方便调试、跟踪程序。因此，程序调试完毕后，生成可执行文件(. exe 文件)之前，应删除所有的 Stop 语句。

**2. 结束语句格式**

End 语句通常用于结束程序的执行。如下单击事件过程：

```
Private Sub Command2 _ Click( )
    End
End  Sub
```

单击命令按钮 Command2 时，结束程序。

程序执行 End 语句时，将终止当前程序，释放所有变量，并关闭所有数据文件。程序没有 End 语句对运行没有影响，为保持程序的完整性，应在适当的地方加入 End 语句以结束程序。

End 语句还有其他功能，例如：End Sub 结束一个 Sub 过程，End Function 结束一个 Function 过程，End If 结束一个 If 语句块，End Type 结束记录类型定义，End Select 结束多分支语句。

## 4.3 选 择 结 构

选择结构又称分支结构，例如，根据用户输入成绩是否大于 70 分分别显示不同的信息。程序运行效果如图 4 - 10 所示，用户输入不同数据，标签控件显示不同的文字信息。

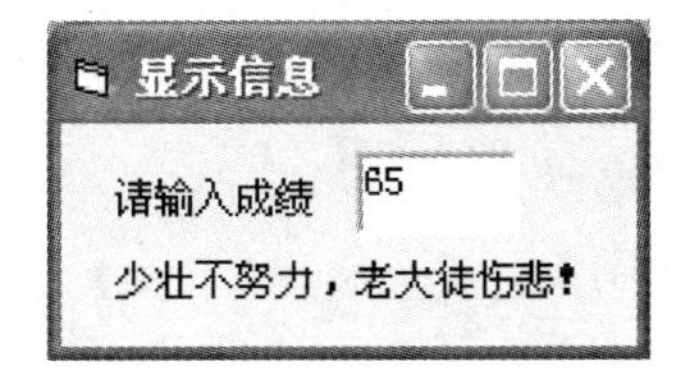


（a）

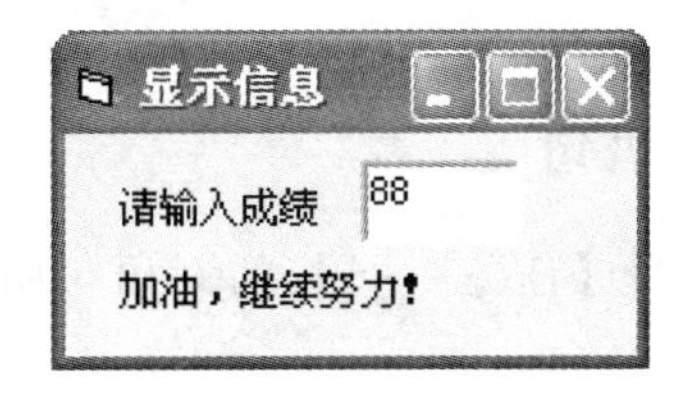


（b）

图 4 - 10 显示信息

解决此类问题需要使用选择结构。在选择结构中，需要对给定的条件进行判断或比较，然后根据判断的结果从多个分支中选择某一分支进行相应操作。

选择结构有两种基本形式：If…Then…Else 结构、Select Case 结构。其中，If…Then…Else 结构又分为行 If 语句和块 If 语句。

### 4.3.1 行 If 语句

若在在窗体上输出“变量 x 和 y 中的较大者”，可使用如下语句。

```
If x > y Then Print x Else Print y
```

行 If 语句的一般形式为：

If <条件> Then <语句组1> [Else <语句组2>]

行 If 语句要求在一行内完成，即不能超过一行 255 个字符的限度。

该语句的执行过程为：先判断条件是否成立，如果条件成立，则执行语句组 1，否则，执行语句组 2。如果省略了 Else 部分，则表示条件成立时执行语句组 1，否则什么也不执行。选择结构流程图如图 4-11 所示。

**说明：**

① 条件：用于判断的条件表达式，通常为关系表达式或逻辑表达式，也可以是数值表达式或逻辑型变量。通常把数值表达式看作逻辑表达式的特例，非 0 值表示 True，0 值表示 False。

**例如：**
```
If a >=0 And a <60 Then Print "不及格" Else Print "及格"
If 5 Then Print "非零数值表示 True"
```

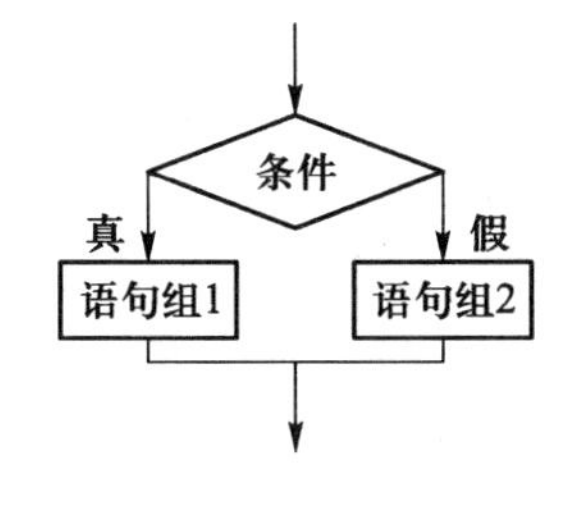


图 4-11 选择结构流程图

② 语句组 1 和语句组 2 可以是一条语句或多条语句，多条语句必须写在一行上，用“:”分隔。

**例如：**
```
If a < b Then t = a: a = b: b = t          '如果 a < b 则交换变量 a、b 的值
```

【任务 4-6】用行 If 语句实现：若输入成绩大于等于 70 分显示“加油，继续努力！”否则显示“少壮不努力，老大徒伤悲！”。

```
Private Sub Text1_Change()
  Dim score As Integer
  Dim txt As String
  score = Val(Text1.Text)
  If score >=70 Then txt ="加油,继续努力！" Else txt ="少壮不努力,老大徒伤悲！"
  Label1.Caption = txt
End Sub
```

### 4.3.2 块 If 语句

用块 If 语句改写【任务 4-6】的 If 语句如下。

```
If score >=70 Then
  txt ="加油,继续努力！"
Else
```

```
    txt ="少壮不努力,老大徒伤悲!"
End If
```

块 If 语句的一般形式为:

(1) 简单的块 If 语句

```
If  <条件>  Then
    [语句组 1]
End If
```

(2) 带有 Else 子句的块 If 语句

```
If  <条件>  Then
    [语句组 1]
Else
    [语句组 2]
End If
```

**说明:**

① “语句组 1” 中的语句不能与 Then 在同一行。

② 块 If 语句中必须以 End If 结束。

【任务 4-7】已知某书店图书打折销售,一次购书 100 元以上(包括 100 元)打八五折,否则九折。要求根据输入的购书金额,计算并输出应付款。算法流程图如图 4-12 所示。

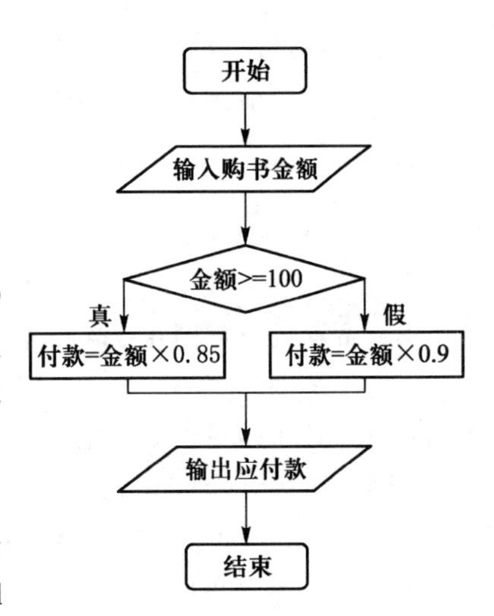


图 4-12 【任务 4-7】程序流程图

(1) 界面设计

利用 2 个标签显示提示信息,1 个文本框输入购书金额,另一个文本框显示付款金额,并将该文本框的 Locked 属性设为 True,锁定输出结果。

窗体运行后,在文本框中输入购书金额,单击计算按钮,在另一文本框显示付款金额,界面设计如图 4-13 所示。

各控件的属性设置见表 4-7。

**表 4-7 【任务 4-7】各控件属性设置**

| 控件名 | Name 属性 | 其他属性 | 属性值 |
| --- | --- | --- | --- |
| 标签 | Label1 | Caption | 购书金额为 |
|  | Label2 | Caption | 付款金额为 |
| 文本框 | Text1 | Text | 空 |
|  | Text2 | Text | 空 |
|  |  | Locked | True |
| 命令按钮 | Command1 | Caption | 计算 |
| 窗体 | Form1 | Caption | 应付款 |

（2）代码设计

对计算按钮的单击事件编写如下代码。

```
Private Sub Command1 _ Click( )
  Dim x As Single
  x = Val( Text1. Text)
  If x > =100 Then
    Text2. Text = x * 0. 85
  Else
    Text2. Text = x * 0. 9
  End If
End Sub
```

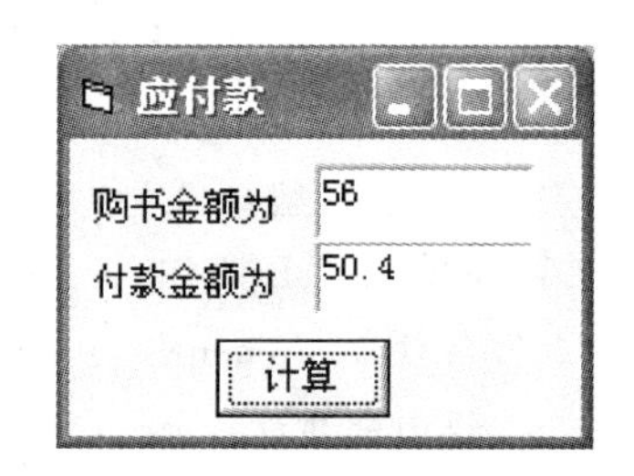


图4-13 【任务4-7】设计界面

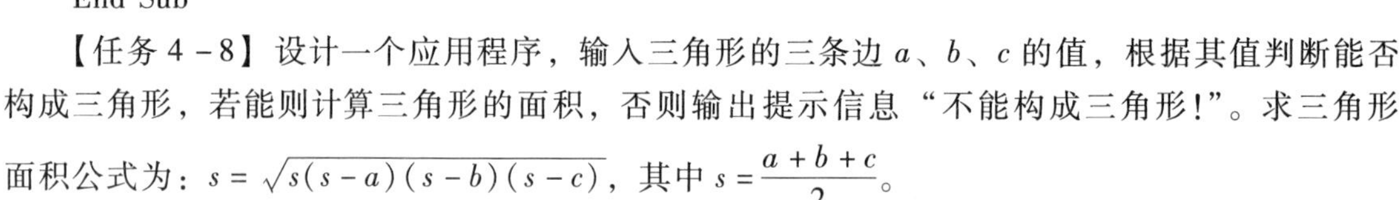

【任务4-8】设计一个应用程序，输入三角形的三条边 $a$、$b$、$c$ 的值，根据其值判断能否构成三角形，若能则计算三角形的面积，否则输出提示信息“不能构成三角形!”。求三角形面积公式为：$s=\sqrt{s(s-a)(s-b)(s-c)}$，其中 $s=\dfrac{a+b+c}{2}$。

（1）界面设计

利用标签显示提示信息，利用文本框时行数据的输入与输出，界面设计如图4-14所示。

（2）代码设计

对命令按钮的单击事件编写如下代码：

```
Private Sub Command1 _ Click( )
   Dim a As Integer,b As Integer,c As Integer
   Dim s As Single,area As Single
   a = Val( Text1. Text)
   b = Val( Text2. Text)
   c = Val( Text3. Text)
   If a + b > c And a + c > b And b + c > a Then
       s = ( a + b + c)/2
       area = Sqr( s * ( s - a) * ( s - b) * ( s - c) )
       Text4. Text = area
   Else
       Text4. Text ="不能构成三角形! "
   End If
End Sub
```

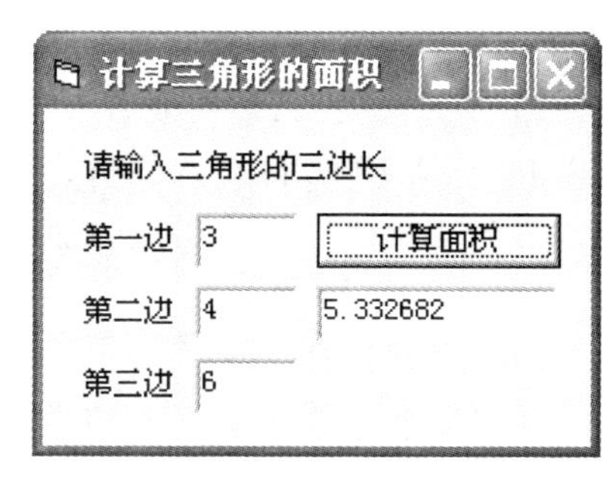


图4-14 【任务4-8】界面设计

## 4.3.3 多条件分支语句

前面介绍的If语句是针对一个条件的判断问题，对于比较复杂的选择结构，使用简单的If语句无法实现。

**例如**：输入 $x$ 值，根据分段函数 $y=\begin{cases}x^2+1 & x>0\\ 0 & x=0\\ -x & x<0\end{cases}$，计算并输出 $y$ 的值。

**分析**：该问题的关键是判断 $x$ 的取值，$x$ 的取值有三种情况，可以使用 If…Then…ElseIf 语句实现，语句如下：

```
If x > 0 Then
    y = x^2 + 1
ElseIf x = 0 Then
    y = 0
Else
    y = - x
End If
```

以上问题的算法流程图如图 4－15 所示。

多条件的 If 语句的一般形式为：

```
If   <条件 1>   Then
   [语句组 1]
ElseIf   <条件 2>   Then
   [语句组 2]
……
ElseIf   <条件 n－1>   Then
   [语句组 n－1]
[Else
   [语句组 n]]
End If
```

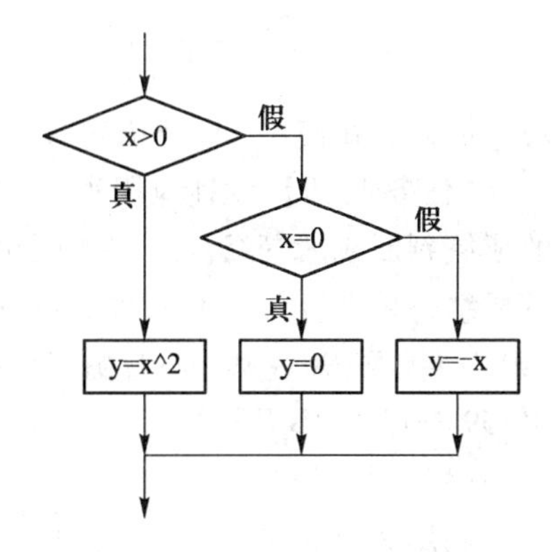


图 4－15　多条件 If 语句流程图

执行步骤如下。

① 判断条件 1 是否成立，若成立，则执行语句组 1。

② 若条件 1 不成立，则判断条件 2 是否成立，若成立，则执行语句组 2。

③ 若条件 2 不成立，继续判断条件 3……依此类推，直到某个条件成立，则执行该条件表达式 Then 语句后的语句组。

④ 如果 ElseIf 条件都不成立，则执行 Else 部分的语句组。

⑤ 在执行某个条件的语句组后，继续执行 End If 之后的语句。

多条件的 If 语句一般算法流程图如图 4－16 所示。

**说明**：

① 多条件 If 语句中可以有多个 ElseIf 子句，只能有一个 Else 子句，ElseIf 子句要放于 Else 子句之前。

② 注意书写格式，If…Then 和 ElseIf…Then 要在同一行，而 Else 要单独在一行上。

③ 程序执行完一个 ElseIf 语句块后，其余 ElseIf 子句不再执行。

④ 当多个 ElseIf 子句中的条件都成立时，只执行第一个条件成立的 ElseIf 子句中的语句

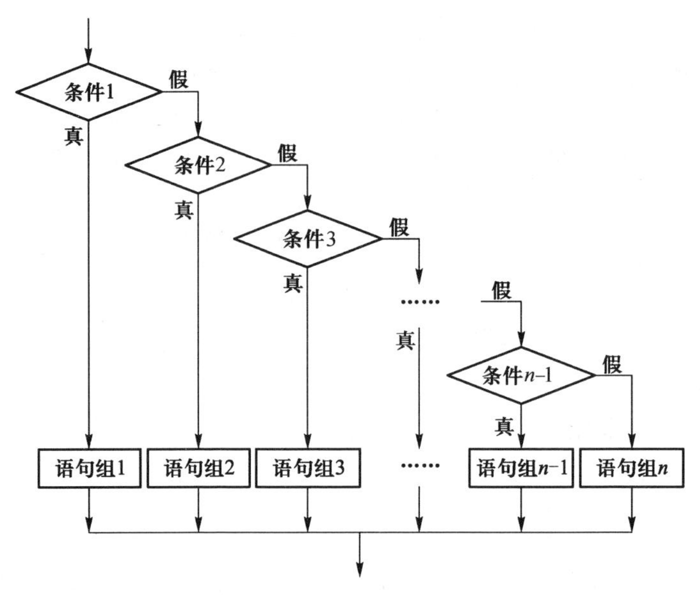


图4-16 多条件 If 语句流程图

块。因此，在使用 ElseIf 语句时，要注意判断条件的前后顺序。

【任务4-9】设计应用程序，如图4-17所示。根据给定的成绩判断成绩等级。在文本框中输入一个0~100之间的考试成绩，单击【显示】按钮，在文本框中显示相应信息(90~100分:优秀;80~89分:良好;70~79分:中等;60~69分:及格;59分以下:不及格)。

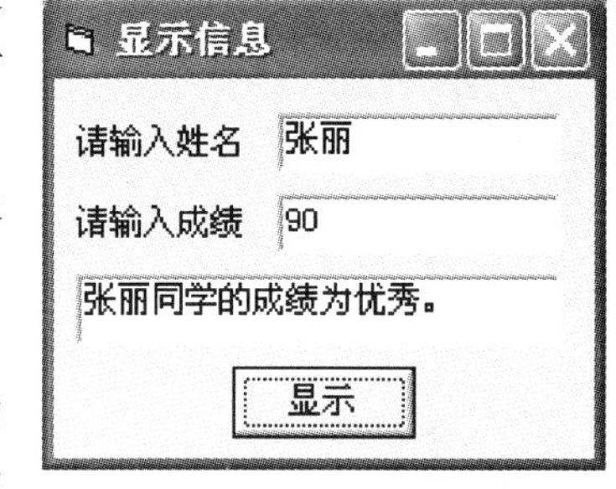


图4-17 【任务4-9】设计界面

(1) 界面设计

利用2个标签显示提示信息，利用2个文本框进行数据的输入，利用第3个文本框显示判断结果，并将该文本框的 Locked 属性设为 True，锁定输出结果。

窗体运行后，输入学生姓名和成绩，单击“显示”按钮，输出判断结果。各控件的属性设置见表4-8。

表4-8 【任务4-9】各控件属性设置

| 控件名 | Name 属性 | 其他属性 | 属性值 |
|---|---|---|---|
| 标签 | Label1 | Caption | 请输入姓名 |
| | Label2 | Caption | 请输入成绩 |
| 文本框 | Text1 | Text | 空 |
| | Text2 | Text | 空 |
| | Text3 | Text | 空 |
| | | Locked | True |
| 命令按钮 | Command1 | Caption | 显示 |
| 窗体 | Form1 | Caption | 判断成绩等级 |

（2）代码设计

编写命令按钮的单击事件的代码如下：

```
Private Sub Command1 _ Click( )
    Dim name As String
    Dim score As Integer
    Dim grade As String
    Dim txt As String
    name = Text1. Text
    score = Val( Text2. Text)
    If score < 0 Or score > 100 Then
       Text3. Text ="成绩无效！"
    Else
       If score  > =90 Then                    '多条件的 If…Then…ElseIf 语句
           grade ="优秀"
       ElseIf score  > =80 Then
           grade ="良好"
       ElseIf score  > =70 Then
           grade ="中等"
       ElseIf score  > =60 Then
           grade ="及格"
       Else
           grade ="不及格"
       End If
       Text3. Text = name & "同学的成绩为" & grade & "。"
    End If
End Sub
```

思考：如果将上面程序中的多条件 If…Then…ElseIf 语句换成如下语句结果会怎样？

```
If score > =90 Then   txt ="优秀"
If score > =80 Then   txt ="良好"
If score > =70 Then   txt ="中等"
If score > =60 Then
  txt ="及格"
Else
  txt ="不及格"
End If
```

### 4.3.4 块 If 语句的嵌套

块 If 语句的嵌套有两种形式：If 子句部分的嵌套结构和 Else 子句部分的嵌套结构。

(1) If 子句部分的嵌套结构

```
If  <条件 1>  Then
        If  <条件 2>  Then
             [语句组 1]
        Else
             [语句组 2]
        End If
Else
        [语句组 3]
End If
```

执行流程如图 4-18 所示。

(2) Else 子句部分的嵌套结构

```
If  <条件 1>  Then
        [语句组 1]
Else
        If  <条件 2>  Then
             [语句组 2]
        Else
             [语句组 3]
        End If
End If
```

执行流程如图 4-19 所示。

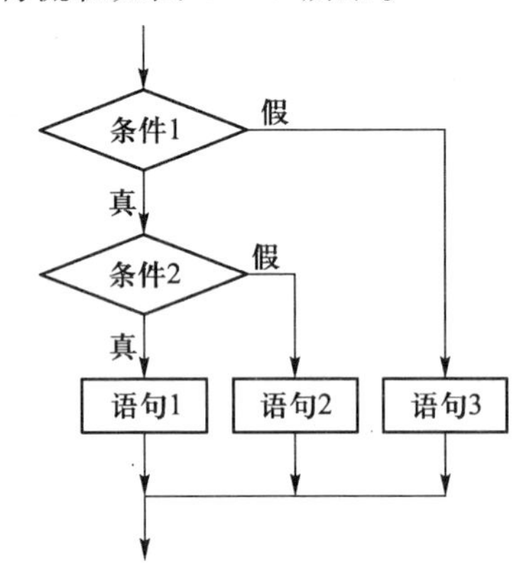


图 4-18 If 子句嵌套结构流程图

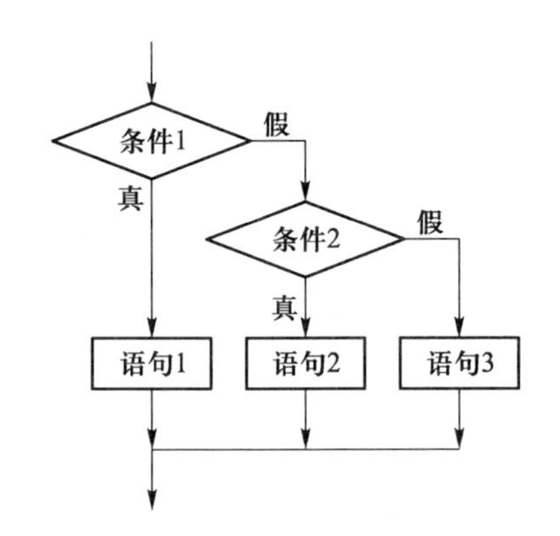


图 4-19 Else 子句嵌套结构流程图

**说明:**

① 每一个块结构都要完整，必须以 If 开始，以 End If 结束。

② 内层嵌套的块结构中除了满足该层规定的条件外，必须首先满足外层结构中相应的条件。

③ Visual Basic 中对块嵌套的层数没有限制，在嵌套的块结构中可以继续嵌套其他的块结

构，但嵌套时外层的块结构必须完全“包住”内层的块结构，不能相互“交叉”。语句中的每一个 Else 必须和它最近的并没有配对的 If 相对应，避免产生混乱。

【任务 4－10】设计应用程序，如图 4－20 所示，编程求解一元二次方程 $ax^2+bx+c=0$ ($a\neq0$)的根。二次方程的系数 $a$、$b$、$c$ 设为整型，方程的根设为实型且保留 2 位小数。

**分析：**根据数学知识，求一元二次方程的根，需要知道方程的三个系数 $a$、$b$、$c$ 的值，方程的根有以下三种情况：

① 当 $b^2-4ac>0$ 时，方程有两个不相等的实根；

② 当 $b^2-4ac=0$ 时，方程有两个相等的实根；

③ 当 $b^2-4ac<0$ 时，方程有两个复根。

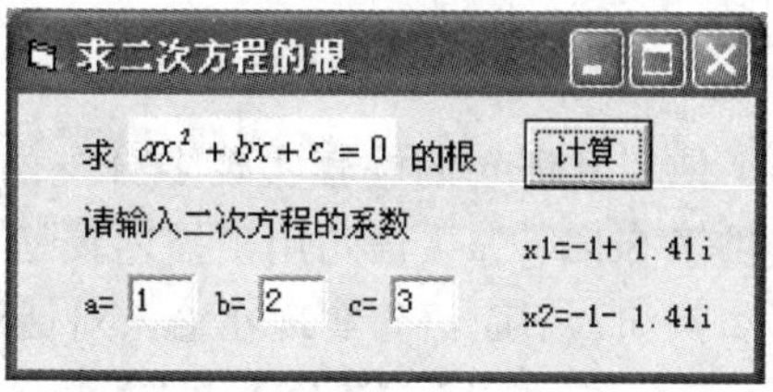

求二次方程的根
求 $ax^2+bx+c=0$ 的根 计算
请输入二次方程的系数
a= 1 b= 2 c= 3
x1=-1+ 1.41i
x2=-1- 1.41i

图 4－20 【任务 4－10】设计界面

(1) 界面设计

利用 3 个文本框输入二次方程的系数 $a$、$b$、$c$ 的值，单击“计算”按钮，在标签控件中输出方程的根。

(2) 代码设计

```
Private Sub Command1_Click()
    Dim a As Integer,b As Integer,c As Integer,dert As Integer
    Dim p As Single,r As Single,x1 As Single,x2 As Single
    Dim s As String
    s = Chr(10)& Chr(13)
    a = Val(Text1.Text)                    '判断 a 是否为 0，如果为 0，则退出过程
    If a =0 Then MsgBox "a 不能为 0": Exit Sub
    b = Val(Text2.Text)
    c = Val(Text3.Text)
    dert = b * b - 4 * a * c
    p = -b/(2 * a)
    If dert > =0 Then
      If dert >0 Then
        r = Sqr(dert)/(2 * a)
        x1 = p + r
        x2 = p - r
      Else
        x1 = p
        x2 = p
     End If
     Label7.Caption =" x1 =" & str(Int(x1 * 100)/100)& s & s &" x2 =" & str(Int(x2 * 100)/100)
   Else
     r = Sqr( -dert)/(2 * a)
     Label7.Caption =" x1 =" & str(Int(p * 100)/100)&" +" & str(Int(r * 100)/100)&" i" &
```

```
s & s & "x2 =" & str(Int(p * 100)/100) & " - " & str(Int(r * 100)/100) & "i"
   End If
End Sub
```

**说明：** 利用表达式“Int(x1 * 100)/100”保留变量 x1 为两位小数。

### 4.3.5 Select Case 语句

使用 If 语句的嵌套实现多分支的功能，逻辑比较复杂，为了解决这一问题，Visual Basic 提供了 Select Case 语句用于描述较复杂的多分支结构，使程序更简单、直观。

例如，下面语句实现在输入对话框中输入字符串，判断是否为逻辑型常量字符串。

```
test = InputBox("请输入数据","测试输入字符串是否为逻辑值")
Select Case test
    Case "True"
        MsgBox "你输入的是逻辑型常量 True"
    Case "False"
        MsgBox "你输入的是逻辑型常量 False"
    Case Else
        MsgBox "你输入的是非逻辑值"
End Select
```

程序运行后，在输入对话框中输入“True”，弹出消息框“你输入的是逻辑型常量 True”，输入“False”，弹出消息框“你输入的是逻辑型常量 False”，输入其他字符串时，弹出消息框“你输入的是非逻辑值”。

Select Case 语句的一般格式为：

```
Select Case <测试表达式>
        [Case <表达式列表 1>
          [语句组 1]]
        [Case <表达式列表 2>
          [语句组 2]]
        ……
        [Case <表达式列表 n>
          [语句组 n]]
        [Case Else
          [语句组 n+1]]
End Select
```

Select Case 语句的执行过程如下：

① 先对“测试表达式”求值。

② 如果“测试表达式”匹配某一个 Case 子句中的“表达式”，则执行相应的语句组，然后执行 End Select 后面的语句。

③ 如果没有与“测试表达式”相匹配的 Case 子句，则执行 Case Else 子句后的语句组。

④ 如果“测试表达式”匹配一个以上的 Case 子句中的“表达式”则只有第一个相匹配的 Case 子句后的语句组被执行。Select Case 语句流程图如图 4 - 21 所示。

**说明：**

①“测试表达式”：必要参数，可以是数值表达式或字符串表达式，通常为变量。

② 每个语句组可以是一条或多条语句。

③ Select 和 End Select 必须成对出现。

④“表达式列表”中的表达式必须与“测试表达式”的数据类型相同。

⑤“表达式列表”称为域值，可以是下列形式之一：

- 一组用逗号分隔的枚举值
- <表达式 1>　to　<表达式 2>
- Is 关系运算构成的表达式

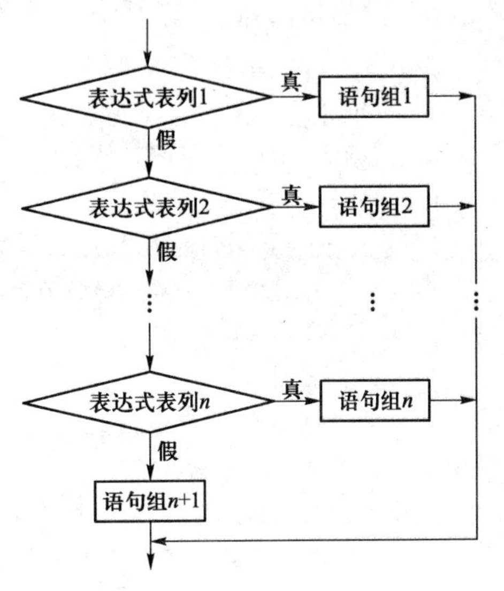

图 4 - 21　Select Case 语句流程图

**例如：**

Case 1，3，5 表示“测试表达式”等于 1 或 3 或 5 中之一时，执行该 Case 分支的语句组。

Case 1 to 10 表示“测试表达式”的值介于 1 ~ 10 之间时(包括 1 和 10)，执行该 Case 分支的语句组。

Case Is > 10 表示“测试表达式”的值 > 10 时，执行该 Case 子句后的语句组，关键字 Is 指代测试表达式的值。

Case Is = 8 表示当“测试表达式”的值 = 8 时，执行该 Case 子句后的语句组。

以上三种形式也可以混合使用，如：Case Is > = min，1 to 4，7，9，11。

【任务 4 - 11】使用 Select Case 语句改写【任务 4 - 9】中将分数转换等级的程序。

编写命令按钮的单击事件的代码如下：

```
Private Sub Command1 _ Click( )
    Dim name As String
    Dim score As Integer
    Dim grade As String
    name = Text1. Text
    score = Val( Text2. Text)
    Select Case score
        Case Is > = 90
            grade = "优秀"
        Case Is > = 80
            grade = "良好"
        Case Is > = 70
            grade = "中等"
```

```
            Case Is > =60
                grade ="及格"
            Case Else
                grade ="不及格"
        End Select
        Text3. Text = name & "同学的成绩为" & grade & "。"
    End Sub
```

【任务4-12】设计应用程序，界面设计如图4-22所示。在文本框中输入一个数字(0~6)，在标签控件中输出对应是星期几。

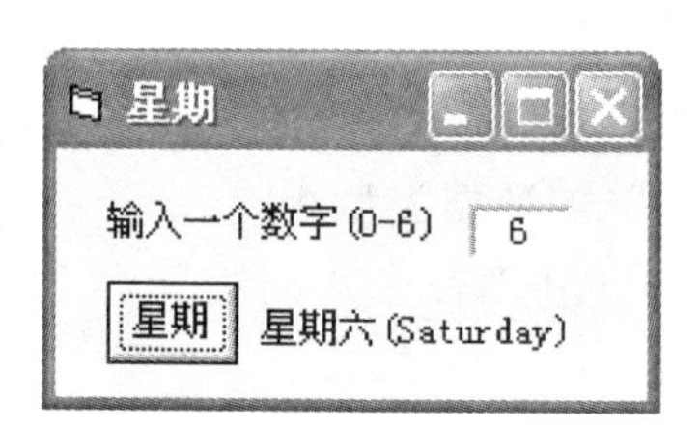


图4-22 【任务4-12】程序运行结果

(1) 界面设计

利用1个标签显示提示信息，利用第2个标签显示结果，利用1个文本框输入数据。

程序运行后，输入数字后单击“星期”命令按钮，在标签控件中显示相应的信息。各控件的属性设置见表4-9。

**表4-9 【任务4-12】各控件属性设置**

| 控件名 | Name属性 | 其他属性 | 属性值 |
|---|---|---|---|
| 标签 | Label1 | Caption | 输入一个数字(0~6) |
| | Label2 | Caption | 空 |
| 文本框 | Text1 | Text | 空 |
| 命令按钮 | Command1 | Caption | 星期 |
| 窗体 | Form1 | Caption | 星期 |

(2) 代码设计

编写命令按钮的单击事件的代码如下：

```
Private Sub Command1_Click()
    Dim num As Integer,m As String
    num = Val(Text1. Text)
    Select Case num
        Case 1
            m ="星期一(Monday)"
        Case 2
            m ="星期二(Tuesday)"
        Case 3
            m ="星期三(Wednesday)"
        Case 4
            m ="星期四(Thursday)"
```

```
        Case 5
            m ="星期五(Friday)"
        Case 6
            m ="星期六(Saturday)"
        Case 0
            m ="星期日(Sunday)"
        Case Else
            m ="重新输入！"
    End Select
    Label2.Caption = m
End Sub
```

# 4.4 循环结构

## 4.4.1 循环结构概述

实际问题中，经常会遇到需要重复执行同一操作的情况。如：计算50名学生每个人的总成绩，采用顺序结构编写程序实现困难，因此，引入循环结构来处理。

循环结构用于执行重复性的操作，在循环结构中重复执行的语句称为循环体，每重复一次都要判断是否继续重复操作，这个判断所依据的条件称为循环条件，循环体与循环条件一起构成循环结构。Visual Basic提供的循环结构语句包括Do…Loop、While…Wend和For…Next。

## 4.4.2 Do…Loop循环语句

Do…Loop循环语句既可以用于循环次数确定的情况也可以解决循环次数不确定的情况。

**例如：**使用Do…Loop语句实现1+2+3+…+99+100的累加。

```
sum = 0
i = 1
Do While i <= 100
  sum = sum + i
  i = i + 1
Loop
```

Do…Loop循环语句有两种形式，分别称为“前测型”循环和“后测型”循环。

**1. “前测型”循环的一般形式**

```
Do While|Until 条件
    语句组
    [Exit Do]
    [语句组]
Loop
```

**2. “后测型”循环的一般形式**

Do

　　语句组

　　[Exit Do]

　　[语句组]

Loop While | Until 条件

“前测型”循环先判断条件是否成立再执行语句组，“后测型”循环则先执行语句组再判断条件是否成立。

**3. “前测型”循环的执行过程**

① Do While…Loop 循环：首先判断条件，当条件为 True 时执行语句组，当条件为 False 时，退出循环，执行 Loop 后面的语句，其流程图如图 4－23(a)所示。

② Do Until…Loop 循环：首先判断条件，当条件为 False 时执行语句组，当条件为 True 时，退出循环，执行 Loop 后面的语句，其流程图如图 4－23(b)所示。

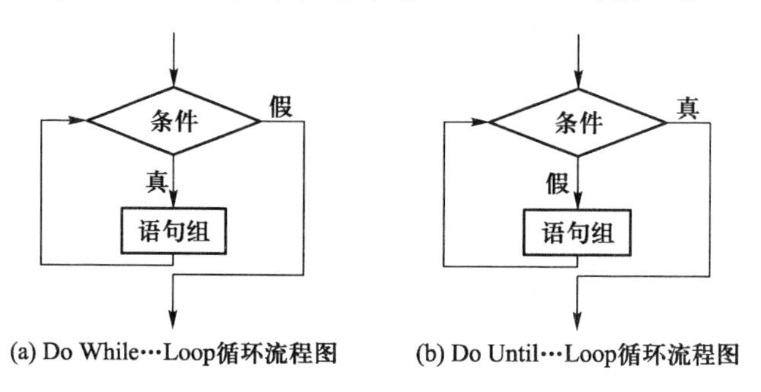


图 4－23 “前测型”循环结构流程图

**4. “后测型”循环的执行过程**

① Do…Loop While 循环：先执行语句组再判断条件，直到条件为 False 时退出循环，执行 Loop 后面的语句，当条件为 True 时则再次执行语句组，其流程图如图 4－24(a)所示。

② Do…Loop Until 循环：先执行语句组再判断条件，直到条件为 True 时退出循环，执行 Loop 后面的语句，当条件为 False 时则再次执行语句组，其流程图如图 4－24(b)所示。

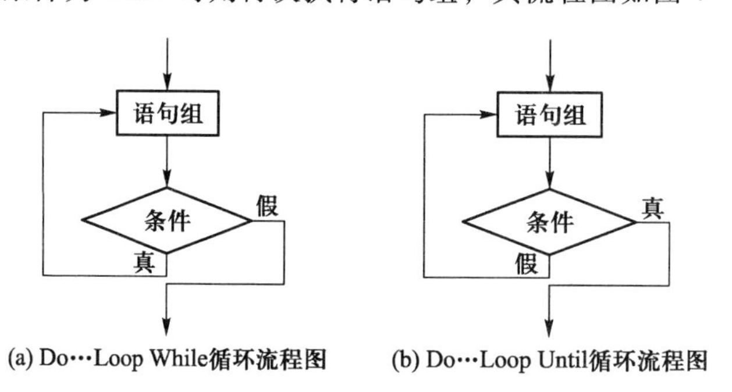


图 4－24 “后测型”循环结构流程图

**说明：**

①“条件”：循环条件，通常为关系表达式或逻辑表达式，也可以是数值表达式或字符串

表达式，其值为 True 或 False。当是数值表达式时，非 0 值表示 True，0 值表示 False。如果条件为 Null，则按 False 处理。

②“语句组”：为循环体语句，可以是一条或多条语句。

③“Exit Do”：强制退出循环体，将控制权转移到 Loop 之后的语句。通常用于条件判断之后，可以在 Do…Loop 循环语句中，可以根据需要设置 Exit Do 语句。

④ 若省略 While | Until 条件，构成“无限”循环。

格式如下：

```
Do
    语句组
    [Exit Do]
    [语句组]
Loop
```

循环将会无限制的一直执行下去，直到执行 Exit Do 语句才能退出循环。

【任务 4 - 13】设计应用程序，如图 4 - 25 所示，计算 $n! = 1 \times 2 \times 3 \cdots \times n$。其中正整数 $n$ 由用户输入。

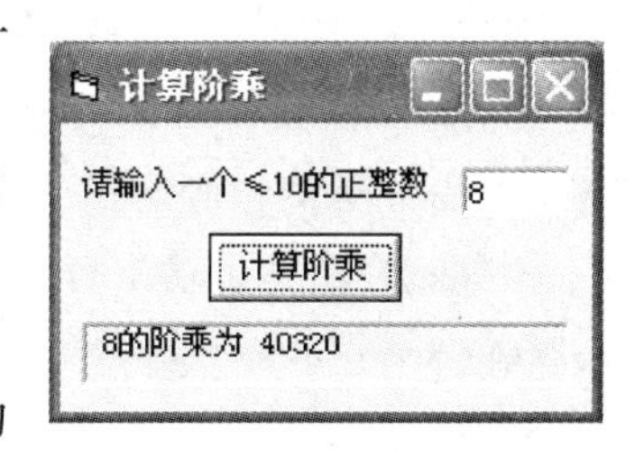


图 4 - 25 【任务 4 - 13】设计界面

(1) 界面设计

用 1 个标签显示提示信息、1 个文本框输入小于等于 10 的正整数，单击“计算阶乘”按钮，在第 2 个标签控件显示输出结果。

(2) 代码设计

```
Private Sub Command1_Click()
  n = Val(Text1.Text)          '将文本框中输入的数据赋值给变量 n
  i = 1                        '循环变量设初值
  p = 1                        '乘积结果设初值
  Do While i <= n              '循环变量小于等于 n 时执行循环
      p = p * i                '乘积运算
      i = i + 1                '循环变量增值
  Loop
  Label2.Caption = str(n) & "的阶乘为" & str(p)
End Sub
```

【任务 4 - 14】设计应用程序，输出 1 ~ 1000 以内能被 3 整除且能被 17 整除的最大数，界面设计如图 4 - 26 所示。

(1) 界面设计

在窗体上设一个命令按钮控件，一个文本框控件，文本框用于显示输出结果。

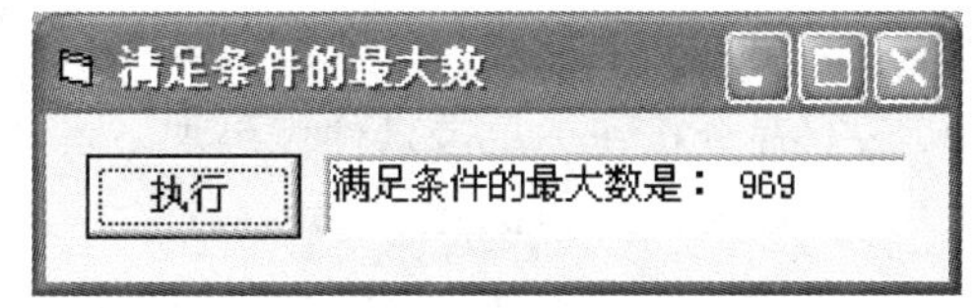


图 4 - 26 【任务 4 - 14】设计界面

(2) 代码设计

编写窗体的单击事件的代码如下：

```
Private Sub Command1 _ Click( )
   Dim i As Integer
   i = 1000                              '循环变量设初值 1000
   Do
      If i Mod 3 = 0 And i Mod 17 = 0 Then
         Text1. Text = "满足条件的最大数是: " + Str(i)
         Exit Do                         '强制退出循环
      End If
      i = i - 1                          '循环变量值改变
   Loop While i > 0
End Sub
```

### 4.4.3 While…Wend 循环语句

While…Wend 循环控制结构语句是为了保持与低版本 Visaul Basic 兼容而保留的，与 Do While…Loop 结构相似，既可用于循环次数确定的情况也可用于循环次数不确定的情况。

**例如**：在窗体上输出自然数 1 ~ 10 的立方数，可使用如下语句：

```
Dim x As Integer
x = 1
While x < = 10
     Print " x = "; x, " x^3 = "; x^3
     x = x + 1
Wend
```

While…Wend 循环语句的一般形式：

```
While 条件
     语句组
Wend
```

While…Wend 循环语句的语句说明和执行过程与前测型 Do While…Loop 循环结构一致，其程序流程图如图 4 - 27 所示。

【任务 4 - 15】设计应用程序，计算 1 + 1 × 3 + 1 × 3 × 5 + … + 1 × 3 × 5 × … × (2*n* - 1)，其中 *n* 由用户输入且 0≤*n*≤10。

(1) 界面设计

在文本框 1 中输入整数 *n*，单击“计算”按钮，在文本框 2 中显示输出结果，界面设计如图 4 - 28 所示。

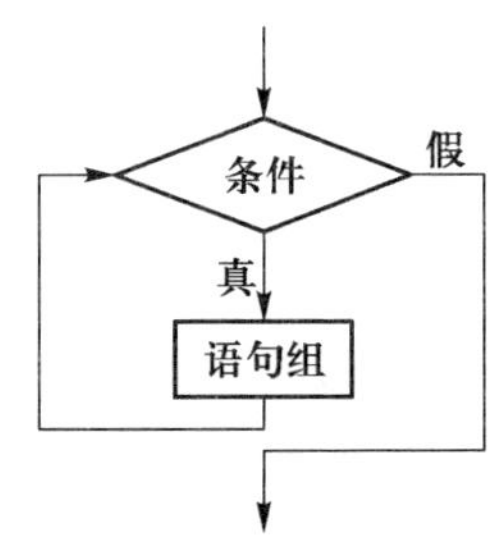

图 4 - 27 While 循环语句流程图

(2) 代码设计

编写命令按钮的单击事件代码如下：

```
Private Sub Command1 _ Click( )
   Dim n As Integer, i As Integer
   Dim sum As Long, temp As Long
```

```
    n = Val(Text1.Text)
    i = 1
    sum = 1
    temp = 1
    While i < n
        temp = temp * (i * 2 + 1)
        sum = sum + temp
        i = i + 1
    Wend
    Text2.Text = sum
End Sub
```

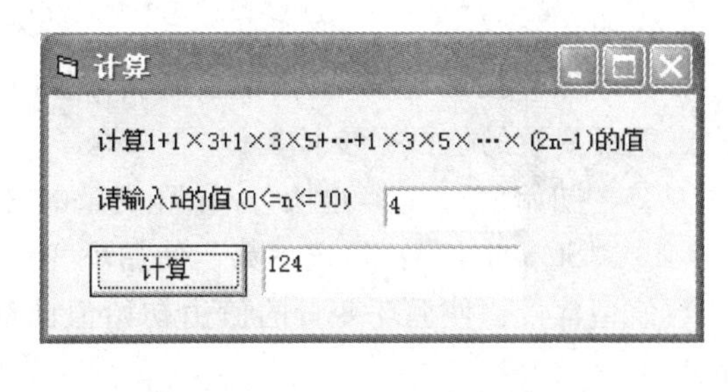


图 4-28 【任务 4-15】设计界面

## 4.4.4 For…Next 循环语句

For…Next 循环语句在 Visual Basic 程序设计中使用非常广泛，该循环结构用于确定循环次数的循环过程。

**例如：**在窗体上输出 5 次循环控制变量的值，可使用如下语句：

```
For i = 1 To 5
  Print "第" & i & "次循环   i =" & i
Next
```

执行结果如图 4-29 所示结果。

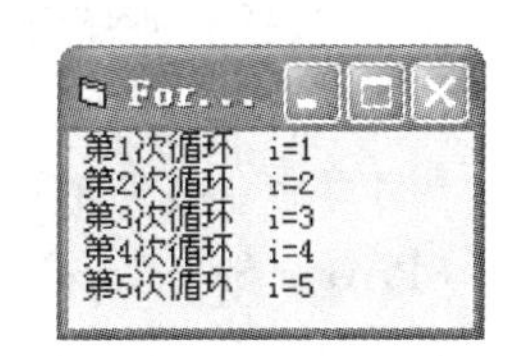


图 4-29 For 语句执行结果

For…Next 循环语句的一般形式为：

```
For 循环控制变量 = 初始值 To 终止值[Step 步长]
    语句组
    [Exit For]
Next [计数器]
```

For…Next 循环语句的执行过程：

① 确定循环控制变量的初始值。

② 将循环控制变量的当前值与终止值进行比较，如果步长为正值，则判断循环控制变量是否大于终止值，如果大于终止值则跳出循环，执行 Next 语句的下一语句；如果步长为负值，则判断循环控制变量是否小于终止值，如果小于终止值则跳出循环，执行 Next 语句后面的语句，否则，进入③。

③ 执行语句组。

④ 循环控制变量 = 循环控制变量 + 步长。

⑤ 循环执行步骤② ~ ⑤。

For…Next 语句的执行过程流程图如图 4-30 所示。

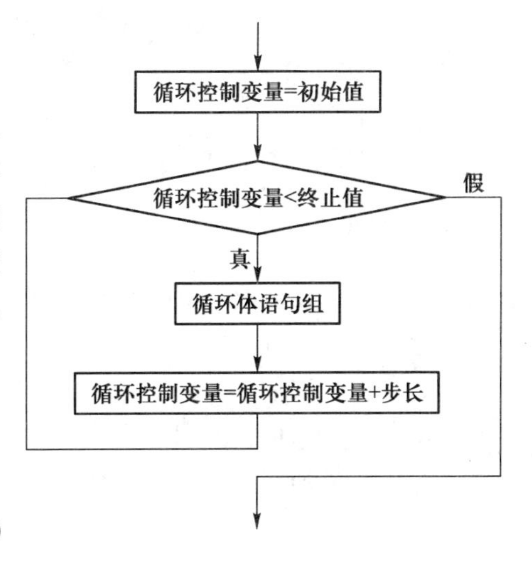


图 4-30 For…Next 语句流程图

**说明：**

①“循环控制变量”：用于控制循环执行次数，也称循环变量。只能是数值型，每循环一次，循环变量的值根据步长变化。

②“初始值”、“终止值”：循环变量的初值与终值。

③“Step 步长”：可选参数，使循环变量的值每循环一次按照步长增量。步长是可正可负的数值型常量，使循环变量的值由初始值向终止值的方向改变。省略“Step 步长”则默认步长为1。

④ 当循环控制变量的初始值、终止值和步长确定后，循环的次数也就确定了，可用如下公式计算循环次数。

$$循环次数=\frac{终止值-初始值}{步长}+1$$

⑤“Exit For”：用于强制退出循环体，将控制权转移到 Next 之后的语句。

【任务4-16】利用文本框输入一字符串，统计其中大写字母、小写字母、数字及其他字符的个数。

(1) 界面设计

利用标签显示提示信息，利用文本框进行输入与输出，单击“统计”按钮，则统计各类字符个数，界面设计如图4-31所示。

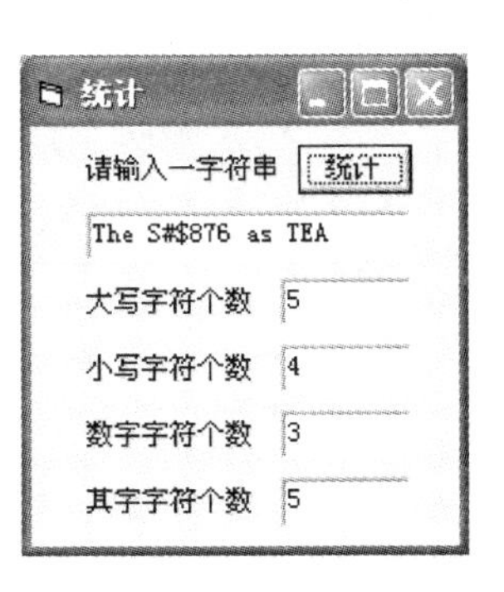


图4-31 【任务4-16】设计界面

(2) 代码设计

编写命令按钮的单击事件的代码如下：

```
Private Sub Command1_Click()
    Dim k As Integer,t1 As Integer
    k = Len(Text1.Text)
    t1 = 0
    For i = 1 To k
      If Mid(Text1.Text,i,1) >= "A" And Mid(Text1.Text,i,1) <= "Z" Then
          t1 = t1 + 1
      Else
          If Mid(Text1.Text,i,1) >= "a" And Mid(Text1.Text,i,1) <= "z" Then
             t2 = t2 + 1
          Else
             If Mid(Text1.Text,i,1) >= "0" And Mid(Text1.Text,i,1) <= "9" Then
                t3 = t3 + 1
             Else
                t4 = t4 + 1
             End If
          End If
      End If
```

```
    Next i
    Text2. Text = t1
    Text3. Text = t2
    Text4. Text = t3
    Text5. Text = t4
End Sub
```

### 4.4.5 循环嵌套

如果一个循环结构的循环体内又包含另一个完整的循环结构，则称这种结构为循环嵌套结构或多重循环结构。外层循环结构叫外循环，内层循环结构叫内循环，有 $n$ 层嵌套结构也称 $n$ 重循环。嵌套循环结构增强了计算机解决实际问题的能力，在实际应用程序中应用较多。

循环的嵌套可有多种形式，可以是一种循环语句的嵌套，也可是不同循环语句的嵌套。如下语句：

```
For i = 1 To 3
    Print "第" & i & "轮循环"
    For j = 2 To 3
        Print " i = " & i," j = " & j
    Next j
Next i
```

以上语句的执行结果如图 4 - 32 所示。该循环最内层循环体的执行次数为：3 ×2。对于两重循环，内层循环体执行的次数是：外层循环执行次数 × 内层循环执行次数。

【任务 4 - 17】设计一个程序，实现输出如图 4 - 33 所示的图形。

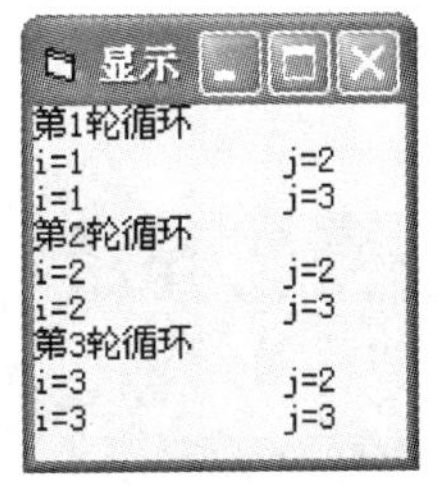


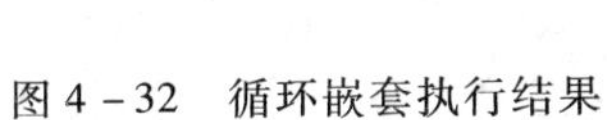
图 4 - 32 循环嵌套执行结果

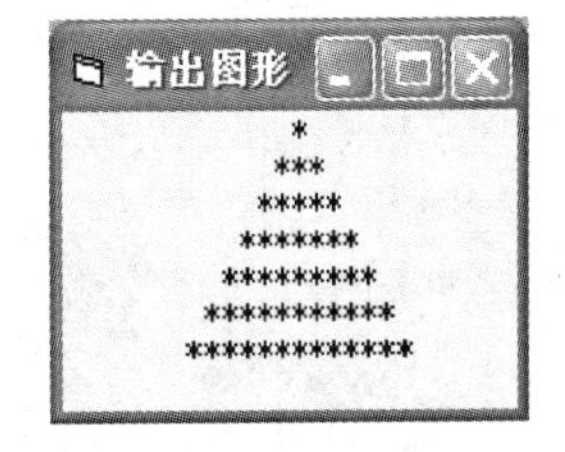


图 4 - 33 【任务 4 - 17】输出图形

(1) 任务分析

该任务需用两重循环，外层循环用变量 $i$ 控制，内层循环用变量 $j$ 控制，外层循环控制行数，内层循环控制一行中输出“ * ”号的个数。

(2) 代码设计

编写窗体的单击事件的代码如下：

```
Private Sub Form _ Click( )
    Dim i As Integer,j As Integer
    For i = 1 To 7
```

```
        Print Tab(15 - Abs(i));
        For j = 1 To 2 * i - 1
            Print "*";
        Next j
        Print
    Next i
End Sub
```

【任务4-18】编写程序，在窗体输出九九乘法表。

(1) 任务分析

该任务需用两重循环，外循环控制行数，内循环控制输出表达式的个数。程序运行，单击窗体，显示如图4-34所示结果。

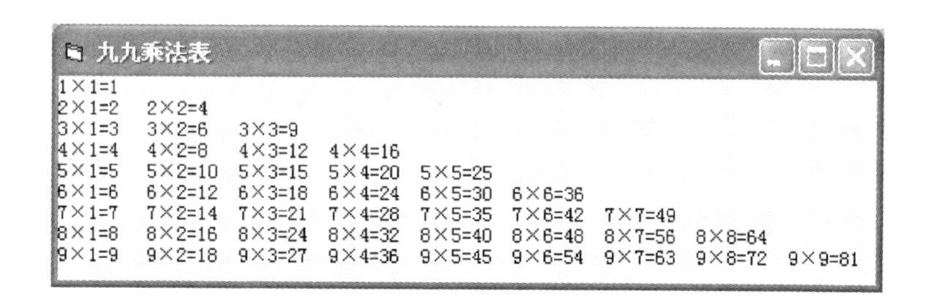


图4-34　九九乘法表

(2) 代码设计

编写窗体的单击事件的代码如下：

```
Private Sub Form_Click()
    Dim i As Integer,j As Integer
    Dim s As String
    For i = 1 To 9
        For j = 1 To i
            s = i & "×" & j & "=" & i * j
            Print Tab((j - 1) * 9 + 1);s;
        Next j
        Print
    Next i
End Sub
```

## 4.5　综 合 应 用

【应用4-1】设计应用程序，利用文本框输入半径，计算并输出球的表面积($4\pi r^2$)和体积$\left(\frac{4}{3}\pi r^3\right)$。

图 4-35 【应用 4-1】设计界面

（1）界面设计

利用 3 个标签显示提示信息，1 个文本框输入半径，2 个文本框分别显示表面积和体积，并将其 Locked 属性设为 True，锁定输出结果。

窗体运行后，用户单击“计算”按钮，根据输入的半径，计算并显示球的表面积和体积，运行结果如图 4-35 所示。各控件的属性设置见表 4-10。

**表 4-10 【应用 4-1】各控件属性设置**

| 控件名 | Name 属性 | 其他属性 | 属性值 |
|---|---|---|---|
| 标签 | Label1 | Caption | 请输入球半径 |
| | Label2 | Caption | 球表面积 |
| | Label3 | Caption | 球体积 |
| 文本框 | Text1 | Text | 空 |
| | | Locked | True |
| | Text2 | Text | 空 |
| | | Locked | True |
| 命令按钮 | Command1 | Caption | 计算 |
| 窗体 | Form1 | Caption | 计算 |

（2）代码设计

编写命令按钮的单击事件的代码如下：

```
Private Sub Command1 _ Click( )
    Dim r As Single,v As Double,f As Double
    Const pi =3. 14159
    r = Val( Text1. Text)
    f =4 * pi * r^2
    v =4/3 * pi * r^3
    Text2. Text = Format( f,"##. ##")
    Text3. Text = Format( v,"##. ##")
End Sub
```

**说明：**利用 Format( ) 函数保留两位小数。

【应用 4-2】设计一个用户登录窗体，当用户名和密码均输入正确，单击“登录”按钮则打开 Form2，只要有一项输入不正确则提示错误信息，单击“退出”按钮退出应用程序。

（1）任务分析

图 4－36 【应用 4－2】设计界面

该任务对用户输入的用户名、密码进行验证，设用户名为“why888”，密码为“123456”，对用户输入可能的情况进行判断。

（2）界面设计

利用 2 个标签显示提示信息，2 个文本框进行数据的输入，添加两个命令按钮，创建窗体 Form2。

窗体运行后，用户单击“确定”按钮，验证用户名和密码是否正确，若正确则打开 Form2 窗体，否则弹出错误提示，单击“退出“按钮退出程序。界面设计如图 4－36 所示。各控件的属性设置见表 4－11。

**表 4－11 【应用 4－2】各控件属性设置**

| 控件名 | Name 属性 | 其他属性 | 属性值 |
| --- | --- | --- | --- |
| 标签 | Label1 | Caption | 用户名 |
| | Label2 | Caption | 密码 |
| 文本框 | Text1 | Text | 空 |
| | Text2 | Text | 空 |
| 命令按钮 | Command1 | Caption | 确定 |
| | Command2 | Caption | 取消 |
| 窗体 | Form1 | Caption | 登录 |
| | Form2 | Caption | 欢迎进入系统 |

（3）代码设计

编写各控件事件的代码如下：

```
Private Sub Command1 _ Click( )
   Dim name As String,pwd As String
   name =" why888 "
   pwd =" 123456 "
   If Text1. Text < >"" Then
         If Text2. Text < >"" Then
              If Text1. Text = name And Text2. Text =" 123456 " Then
                   Form1. Hide
                   Form2. Show
              Else
                   MsgBox "用户名与密码不一致,请重新输入！",17,"登录"
                   Text1. SetFocus
              End If
         Else
              MsgBox "请输入密码！",17,"登录"
```

```
            Text2. SetFocus
        End If
    Else
        MsgBox "请输入用户名！",17,"登录"
        Text1. SetFocus
    End If
End Sub
Private Sub Command2 _ Click( )
    End
End Sub
```

【应用 4－3】设计一个程序，根据下面公式计算 $e$ 的近似值，要求$\frac{1}{n!}$小于 0.000 001。

$$e = 1 + \frac{1}{1!} + \frac{1}{2!} + \frac{1}{3!} + \cdots + \frac{1}{(n-1)!} + \frac{1}{n!}$$

(1) 任务分析

根据任务要求，先进行阶乘的计算 $n!$，再将$\frac{1}{n!}$累加求和。循环次数不确定，根据误差判断是否进行下一次循环。

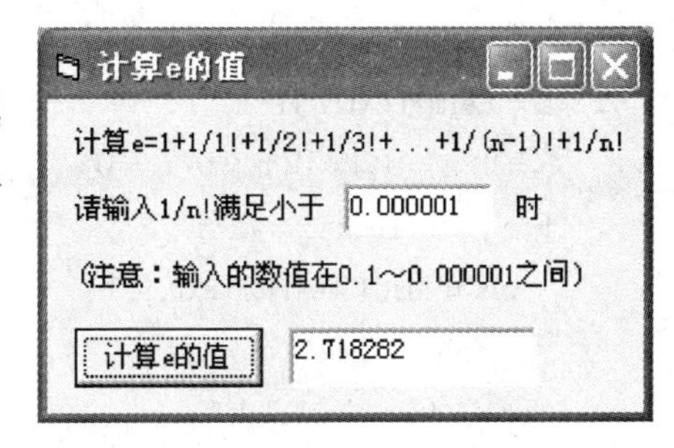


图 4－37 【应用 4－3】设计界面

(2) 界面设计

界面设计如图 4－37 所示。

(3) 代码设计

编写命令按钮单击事件的代码如下：

```
Private Sub Command1 _ Click( )
   Dim e As Single,t As Single
   Dim i As Integer,n As Long
   Dim x As Single
   i =0: n =1: e =0: t =1
   x = Val( Text1. Text)
   Do While t  > x
      e = e + t
      i = i + 1
      n = n * i
      t = 1/n
   Loop
   Text2. Text = e
End Sub
```

【应用 4－4】在文本框中输入一个字符串，统计其中字符 a、e、i、o、u 的个数，不区分大小写。

(1) 界面设计

界面设计如图4-38所示。

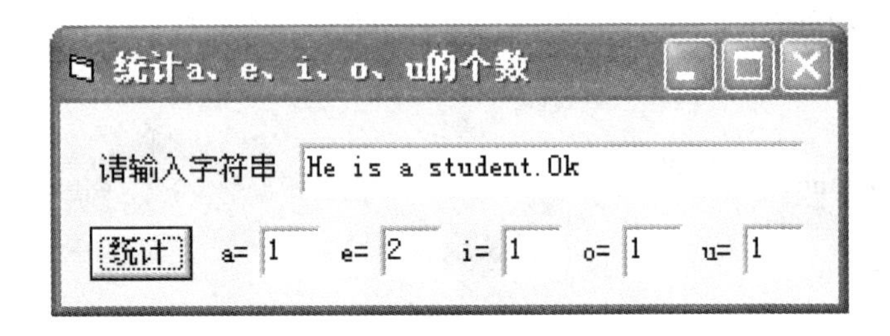


图4-38 【应用4-4】设计界面

(2) 代码设计

对窗体单击事件编写的代码如下:

```
Private Sub Command1_Click()
    k = Len(Text1.Text)
    a = 0: e = 0: i = 0: o = 0: u = 0
    For j = 1 To k
        x = Mid(Text1.Text,j,1)
        Select Case x
            Case "a","A"
                a = a + 1
            Case "e","E"
                e = e + 1
            Case "i","I"
                i = i + 1
            Case "o","O"
                o = o + 1
            Case "u","U"
                u = u + 1
        End Select
    Next j
    Text2.Text = a
    Text3.Text = e
    Text4.Text = i
    Text5.Text = o
    Text6.Text = u
End Sub
```

【应用 4-5】有 1 分、2 分、5 分硬币若干枚，从中取出 20 枚硬币使其总值为 60 分，计算取法的数量以及每一种取法的 1 分、2 分、5 分硬币个数。

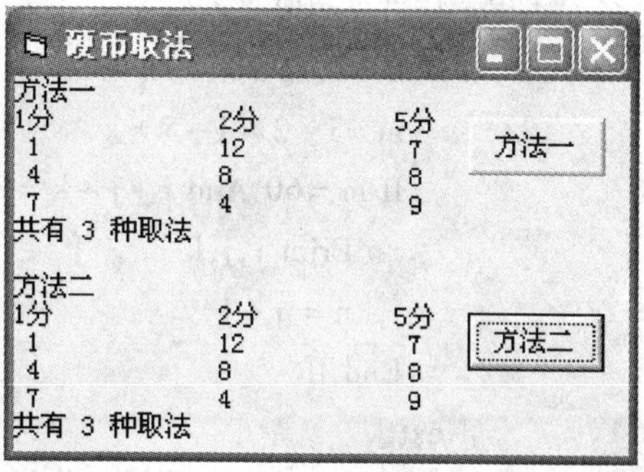

(1) 任务分析

该任务的基本设计思想是：一一列举全部可能的情况，并判断是否符合要求，该算法称为穷举法(又称“枚举法”)。该任务使用两种方法进行求解，输出结果如图 4-39 所示。

图 4-39 【应用 4-5】设计界面

(2) 代码设计

对窗体的单击事件编写的代码如下：

方法一

```
Private Sub Command1 _ Click( )
  Dim i% ,j% ,k% ,m% ,n%              '用 i,j,k 分别代表 1 分、2 分、5 分枚数
  n =0                                'n 代表取法总数
  Print "方法一"
  Print "1 分              2 分              5 分"
  For i =1 To 20
    j =1
    While j < =20
      k =20 - i - j
      m =i +2 * j +5 * k              '用 m 代表取出 20 枚硬币的总值
      If m =60 Then                   '当 20 枚硬币的总值等于 60 分,则输出
         Print i,j,k
         n = n +1
      End If
      j =j +1
    Wend
  Next i
  Print "共有"; n; "种取法"
  Print
End Sub
```

方法二

```
Private Sub Command2 _ Click( )
  Dim i% ,j% ,k% ,m% ,n%              '用 i,j,k 分别代表 1 分、2 分、5 分枚数
  n =0                                'n 代表取法总数
  Print "方法二"
  Print "1 分              2 分              5 分"
  For i =1 To 20
```

```
        For j = 1  To 20
          For k = 1  To 20
              m = i + 2 * j + 5 * k          '用 m 代表取出 20 枚硬币的总值
              If m = 60  And  i + j + k = 20  Then
                  Print i,j,k
                  n = n + 1
              End If
          Next k
        Next j
      Next i
     Print "共有"; n; "种取法"
   End Sub
```

# 习　题

## 一、单项选择题

① 设 a = 3，b = 5，c = 7，执行语句 Print a > b > c 后，窗体上显示的是________。

A. True　　B. False　　C. 1　　D. 出错信息

② 以下关于 MsgBox 函数的叙述中，错误的是________。

A. MsgBox 函数返回一个整数

B. MsgBox 函数可以设置信息框中图标和按钮的类型

C. MsgBox 函数有返回值

D. MsgBox 函数的第一个参数只能确定对话框中显示的按钮数量

③ 窗体上有一个名称为 Command1 的命令按钮，编写如下事件过程。程序运行后，单击命令按钮，窗体上显示的是________。

```
Private Sub Command1 _ Click( )
    a = 12345
    Print Format $( a," 000. 00 ")
End Sub
```

A. 123. 45　　B. 12345. 00　　C. 12345　　D. 00123. 45

④ 定义一个常量 PI 可使用下列语句________。

A. PI = 3. 14159　　B. Set PI = 3. 14159

C. Const　PI = 3. 14159　　D. Const　PI

⑤ 窗体上有一个名称为 Command2 的命令按钮，编写单击事件过程如下，程序运行后，单击命令按钮，窗体上显示的是________。

```
Private Sub Command1 _ Click( )
    a $ = " Visual Basic "
    Print String( 3 , a $)
End Sub
```

A. VVV　　B. Vis　　C. sic　　D. 11

⑥ 可以实现从键盘输入一个作为双精度变量 *a* 的值的语句是________。

A. a = InputBox( )　　B. a = InputBox("请输入一个值")

C. a = Val(InputBox( ))　　D. a = Val(InputBox("请输入一个值"))

⑦ 以下 case 语句错误的是________。

A. case　0　to　10　　B. case　is > 10

C. case　is > 10 and is < 50　　D. case　3，5，is > 10

⑧ 下列程序段运行后，窗体上显示的结果是________。

```
Dim x As Integer
If x Then Print x Else Print - x
```

A. 1　　B. －1　　C. 0　　D. 出错信息

⑨ 在窗体的单击事件中添加如下代码，程序运行后单击窗体，在输入对话框中输入数字 3，则窗体上显示的是________。

```
Private Sub Form1 _ Click( )
    x = Val(InputBox("请输入数据"))
    Select Case x
        Case Is  > 0
          y = 1
        Case 3, 5
          y = 2
    End Select
    Print y
End Sub
```

A. 1　　B. 2　　C. 3　　D. 出错信息

⑩ 下列程序段的执行结果为________。

```
a = 75
If a > 60 Then I = 1
If a > 70 Then I = 2
If a > 80 Then I = 3
If a < 90 Then I = 4
Print "I = "; I
```

A. I = 1　　B. I = 2　　C. I = 3　　D. I = 4

⑪ 以下程序段运行时从键盘上输入字符“－”，则输出结果为________。

```
op $ = InputBox(" op = ")
If op $ = " + " Then a = a + 2
If op $ = " - " Then a = a - 2
Print a
```

A. 2　　B. －2　　C. 0　　D. ＋2

⑫ 执行下列程序后，*a* 的值为________。

```
a = 1
For i = 2.4 To 6.4 Step 0.8
    a = a + 1
```

```
Next i
Print a
```

A. 6　　B. 2　　C. 7　　D. 出错信息

⑬ 如下程序段完成的功能是计算某个表达式的值，该表达式是________。

```
Dim sum As Double,x As Double
sum = 0: n = 0
For i = 1 To 5
    x = n/i
    n = n + 1
    sum = sum + x
Next i
```

A. 1 + 1/2 + 2/3 + 3/4 + 4/5　　B. 1 + 1/2 + 2/3 + 3/4

C. 1/2 + 2/3 + 3/4 + 4/5　　D. 1 + 1/2 + 1/3 + 1/4 + 1/5

⑭ 下列程序段的执行结果为________。

```
a = 1: b = 5
Do
  a = a + b
  b = b + 1
Loop While a < 10
Print a; b
```

A. 1 5　　B. 12 7　　C. a b　　D. 10 25

## 二、填空题

① InputBox 函数返回值是________类型。

② MsgBox 消息框可以通过两种形式使用，分别是________和________。

③ End 语句的功能是________。

④ 块 If 语句的嵌套有两种形式：________的嵌套结构和________的嵌套结构。

⑤ For…Next 语句中确定循环次数的计算公式为________。

⑥ 在循环结构中重复执行的语句称为________，每重复一次都要判断是否继续重复操作，这个判断所依据的条件称为________，________一起构成循环结构。Visual Basic 提供的循环结构语句有________、________和________。

⑦ 对于两重循环，最内层循环体执行的次数是：________。

⑧ 下面程序运行后的结果是________。

```
Private Sub Command1 _ Click( )
  x = 242: y = 44
  z = x * y
  Do Until x = y
    If x > y Then x = x - y Else y = y - x
  Loop
  Print x,  z/x
End Sub
```

## 三、应用题

① 设计程序，实现利用输入框输入一名学生的语文、数学和计算机基础三门课程的成绩，计算其平均值，利用消息框将结果输出。

② 设计应用程序，用户输入总秒数，单击“转换为”命令按钮，实现将总秒数转换为小时、分钟和秒数显示在相应文本框中，界面如图 4－40 所示。

图 4－40　秒数转换界面

③ 编写程序，计算表达式 $y=\sqrt{x^2+5}-|x|+\dfrac{x^3+7}{3}$的值，计算结果保留 2 位小数，设计界面如图 4－41 所示。

④ 编写程序，计算分段函数的值 $y=\begin{cases}x^2+1 & x>0\\ \sqrt{x} & x=0\\ 2x-3 & x<0\end{cases}$（分别使用 If 语句和 Select 语句实现）。

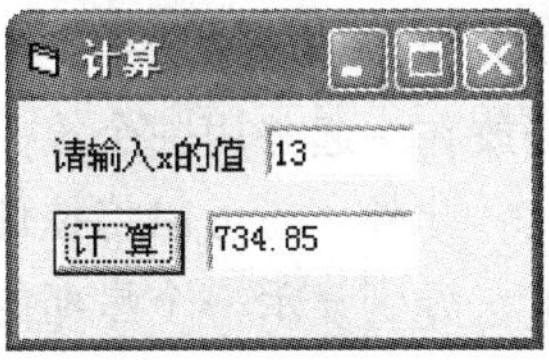

图 4－41　设计界面

⑤ 设计应用程序，实现验证用户登录，界面如图 4－42 所示。要求程序运行后，输入正确密码“123456”（密码显示为“＊＊＊＊＊＊”，字符最长为 6 个字符），弹出消息框“密码正确！”，程序允许最多输入错误密码 3 次，输错 3 次后弹出消息框“3 次输入密码错误，程序结束！”。当输入错误时，弹出如图 4－43 所示的消息框，并清空文本框。

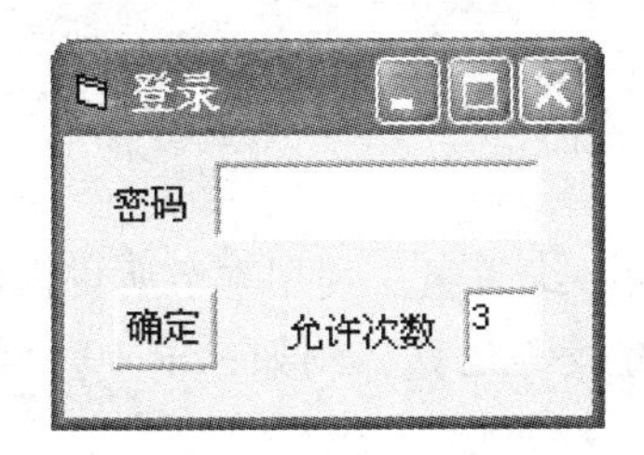


图 4－42　用户界面

图 4－43　错误提示

⑥ 随机产生 20 个 10～100 之间（包括 10 和 100）整数，按每行 5 个数输出，同时找出其中的最大值并输出。

⑦ 求 $s=a+aa+aaa+aaa\cdots aaa$ 的值（$aaa\cdots aaa$ 有 $n$ 个 $a$），其中 $a$ 和 $n$ 的值由用户输入，例如，当 $a=3$，$n=4$ 时，$s=3+33+333+3333$。

# 第5章 数　　组

在编程过程中，当需要大量的数据类型相同的数据时，使用单个变量变得麻烦，这时就需要用数组。本章介绍 Visual Basic 中数组的基本概念和使用方法，主要内容包括数组的概念、数组的定义及应用、控件数组的概念及应用。

## 5.1 数组的概念

在实际应用中，经常需要处理相同类型的数据。例如，为了存储 40 个学生的成绩，可以用 score(1),score(2),…,score(40)分别表示每个学生的成绩，其中 score(1)表示第一个学生的成绩，score(2)表示第二个学生的成绩……在 Visual Basic 中，把一组相互关系密切的数据存放在一起并用一个统一的名字作为标识，这就是数组。

此外，还可以将控件保存为控件数组。例如，窗体中有 7 个标签(Label)控件构成控件数组，分别显示一个星期的 7 天，Label1(0). Caption = “星期日”、Label1(1). Caption = “星期一”、Label1(1). Caption = “星期二” 等。

数组中的每个元素都可以作为普通变量用于表达式中。每一个数组必须用一个名字标识，这个名字即数组名。数组名的命名规则与简单变量的命名规则相同，即以字母开头，由字母、数字和下划线组成的字符串，例如 A，A1，b2，score 等。数组名代表的是一组变量，而不是一个变量。

## 5.2 一 维 数 组

在数组中，若数组元素只有一个下标，则称该数组为一维数组。利用本节所讲内容可以实现对学生成绩进行求平均值、最大值、最小值、排序、查找等运算，例如：求 10 个学生一门课程的平均成绩，界面如图 5 - 1 所示。

### 5.2.1 一维数组的定义

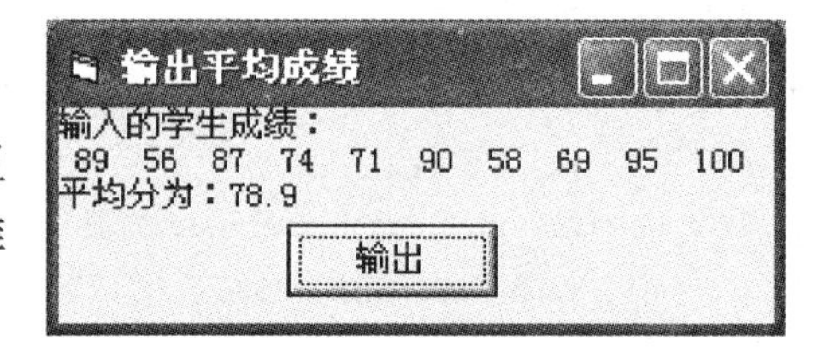

图 5 - 1　求平均成绩界面

在 Visual Basic 中数组应先定义后使用，定义数组时指明数组的数据类型及上下界。若要定义一个一维数组，存放 40 个学生成绩，可以使用下面方法：

Dim score(40) as Integer

该语句定义一个具有 41 个元素的数组，其中数组名为 score，类型为 Integer(整型)，数组的下界默认为 0，上界为 40。通常，用 score(1)存放第一个学生的成绩，……依次类推。

定义一维数组的一般形式为：

Dim　数组名(下标)[As　数据类型]

**说明：**

① 在同一个过程中，数组名不能与普通变量同名。例如：

```
Private Sub Form_Click()
    Dim score(5)As Integer
    Dim score
    score = 8
    score(2) = 90
    Print score,score(2)
End Sub
```

以上程序执行后，单击窗体，将显示一个错误信息框，如图 5-2 所示。

图 5-2 错误信息框

② 在定义数组时，数组下标必须是常量或常量表达式。

③ 一维数组元素个数为：上界 - 下界 + 1。

**例如：** Dim a(9)As Integer '从 a(0)到 a(9)共 10 个元素

定义一维数组时下标还有另一种形式，即："a(下界 To 上界)"。例如：

```
Dim a(1 to 9)As Integer          '从 a(1)到 a(9)共 9 个元素
Dim a(-1 to 5)As Integer         '从 a(-1)到 a(5)共 7 个元素
Dim a(-1.5 to 5)As Integer       '从 a(-2)到 a(5)共 8 个元素
```

④ "As 数组类型" 用于说明数组的数据类型，若缺省则默认为变体型数组。

**例如：** Dim b(1 to 10) '定义 b 是一个变体型数组，从 b(1)到 b(10)共 10 个元素

此外，一维数组还可用如下方法定义：

```
Dim a%(9)        '从 a(0)到 a(9)共 10 个 Integer(整型)元素
```

⑤ 也可使用 Private、Public 代替 Dim 定义一维数组。

### 5.2.2 Option Base 语句

当定义数组时下标省略，则表示下标从 0 开始。如果希望数组下标从 1 开始，可以使用 Option Base 语句声明数组下标的默认下界。

语法：

Option Base 0 | 1

**说明：**

① Option Base 语句只能放在代码编辑器窗口的"通用"部分或标准模块中数组定义之前，表示之后的所有数组的下标默认下界。

② 可以定义数组的默认下界为 0 或 1。例如，在"通用"部分中使用 Option Base 语句：

```
Option Base 1                    '将数组的下标默认设为 1
Private Sub Command1_Click()
    Dim a(5)As Integer           '从 a(1)到 a(5)共 5 个元素
    Dim b(2 To 5)As Integer      '从 b(2)到 b(5)共 4 个元素
```

```
    ……
End Sub
```

### 5.2.3 一维数组的引用

数组的引用通常是对数组元素的引用，数组元素的引用与普通变量的引用相似。一维数组元素的表示形式为：数组名(下标)

**例如：**

```
Dim a(5)As Integer        '定义数组a
a(2) =30                  '数组元素的引用
```

**说明：**

① 引用数组元素时，数组名、数组类型与数组定义一致。

② 引用数组元素时，下标值应在数组定义的范围之内，否则会出现“下标越界”的错误。

③ a(1)表示一个数组元素，而a1表示一个普通变量。

【任务5-1】随机产生20个整数，存入一维数组中，按4行5列的形式输出。

设计程序界面，命令按钮单击事件代码如下。

```
Private Sub Command1 _ Click( )
    Dim a(20)As Integer
    Randomize
    For i =1 To 20
      a(i) = Int(10 + Rnd * 90)
    Next i
    For i =1 To 20
      Print a(i);
      If i Mod 5 =0 Then
        Print
      End If
    Next i
End Sub
```

执行程序，输出结果如图5-3所示。在执行此程序时，由于数据是随机产生的，每执行一次输出结果也不同。利用数组进行编程时，通常与循环语句一起使用。

【任务5-2】将任意输入的10个整数按逆序输出，输出结果如图5-4所示。

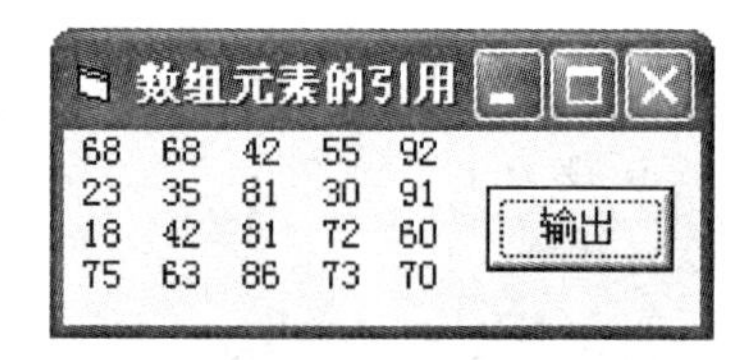


图5-3 【任务5-1】输出结果

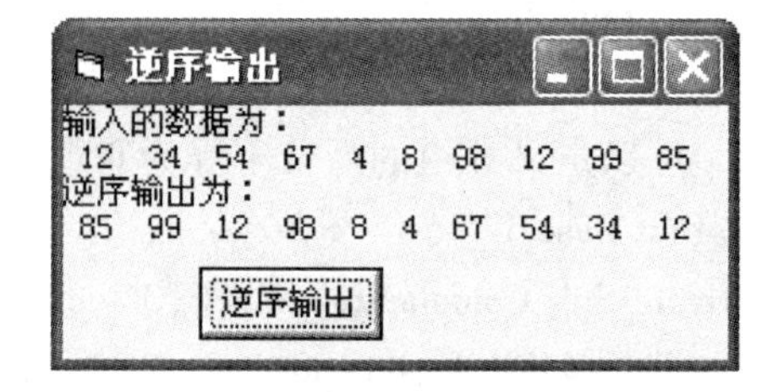


图5-4 【任务5-2】输出结果

```
Private Sub Command1 _ Click( )
  Dim a(10)As Integer,i As Integer
  Print"输入的数据为:"
  For i=1 To 10
      a(i) =Val(InputBox("请输入第"& i &"个整型数"))
      Print a(i);
  Next i
  Print
  Print"逆序输出为:"
  For i=10 To 1 Step -1
      Print a(i);
  Next i
End Sub
```

【任务 5-3】随机产生 10 个整数，输出其中最大值、最小值。

(1) 任务分析

① 利用 Rnd 函数产生 10 个随机整数，并保存到一维数组中。

② 可定义两个变量 max、min，分别用于存储最大、最小值。首先将第 1 个数分别赋值给变量 max、min，然后使第 2、第 3…第 10 个数依次与变量 max、min 相比较，如果大于 max，则将该数重新赋值给 max，如果小于 min，则将该数重新赋值给 min。

(2) 代码设计

```
Private Sub Command1 _ Click( )
      Dim min% ,max% ,i% ,a(10) As Integer
      Randomize
      For i=1 To 10
          a(i) =Int(Rnd * 100) + 1          '产生[1,100]内的随机整数
      Next i
      Print "产生的随机数为"
      For i=1 To 10
        Print a(i),
      Next i
      Print
      min=a(1):max=a(1)
      For i=2 To 10
        If a(i) > max Then max=a(i)
        If a(i) < min Then min=a(i)
      Next i
      Print "最大值为"
      Print max
```

```
        Print "最小值为"
        Print min
End Sub
```

【任务5-4】从键盘上输入6个学生的考试成绩，输出平均成绩、高于平均成绩的分数以及高于平均成绩的人数。界面设计如图5-5所示。

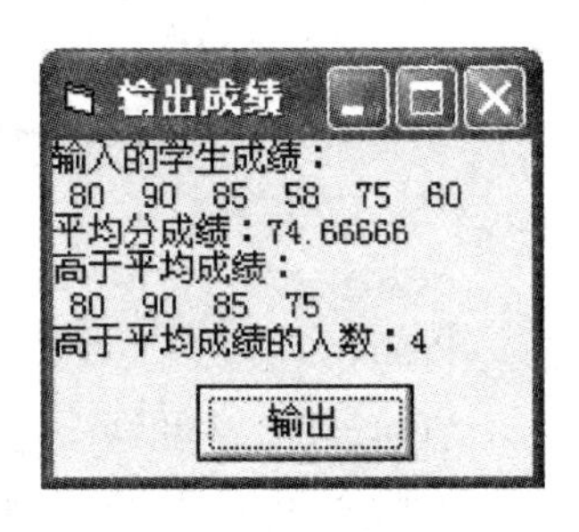


图5-5 【任务5-4】运行结果

(1) 任务分析

该问题可分三部分处理：一是输入6个人的成绩；二是求平均成绩；三是把这6个分数逐一与平均成绩进行比较，若高于平均成绩则输出，同时计数器count加1。

(2) 代码设计

```
Private Sub Command1_Click()
  Dim score!(6), aver!, i%, count%
  aver = 0
  count = 0
  Print "输入的学生成绩："
  For i = 1 To 6
      score(i) = Val(InputBox("请输入成绩","学生成绩"))
      Print score(i);
      aver = aver + score(i)
  Next i
  aver = aver/6
  Print
  Print "平均分成绩:" & aver
  Print "高于平均成绩:"
  For i = 1 To 6
    If score(i) > aver Then
        Print score(i);
        count = count + 1
    End If
  Next i
  Print
  Print "高于平均成绩的人数:" & count
End Sub
```

在Visual Basic中，可以使用赋值语句或Array函数给数组赋值。使用Array函数可以把数据集一次性赋值给一个Variant型一维数组。使用Array函数的一般形式为：

数组名 = Array(数据列表)

**例如：** Dim b

```
b = Array(3,6,2,8,9)
```

使用 Array 函数给数组赋初值时，只定义数组名即可，数组类型为 Variant(变体)型。

【任务 5-5】利用 Array 函数为数组 t(7)的 8 个元素赋值为“1，2，3，4，5，6，7，8”，并用 Print 语句显示在窗体上，如图 5-6 所示。

图 5-6 【任务 5-5】运行结果

```
Private Sub Command1 _ Click()
  Dim t
  t = Array(1,2,3,4,5,6,7,8)
  For i = 0 To 7
    Print t(i);
  Next i
End Sub
```

## 5.3 二 维 数 组

有 30 个学生，每个学生有 3 门课程的考试成绩，对于这样有若干行列组成的二维表，如何来存储这些数据呢？Visual Basic 中提供了二维数组来解决这些问题。可以用两个下标的数组来表示，如第 $i$ 个学生第 $j$ 门课的成绩可以用 score(i,j)表示。其中 $i$ 表示学生，称为行下标($i=1,2,\cdots,30$)；$j$ 表示课程，称为列下标($j=1,2,3$)。有两个下标的数组称为二维数组。利用本节所讲内容可以实现多名学生多门课程成绩的输入、输出与相关计算等问题。如：输出 4 名学生，3 门课程的成绩以及每名学生的平均分，输出界面如图 5-7 所示。

学生成绩

成绩表

| 学号 | 数学 | 语文 | 英语 | 平均分 |
|---|---|---|---|---|
| 1 | 80 | 80 | 75 | 78.33 |
| 2 | 90 | 75 | 68 | 77.67 |
| 3 | 98 | 75 | 90 | 87.67 |
| 4 | 98 | 75 | 65 | 79.33 |

图 5-7 学生成绩输出

### 5.3.1 二维数组的定义

若要定义一个二维数组，存放 4 名学生 3 门课程成绩，可以使用如下语句。

```
Dim score(3,2) As Integer
```

该语句定义一个二维数组，数组名为 score，类型为 Integer(整型)，该数组有 4 行 3 列，具有 4×3 个元素。

定义二维数组的一般形式为：

Dim 数组名(下标 1,下标 2)[As 数据类型]

**例如：** Dim T(2,2) As Integer

该语句定义了一个二维数组，数组名为 T，数据类型为 Integer，该数组有 3 行 3 列，占据 9(3 × 3)个整型变量的空间，存储示意图如图 5－8 所示。

|  | 第0列 | 第1列 | 第2列 |
|---|---|---|---|
| 第0行 | T(0,0) | T(0,1) | T(0,2) |
| 第1行 | T(1,0) | T(1,1) | T(1,2) |
| 第2行 | T(2,0) | T(2,1) | T(2,2) |

图 5－8 二维数组存储示意图

二维数组在计算机内存中与一维数组一样，占有连续的存储单元，存放顺序是按行排列，数组 T 在内存中的存储形式如图 5－9 所示。

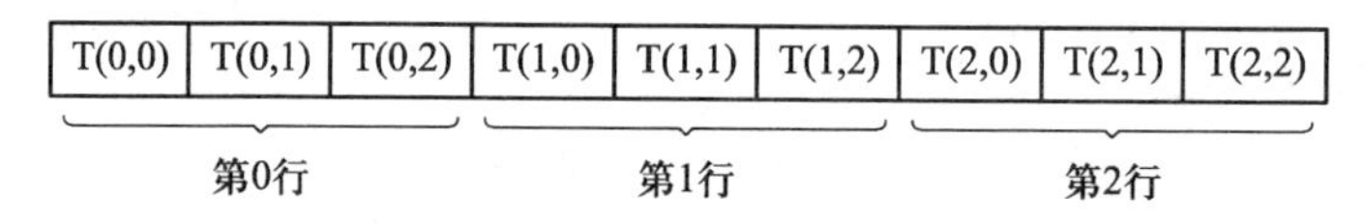


图 5－9 二维数组存放方式

定义二维数组时，下标还可表示为：

“a(下界 1 To 上界 1,下界 2 To 上界 2)”。

Dim score(1 to 4,1 to 3) As Integer '定义 4 行 3 列的二维数组

此外，二维数组还可用如下方法定义。

Dim m% (2,2) '定义 3 行 3 列的整型二维数组

### 5.3.2 二维数组的引用

二维数组的引用和一维数组基本相同。

如，定义一个二维数组 a(2,3)，为二维数组的元素赋初值，可以使用如下程序段完成。

```
Dim i% , j %
For i = 0 to 2
  For j = 0 to 3
      a(i,j) = i + j          '给数组赋值
  Next j
Next i
```

二维数组的引用的一般格式为：数组名(下标 1,下标 2)。

**说明：**

① 下标 1、下标 2 可以是常量、变量或表达式。

② 下标 1、下标 2 取值范围不能超过数组定义(声名)的上、下界。

③ 如需下界默认为 1，可以通过语句 Option Base 1 来设置。

对二维数组进行赋值或输出时，可以对二维数组每个元素单独引用，或者采用循环引用。一般二维数组的引用采用二重循环实现，外循环对应于行的变化，内循环对应于列的变化。

【任务 5－6】利用二维数组输出如图 5－10 所示的数字方阵。

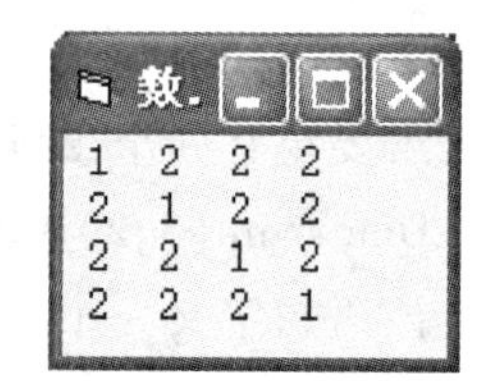


图 5－10 【任务 5－6】运行结果

```
Option Base 1
Private Sub Form _ Click( )
```

```
    Dim a(4,4)As Integer
    Dim i As Integer,j As Integer
    For i =1 To 4
      For j =1 To 4
        If i =j Then
          a(i,j) =1
        Else
          a(i,j) =2
        End If
      Next j
    Next i
    For i =1 To 4
      For j =1 To 4
        Print a(i,j);
      Next j
      Print                     '换行
    Next i
End Sub
```

【任务 5-7】输入 4 名学生的数学、语文、外语 3 门成绩，并计算出每名学生的平均成绩。

(1) 任务分析

利用双重循环(外循环用来控制数组行下标,内循环用来控制数组列下标)将 4 名学生各科的考试成绩分别存入二维数组中，在内循环中输入成绩的同时计算每一行的总成绩，内循环结束后，计算出该行的平均成绩。

(2) 代码设计

```
Option Base 1
Private Sub Form_Click()
    Dim score(1 To 4,1 To 3)As Single,aver As Single
    Dim i As Integer,j As Integer
    Print Tab(25);"成绩表"
    Print
    Print Tab(5);"学号";Tab(15);"数学";Tab(25);
    Print "语文";Tab(35);"英语";Tab(45);"平均分"
    Print
    For i =1 To 4
      aver =0
      For j =1 To 3
        score(i,j) = InputBox("请输入学生成绩:")
        aver = aver + score(i,j)
```

```
        Next j
        aver = aver/3
        Print Tab(5);i;Tab(15);score(i,1);Tab(25);
        Print score(i,2);Tab(35);score(i,3);Tab(45);Format(aver,"##.##")
        Print
    Next i
End Sub
```

## 5.4 动 态 数 组

在定义数组时，用数值型常量定义数组的下标及下标的上、下界，在应用程序运行期间，数组一直占据相应的内存区域，这样的数组称为静态数组。在实际应用中，有时无法确定数组的大小，需要在程序运行时才能确定。如果定义的数组太大会造成内存空间的浪费，为了解决这样的问题，Visual Basic 提供了动态数组的应用。

动态数组提供了一种灵活有效的内存管理机制，在程序运行期间根据用户的需要改变数组的大小。利用动态数组可以实现任意多个字符构成的字符串数据的输入与输出，图5-11给出了不同长度字符串的输出。

图5-11 字符串数据的输入与输出

在窗体的 Click 事件中定义一个动态数组 M

```
Private Sub Form_Click()
    Dim M()  As Integer                '定义动态数组 M
    ……
    ReDim  M(19,29)  As Integer        '在过程中给数组 M 分配空间
    ……
End Sub
```

定义动态数组，步骤如下。

① 定义一个没有下标参数的数组。

Dim 数组名()[As 数据类型]

② 用 ReDim 语句分配实际的元素个数，为①中定义的数组分配内存。

ReDim[Preserve]数组名(下标1[,下标2,…])[As 数据类型]

在①中虽然定义了一个数组，但系统并未为其分配内存空间，②中为动态数组分配存储空间，即指明数组下标的上限。

**说明：**

① ReDim 语句只能出现在过程中，是一个可执行语句。

② 可以使用 ReDim 语句多次改变数组的大小和维数，但不能改变数组的数据类型。

例如，下面动态数组的定义方法是正确的。

```
Dim dArray1() As Integer               '定义一个动态数组
```

```
ReDim dArray1(10)As Integer           '使用时重新定义数组的大小
……
ReDim dArray1(20,20)As Integer        '再次使用时又重新定义数组的大小
```

下面的定义方法是错误的。

```
Dim dArray1()As Integer               '定义一个动态数组
ReDim dArray1(10)As Integer           '使用时重新定义数组的大小
ReDim dArray1(10)As String            '再次定义数组时不能改变数组的类型
```

③ 定义动态数组时并不指定数组下标的大小，数组下标的大小由 ReDim 语句指定，每次使用 ReDim 语句都会使原来数组中的数据丢失。

④ Preserve 是可选参数，保留字。当改变数组大小时，使用此保留字可以保存数组中原来的数据。

【任务 5 - 8】利用输入对话框，输入任意多个字符串数据，并且将其存放在数组中，用空串结束输入，最后将输入的所有字符串显示在文本框中。窗体运行结果如图 5 - 12(a)所示，运行时输入对话框如图 5 - 12(b)所示。

(a) 窗体运行结果

(b) 运行对话框

图 5 - 12

(1) 任务分析

定义一个动态数组 str 和一个整型变量 max 用于存放当前动态数组大小。文本框的 MultiLine 属性设为 True，ScrollBars 属性设为 3 - Both。

(2) 代码设计

```
Private Sub Command1 _ Click()
  Dim str()As String
  Dim tem As String
  Dim s As String
  Dim max As Integer
  max = -1
  Do
    tem = InputBox("请输入字符串")       '当输入空格时，循环结束
    If Trim(tem) ="" Then
      Exit Do
```

```
        End If
        max = max + 1
        ReDim Preserve str(max) As String    '重新分配空间,并保留数组原有数据
        str(max) = tem
    Loop
    s = ""
    For i = 0 To max
        s = s + str(i) + Chr(13) + Chr(10)
    Next i
    Text1.Text = s
End Sub
```

## 5.5 控件数组

在应用程序中常用到多个类型相同且功能类似的控件，可将这些控件视为一个数组，即“控件数组”。利用本节所讲内容，随机产生10个3位整数放入文本框控件数组中，实现奇数在先偶数在后重排后放入另一文本框控件数组中，设计界面如图5-13所示。

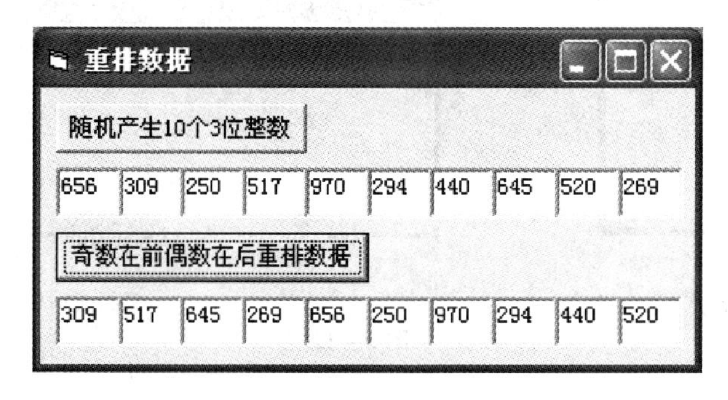


图5-13 重排数据

### 5.5.1 控件数组的概念

控件数组与普通数组类似，但它又具有如下特点。

① 控件名称(Name)相同。

② 用下标索引值(Index)标识各个控件，如Text1(0),Text1(1)……

一个控件数组至少有一个元素，元素数目可在系统资源和内存允许的范围内增加，控件数组的多少取决于每个控件所需的内存和Windows资源，在控件数组中可用到的最大索引值为32767。

### 5.5.2 建立控件数组的方法

控件数组是针对控件建立的，可以通过下面两种方法建立控件数组。

**1. 利用为控件数组命名方法建立控件数组**

① 在窗体上添加多个同一类型的控件。

② 选定要包含到数组中的某个控件。

③ 在属性窗口选择 Name 属性并输入控件名称。

④ 对每个要加到数组中的控件重复第②、③步，输入与第③步相同的名称。

当对第二个控件输入与第一个控件相同的名称后，将显示如图 5-14 所示的对话框，询问是否要建立控件数组，单击"是"按钮将建立控件数组，单击"否"按钮将放弃建立控件数组。

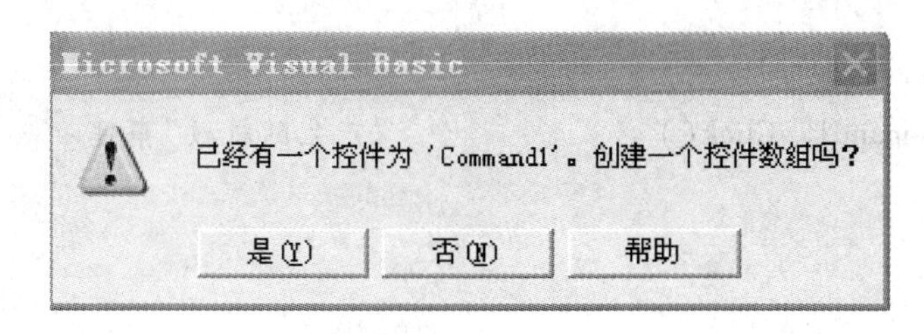


图 5-14 建立控件数组

**2. 复制控件建立控件数组**

① 在窗体添加一个控件，并选定该控件。

② 执行"编辑"菜单中的"复制"命令，或单击工具栏中的"复制"按钮，将控件放入剪贴板中。

③ 执行"编辑"菜单中的"粘贴"命令，或单击工具栏中的"粘贴"按钮，将显示如图 5-13 所示的对话框。

④ 单击对话框中的"是"按钮，窗体左上角将出现控件数组的第二个元素。

⑤ 继续执行"编辑"菜单中的"粘贴"命令，建立控件数组的其他元素。

控件数组建立后，改变一个控件的"名称"属性，并将 Index 属性置为空(不是 0)，则该控件从控件数组中删除。控件数组中所有控件触发同一事件过程，由事件过程根据不同的 Index 值执行相应的操作。

【任务 5-9】建立 2 个具有 10 个文本框的控件数组 Text1、Text2，随机产生 10 个 3 位整数放入控件数组 Text1 中，重新排列这 10 个数，将其中的数据奇数在前偶数在后，重排后放入 Text2 中。界面设计如图 5-12 所示。

任务分析：利用 Rnd 函数随机产生 10 个 3 位整数，保存到 Text1 控件数组中。根据随机产生的奇偶数重排数据，重排后数据在 Text2 控件数组中显示。

(1) 界面设计

窗体上设计有 10 文本框控件数组元素，2 个命令按钮。各控件的属性设置见表 5-1。

**表 5-1 任务 5-9 各控件属性设置**

| 控件名 | Name 属性 | 其他属性 | 属性值 |
| --- | --- | --- | --- |
| 文本框 | Text1(0) ~ Text1(9) | Text | 空 |
| | Text2(0) ~ Text2(9) | Text | 空 |
| | | Locked | True |

续表

| 控件名 | Name 属性 | 其他属性 | 属性值 |
|---|---|---|---|
| 命令按钮 | Command1 | Caption | 随机产生10个3位整数 |
| | Command2 | Caption | 奇数在前偶数在后重排数据 |

(2) 代码设计

```
Dim n As Integer
Private Sub Command1_Click()                    '"产生随机数"事件
  Dim i%
  Randomize
  n = 0
  For i = 0 To 9
    Text1(i).Text = Int(100 + Rnd * 900)        '产生10个3位数
    If Text1(i).Text Mod 2 < > 0 Then
      n = n + 1                                 '统计奇数个数
    End If
  Next i
End Sub
Private Sub Command2_Click()                    '"重排数据"事件
  Dim i% ,j% ,k%
  i = 0:j = n
  For k = 0 To 9                                '将奇数放在前面
    If Text1(k).Text Mod 2 < > 0 Then
      Text2(i).Text = Text1(k).Text
      i = i + 1
    Else
      Text2(j).Text = Text1(k).Text
      j = j + 1
    End If
  Next k
End Sub
```

## 5.6 综 合 应 用

【应用5-1】从键盘输入6个学生的考试成绩，利用“冒泡排序法”将成绩按由小到大的顺序排序后输出，运行结果如图5-15所示。

(1) “冒泡排序法”设计思想

将6个成绩存放在score数组的6个数组元素中，分别为：score(1)、score(2)、score(3)、score (4)、score(5)、score(6)。

第1轮：将score(1)与score(2)比较，若score(1) > score(2)，则将score(1)、score(2)的值互换，否则，不作交换，这样处理使score(2)一定是score(1)、score(2)中的较大者。

依次将score(2)与score(3)比较、score(3)与score(4)比较、score(4)与score(5)比较、score(5)与score(6)比较，并且做出相应的处理。最后，6个成绩中的最大者放入了score(6)中。第1轮相邻两个数的交换过程如图5－16所示。

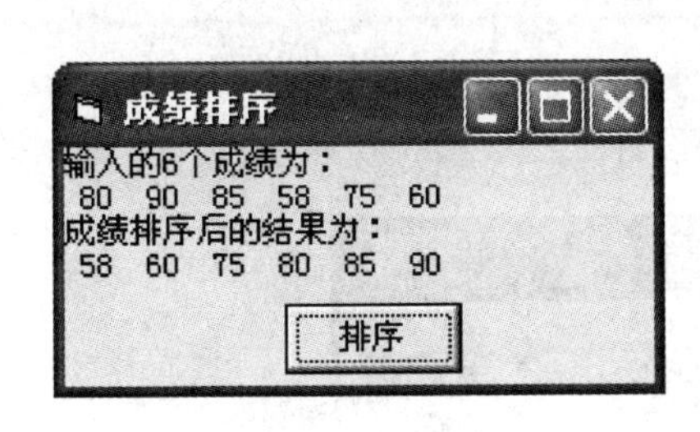


图5－15 【应用5－1】

| 数组元素 | | 不交换 | 交换 | 交换 | 交换 | 交换 |
|---|---|---|---|---|---|---|
| score(1) | 80 | **80** | 80 | 80 | 80 | 80 |
| score(2) | 90 | **90** | **85** | 85 | 85 | 85 |
| score(3) | 85 | 85 | **90** | **58** | 58 | 58 |
| score(4) | 58 | 58 | 58 | **90** | **75** | 75 |
| score(5) | 75 | 75 | 75 | 75 | **90** | **60** |
| score(6) | 60 | 60 | 60 | 60 | 60 | **90** |

图5－16 第1轮交换过程

第2轮：将score(1)与score(2)、……、score(4)与score(5))比较，并依次作出同第1轮的处理，使第1轮余下的5个数中的最大者放入score(5)中，即score (5)是6个成绩中第二大的数。

依次类推

……

直到第5轮后，余下的score(1)是6个成绩中的最小者。6个成绩已由小到大顺序存放在score(1)～score(6)中。

(2) 代码设计

```
Option Base 1
Private Sub Command1_Click()
  Dim t% ,i% ,j% ,score% (6)
  For i = 1 To 6
    score(i) = Val(InputBox("请输入第" & i & "个学生成绩"))
  Next i
  Print "输入的 6 个成绩为:"
  For i = 1 To 6
    Print score(i);
  Next i
  Print
For i = 1 To 5
    For j = 1 To 6 - i
      If score(j) > score(j + 1) Then
        t = score(j)
        score(j) = score(j + 1)
```

```
            score(j+1)=t
          End If
        Next j
      Next i
      Print "成绩排序后的结果为:"
      For i=1 To 6
        Print score(i);
      Next i
    End Sub
```

【应用5-2】输入学生准考证号，查找考试教室，界面设计如图5-17所示。

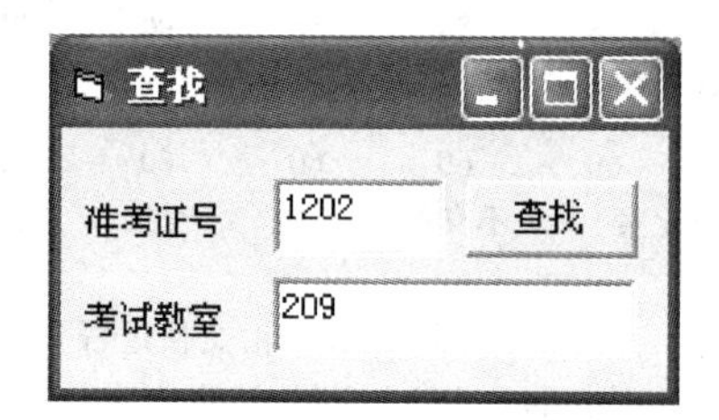


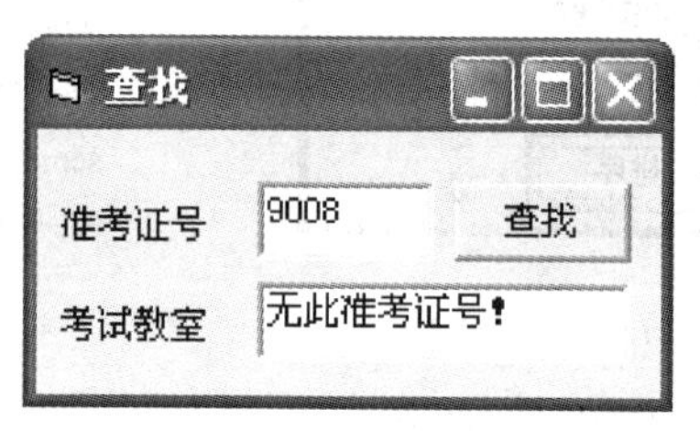


图5-17　查找考试教室窗体

任务分析：定义一个二维数组，存放考号的范围以及考试教室。顺序查找，如果输入的准考证号在考号范围，则显示考试教室，否则，则显示“无此准考证号!”。

(1) 界面设计

界面设计：窗体上添加2个标签，用于显示提示信息，一个文本框用于输入准考证号，另一个用于显示考试教室及相关提示信息。执行后，单击“查找”按钮，则显示相关查找信息。各控件的属性设置见表5-2。

**表5-2　应用5-2各控件属性设置**

| 控件名 | Name属性 | 其他属性 | 属性值 |
|---|---|---|---|
| 标签 | Label1 | Caption | 准考证号 |
| | Label2 | Caption | 考试教室 |
| 文本框 | Text1 | Text | (空) |
| | Text2 | Text | (空) |
| | | Locked | True |
| 命令按钮 | Command1 | Caption | 查找 |
| 窗体 | Form1 | Caption | 查找 |

(2) 代码设计

对各控件的事件编写代码如下:

```
Dim rm(6,3)As Integer
```

```
Private Sub Form_Load()
    Dim i As Integer,j As Integer
    Randomize
    For i = 1 To 6
      For j = 1 To 2
        rm(i,j) = Int(1000 + Rnd * 9000)
      Next j
    Next i
    rm(1,3) = 102
    rm(2,3) = 103
    rm(3,3) = 114
    rm(4,3) = 209
    rm(5,3) = 305
    rm(6,3) = 306
End Sub
Private Sub Command1_Click()
    Dim no As Integer,flag As Integer
    flag = 0                                    '查找标记,0 表示未找到
    no = Val(Text1.Text)
    For i = 1 To 6
        If no >= rm(i,1) And no <= rm(i,2) Then
            Text2.Text = rm(i,3)                '显示教室号码
            flag = 1                            '1 表示找到
            Exit For
        End If
    Next i
    If flag = 0 Then
        Text2.Text = "无此准考证号!"
    End If
    Text1.SetFocus                              '设置焦点
End Sub
```

【应用 5-3】设计“简易计算器”。要求：能进行整数的加、减、乘、除运算，界面设计如图 5-18 所示。

图 5-18 计算器

(1) 界面设计

添加 1 个标签，用于输出计算结果，2 个命令按钮控件数组，其中 1 个控件数组 number 用于输入数字 0-9，另一个控件数组 operater 用于执行 +、-、*、/运算。设置 2 个非控件数组的命令按钮，1 个显示“=”，用于计算结果，另一个显示“Cls”，用于清

除显示结果文本框。各控件的属性设置见表5-3。

表5-3 【应用5-3】各控件属性设置

| 控件名 | Name属性 | 其他属性 | 属性值 |
| --- | --- | --- | --- |
| 标签 | Dataout | Caption | (空) |
| | | BorderStyle | 1 - Fixed Single |
| 命令按钮 | Number(0) ~ Number(9) | Caption | 0、1、2、3、4、5、6、7、8、9 |
| | Operater(0) ~ Operater(0) | Caption | +、-、*、/ |
| | Result | Caption | = |
| | Clear | Caption | Cls |

(2) 代码设计

对各控件的事件编写代码如下:

```
Dim op1 As Byte                          '用来记录前面输入的操作符
Dim ops1 As Integer,ops2 As Integer      '两个操作数
Dim res As Boolean                       '用来表示是否已算出结果
Private Sub Clear _ Click( )
  Dataout. Caption =" "
End Sub
Private Sub Form _ Load( )
  res = False
End Sub
Private Sub Number _ Click(Index As Integer)      '按下数字0-9的事件过程
  If Not res Then
    Dataout. Caption = Dataout. Caption & Index
  Else
    Dataout. Caption = Index
    res = False
  End If
End Sub
Private Sub Operater _ Click(Index As Integer)    '按下操作数+、-、*、/的事件过程
  ops1 = Val(Dataout. Caption)
  op1 = Index                                     '记下对应的操作符
  Dataout. Caption =" "
End Sub
Private Sub Result _ Click( )                     '按下=键的事件过程
  ops2 = Val(Dataout. Caption)
  Select Case op1
```

```
        Case 0
          Dataout.Caption = ops1 + ops2
        Case 1
          Dataout.Caption = ops1 - ops2
        Case 2
          Dataout.Caption = ops1 * ops2
        Case 3
          If ops2 = 0 Then
            Dataout.Caption ="除数不能为 0! "
          Else
            Dataout.Caption = ops1/ops2
          End If
    End Select
    res = True                                    '已计算出结果
End Sub
```

# 习　题

## 一、单项选择题

① 语句 Dim　a(10)as integer 定义的数组元素有________。

A. 8 个　B. 9 个　C. 10 个　D. 11 个

② 语句 Option Base 1

Dim　a(10)as integer 定义的数组元素有________。

A. 8 个　B. 9 个　C. 10 个　D. 11 个

③ 语句 Dim　a(2 to 10)as integer 定义的数组元素有________。

A. 8 个　B. 9 个　C. 10 个　D. 11 个

④ 以下定义数组或给数组元素赋值的语句中，正确的是________。

A. Dim a As variant

　a = Array(1,2,3,4,5)

B. Dim aa(10)as Integer

　a = Array(1,2,3,4,5)

C. Dim a% (10)

　a(1) =" ABCD"

D. Dim a(3), b(3)As Integer

　a(0) =0

　a(1) =1

　a(2) =2

　b = a

## 二、填空题

① 在窗体上添加一个命令按钮(Command1)，编写如下代码。

Option Base 1

```
Private Sub Command1 _ Click( )
    Dim a(4) as Integer
    s = 0
    For i = 1 to 4
      a(i) = val(InputBox("请输入一个整数:"))
    next i
    j = 1
    For i = 4 To 1 Step - 1
    s = s + a(i) * j
    j = j * 10
    Next i
    Print s
End Sub
```

运行以上程序，单击命令按钮，输入1，2，3，4，其输出结果是________。

② 以下程序的功能是：用Array函数建立一个含有8个元素的数组，然后查找并输出该数组中各元素的最小值，请根据程序功能填空。

```
Option Base 1
Private Sub Command1 _ Click( )
    Dim arr1
    Dim Min As Integer,i As Integer
    arr1 = Array(12,435,76, -24,78,54,866,43)
    Min = ________
    For i = 2 To 8
      If arr1(i) < Min Then ________
    Next i
    Print "最小值是:";Min
End Sub
```

③ 用下面的语句定义的数组中各有________个元素。

(1) Dim a(9)　　(2) Dim a(3 to 10)

(3) Dim a(2 to 4, -2 to 2)　　(4) Dim a(2,3,4)

(5) Option Base 1<br>Dim a(4,4)　　(6) Option Base 1<br>Dim a(10)

④ 控件数组的名字由控件的Name属性指定，而数组中的每个元素由________属性指定。

⑤ 下述程序实现建立并输出一个5 * 5的矩阵，该矩阵两条对角线的元素为0，其余元素为5，如图5 - 19所示。

```
Option Base 1
Private Sub Form _ Click( )
  Dim a% (5,5),i%,j%
  For i = 1 To 5
    For j = 1 To 5
      If ________ Then
        a(i,j) = 0
```

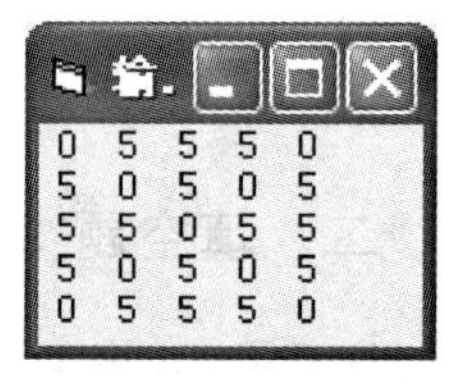


图5 - 19 输出矩阵

```
        Else
          a(i,j) =5
        End If
      Next j
    Next i
    For i =1 To 5
      For j =1 To 5
        Print a(i,j);
      Next j
    ________
    Next i
End Sub
```

⑥ 阅读下面程序，程序运行后，单击窗体，输出结果为________。

```
Option Base 1
Dim arr( ) As Integer
Private Sub form _ Click( )
    Dim i As Integer,j As Integer
    ReDim arr(3,2)
    For i =1 To 3
      For j =1 To 2
        arr(i,j) =i * 2 +j
      Next j
    Next i
    ReDim Preserve arr(3,4)
    For j =3 To 4
      arr(3,j) =j +9
    Next j
    Print arr(3,2) +arr(3,4)
End Sub
```

## 三、综合应用题

① 定义一个包含10个元素的数组，由键盘输入元素的值，要求将前5个元素与后5个元素对换，即第1个元素与第10个元素互换，第2个元素与第9个互换，第3个元素与第8个互换……第5个元素与第6个元素互换。输出数组原来各元素的值和对换后各元素的值，运行界面如图5-20所示。

② 建立并输出一个二维数组，找出该二维数组中每行的最大元素，运行界面如图5-21所示。

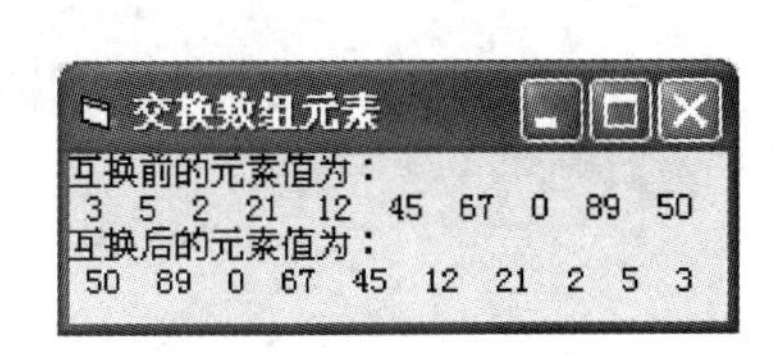


图5-20　交换数组元素运行界面

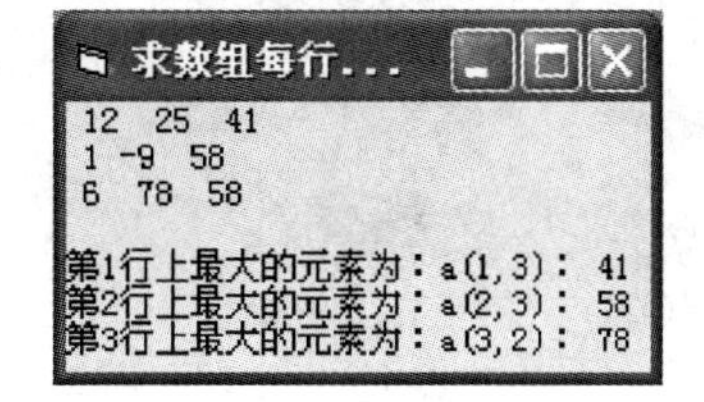


图5-21　二维数组每行最大值

③ 统计两个硬币的投币结果。利用随机函数产生0和1两个整数，其中0代表硬币正面，1代表硬币反面，模拟投币结果，设投币100次，求“两个正面”、“两个反面”、“一正一反”3种情况各出现多少次。

④ 输出如图5-22所示杨辉三角形。

规律如下：

$$f(i,j)=\begin{cases}1 & (j=1)\\ 1 & (i=j)\\ f(i-1,j-1)+f(i-1,j) & (i\geqslant 3,j<i)\end{cases}$$

⑤ 编写程序，定义一个动态数组，由键盘输入行号和列号，找出该数组中每一列绝对值最大和最小的元素及其所在的行号，运行结果如图5-23所示。

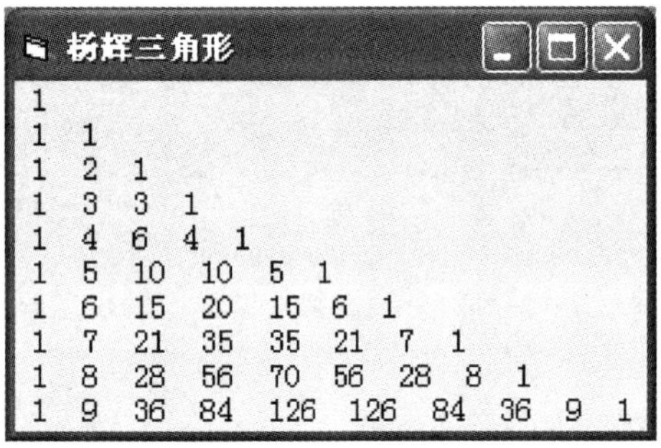

杨辉三角形

```
1
1  1
1  2  1
1  3  3  1
1  4  6  4  1
1  5  10  10  5  1
1  6  15  20  15  6  1
1  7  21  35  35  21  7  1
1  8  28  56  70  56  28  8  1
1  9  36  84  126  126  84  36  9  1
```

图5-22　杨辉三角形

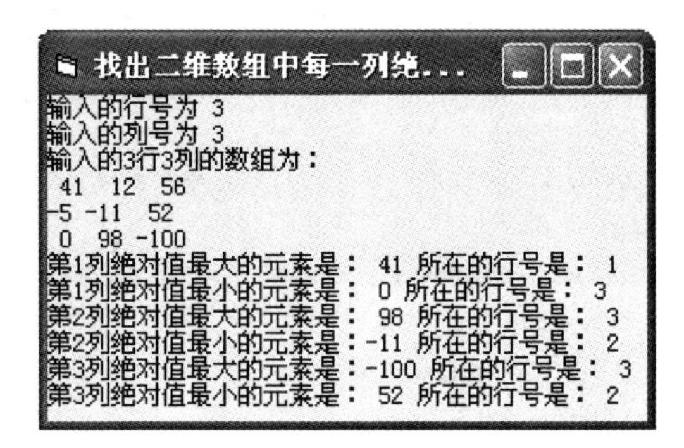


图5-23　运行结果

# 第6章　过　　程

## 6.1　过程概述

使用“过程”是实现结构化程序设计思想的重要方法。结构化程序设计思想的要点之一就是对一个复杂的问题采用“分而治之”的策略，即模块化，将较大的程序划分为若干个模块，每个模块完成一个特定的任务，这样的模块称为“过程”。Visual Basic 中有两类过程。

(1) 由系统提供的事件过程

事件过程是构成 Visual Basic 应用程序的主体，如命令按钮的 Click( )、MouseDown( )事件过程等，事件过程是依附于窗体和控件而存在的。

(2) 用户自定义过程

自定义过程是具有一定功能的独立程序段。在应用程序中如需重复使用的代码段，可以建立一个自定义过程，自定义过程将应用程序单元化，便于程序的维护和管理。

在 Visual Basic 中，根据自定义过程是否有返回值，分为 Sub 过程(子过程)和 Function 过程(函数过程)。

## 6.2　Sub 过程

Visual Basic 的 Sub 过程分为事件过程和子过程两类。事件过程是当触发某个事件时，对该事件响应的程序段，是 Visual Basic 应用程序的主体。多个不同的事件过程可能需要使用同一段程序代码，可将这段代码独立出来，编写为一个共用过程，这种过程称为子过程，子过程独立于事件过程，可供事件过程调用。

### 6.2.1　引例

编写一个程序，完成两个数的交换，窗体设计如图 6－1 所示。

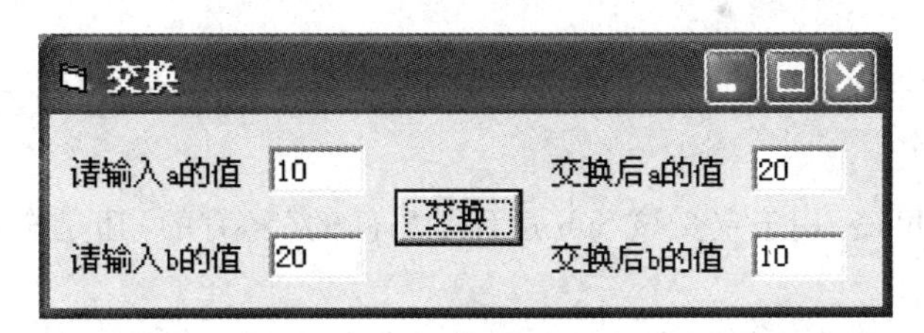


图 6－1　两数交换界面

两数交换子过程 swap( )的定义如下：

```
Public Sub swap( x% ,y% )
```

```
    Dim t As Integer
    t = x
    x = y
    y = t
End Sub
```

主程序调用 swap 子过程的代码如下：

```
Private Sub Command1_Click()
    Dim a As Integer, b As Integer
    a = Val(Text1.Text)
    b = Val(Text2.Text)
    swap a, b
    Text3.Text = a
    Text4.Text = b
End Sub
```

执行程序，在文本框中分别输入 10、20，单击“交换”按钮，则在文本框中显示交换后的内容为 20、10，如图 6－1 所示。

从子过程 swap(x%,y%)的定义可以看到形参 x、y 用于从主程序中获得初值并将交换后的结果返回给主程序，swap()子过程本身没有返回值。

### 6.2.2 定义 Sub 过程

**1. 在“代码”编辑窗口中定义 Sub 过程**

在“代码”编辑窗口中，在“代码”窗口的通用部分直接输入 Sub 过程即可，图 6－2 为代码编辑窗口中的子过程。

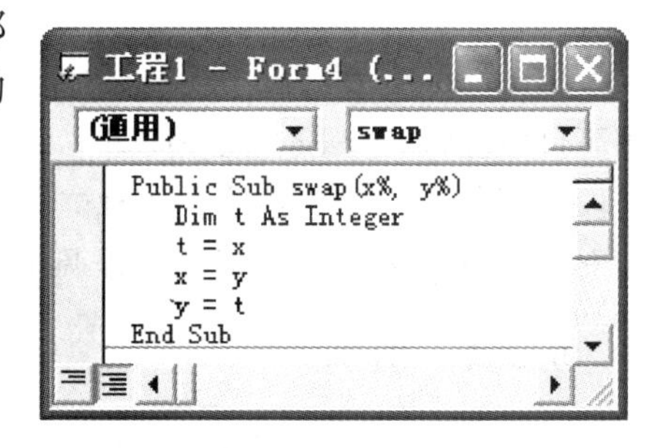


图 6－2 “代码”窗口中的子过程

定义 Sub 过程的一般形式如下：

```
[Private|Public][Static]Sub 过程名([参数列表])
    [局部变量和常量定义(声明)]
    语句块
    [Exit Sub]
    语句块
End Sub
```

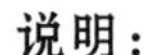
**说明：**

① Private 和 Public：用于定义该 Sub 过程是局部的(私有的)还是全局的(公有的)，系统默认为 Public。

② Static(静态)：表示该过程中的所有局部变量的存储空间只分配一次，且这些变量的值在整个程序运行期间都存在，每次凋用该过程时，局部变量的值一直存在。如果省略 Static，过程每次被调用时重新为其变量分配存储空间，过程结束时释放其变量的存储空间。

③ 过程名：与变量名的命名规则相同，在同一个模块中不能有相同的过程名。

④ 局部变量和常量定义(声明)：用于定义过程中所用的变量和常量。

⑤ Exit Sub 语句：退出 Sub 过程，程序从调用该 Sub 过程语句的下一条语句继续执行。

⑥ 语句块：实现过程功能的语句组，常称为子程序体或过程体。

⑦ 参数列表：可选项，称为形式参数(简称形参)，多个形参之间用逗号隔开，若无形参，则为无参子过程。图 6-2 为有参子过程，图 6-3 为无参子过程。

形参的定义如下：

[ByVal|ByRef]变量名[()][As 数据类型]

其中，ByVal 表示该参数按值传递，ByRef 表示该参数按地址传递，ByRef 是 Visual Basic 的缺省选项。

**2. 使用“添加过程”对话框定义 Sub 过程**

① 打开要添加过程的代码编辑窗口。

② 执行“工具”菜单中的“添加过程”命令，打开“添加过程”对话框，如图 6-4 所示。

图 6-3 无参子过程

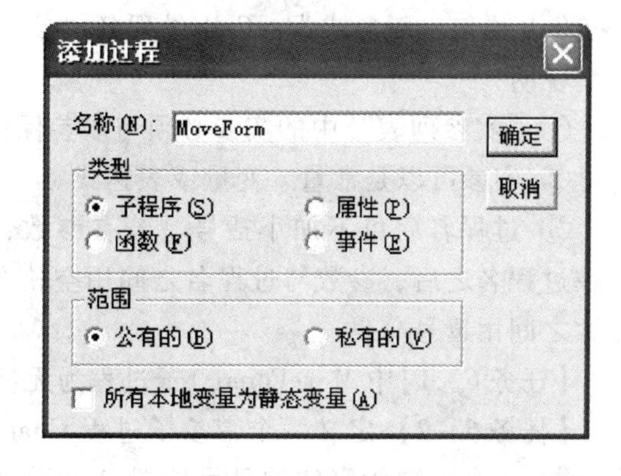


图 6-4 “添加过程”对话框

③ 在“名称”文本框中输入过程名“MoveForm”，在”类型”组中选择过程类型，在“范围”组中选择范围。

④ 单击“确定”按钮完成。代码窗口中会自动出现子过程代码框架，可以输入实现子过程功能的相关代码。

【任务 6-1】利用“添加过程”对话框，建立一个移动窗体子过程，实现将 Form1 窗体移动到屏幕左上角，并将窗体的 Caption 属性设为“将 Fomr1 窗体移动到屏幕左上角”。自定义 Sub 过程中的代码如下：

```
Public Sub MoveForm()
  Form1.Top = 0
  Form1.Left = 0
  Form1.Caption = "将 Fomr1 窗体移动到屏幕左上角"
End Sub
```

在代码窗口中，自定义子过程可以位于事件过程之前，也可以位于事件过程之后。

### 6.2.3 调用 Sub 过程

若要调用【任务 6 - 1】中 MoveForm( )子过程，使 Form1 窗体移动到屏幕左上角，在窗体上添加一个命令按钮，在其单击事件中编写如下两种调用语句实现子过程的调用。

```
Private Sub Command1 _ Click( )
  MoveForm                    '直接使用过程名
End Sub
```

或

```
Private Sub Command1 _ Click( )
  Call  MoveForm              '使用 Call 语句
End Sub
```

调用 Sub 子过程可以直接使用 Sub 过程名或使用 Call 语句。

直接使用 Sub 过程名：过程名[(实参列表)]

Call 语句一般形式为：Call 过程名[(实参列表)]

**说明：**

① “实参列表”中的实参必须与形参保持个数相同，位置与类型一一对应。

② 实参可以是常量、变量或表达式。

③ 过程名后可不加小括号，若有参数，则参数直接跟在过程名之后，参数与过程名之间用空格分隔，参数与参数之间用逗号分隔。

【任务 6 - 1】中 MoveForm( )子过程为无参子过程。

【任务 6 - 2】定义一个带参子过程 ChangeForm，有 3 个参数(2 个参数为窗体的显示位置,1 个为窗体标题栏显示的信息)，通过参数传递改变窗体的显示位置及窗体标题栏的显示信息，界面设计如图 6 - 5 所示。

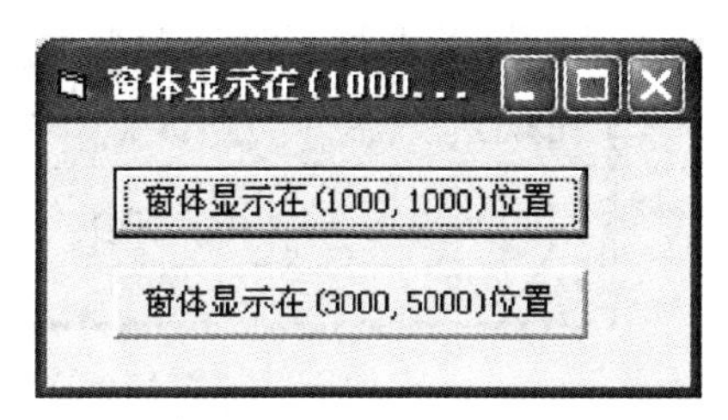


图 6 - 5 【任务 6 - 1】界面设计

子过程定义如下：

```
Public Sub ChangeForm( intTop As Integer,intLeft As Integer,strCaption As String)
  Form1. Top = intTop
  Form1. Left = intLeft
  Form1. Caption = strCaption
End Sub
Private Sub Command1 _ Click( )
  ChangeForm 1000,1000,"窗体显示在(1000,1000)位置"
End Sub
Private Sub Command2 _ Click( )
  Call ChangeForm(3000,5000,"窗体显示在(3000,5000)位置")
End Sub
```

执行程序，单击“窗体显示在(1000,1000)位置”按钮，窗体位置位于(1000,1000)处，单击“窗体显示在(3000,5000)位置”按钮，则窗体位置位于(3000,5000)处。

注意两种调用子过程的使用方法。程序运行后，单击命令按钮 Command1，实参与形参的结合如图 6-6 所示。在 ChangeForm 子过程中有 3 个不同类型的形参 intTop、intLeft 和 strCaption。在子过程调用过程时，3 个实参的值分别传给 3 个形参，3 个形参又分别赋值给窗体的 3 个属性。

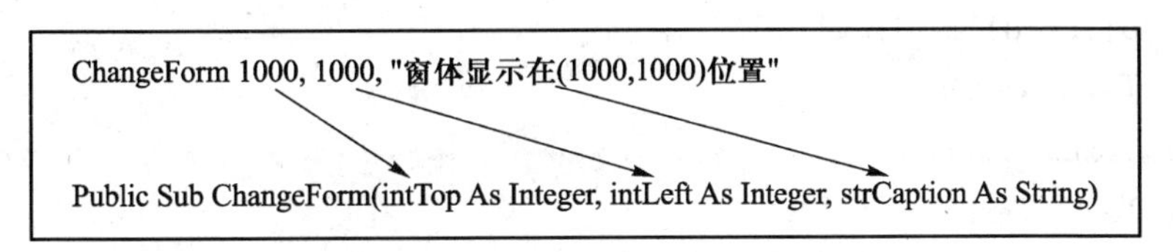


图 6-6　调用子过程时实参与形参的结合

## 6.3　Function 过程

Function 过程又称为“函数”过程。当过程的执行有返回值时，使用函数过程比较简单。Visual Basic 包含了许多内部函数，如 Sqr( )、Cos( )、Chr( )等。编写程序时，只需写出相应函数名并给定参数即可得到函数值。定义 Function 过程，可以像调用内部函数一样来使用 Function 过程，Function 过程所实现的功能可以根据需要编写。

### 6.3.1　引例

编写程序，已知多边形的边长，计算多边形的面积。

分析：图 6-7 是一多边形，根据所学知识，可将多边形分解为若干个三角形，若干个三角形的面积求和即可得到多边形的面积，界面设计如图 6-8 所示。

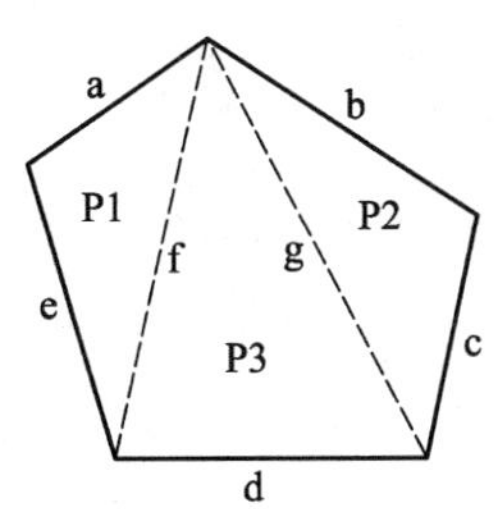

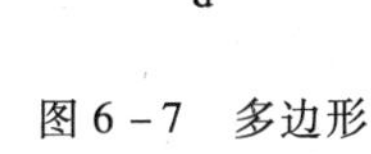


图 6-7　多边形

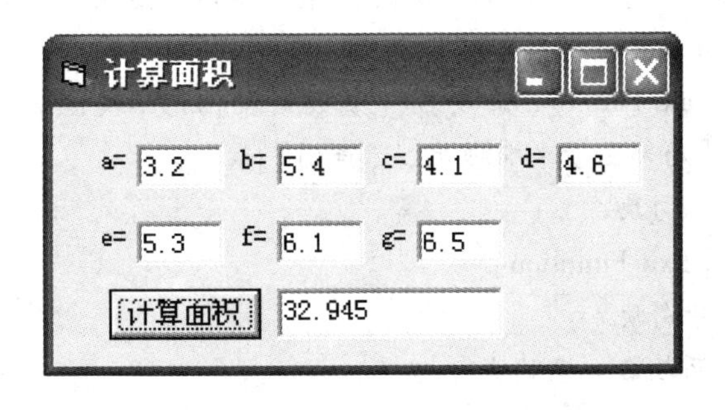


图 6-8　计算多边形面积设计界面

根据三边求三角形面积可使用如下公式。

$$s=\frac{1}{x+y+z}\text{（其中 s 为半周长,x,y,z 为三角形的三边长）}$$

$$area=\sqrt{s(s-x)(s-y)(s-z)}$$

计算三角形面积的函数过程 area( )的定义如下：

```
Public Function area(x As Single,y As Single,z As Single)As Single
  Dim s As Single
```

```
    s = (1/2) * (x + y + z)
    area = Sqr(s * (s - x) * (s - y) * (s - z))
End Function
```

在命令按钮单击事件过程中调用 area( )函数过程计算多边形面积的代码如下:

```
Private Sub Command1 _ Click( )
    Dim a!,b!,c!,d!,e!,f!,g!
    a = Val(Text1. Text)
    b = Val(Text2. Text)
    c = Val(Text3. Text)
    d = Val(Text4. Text)
    e = Val(Text5. Text)
    f = Val(Text6. Text)
    g = Val(Text7. Text)
    p1 = area(a,e,f)
    p2 = area(b,c,g)
    p3 = area(d,f,g)
    Text8. Text = p1 + p2 + p3
End Sub
```

自定义函数过程可以像普通的函数一样进行调用。

### 6.3.2 定义 Function 过程

Function 过程与子过程的主要区别在于 Function 过程有返回值，而子过程没有返回值。定义 Function 过程可以在“代码”编辑窗口中定义或使用“添加过程”对话框定义。

Function 过程的一般形式如下:

```
Private Function 函数名([参数列表])[As 类型]
    [局部变量和常量定义(声明)]
    语句块
    [Exit Function]
    语句块
    函数名 = 表达式
End Function
```

**说明:**

① 函数名: 即 Function 过程的名字。

②“As 类型”是指 Function 过程返回值的类型，如果没有“As 类型”，缺省的数据类型为 Variant。

③ 表达式: 其值即是函数返回的结果。利用赋值语句给“函数名”赋值，该值就是 Function 过程的返回值。

④ 无论函数是否有参数，函数名后的括号都不能省略。

⑤ 可用 Public 和 Static 来代替 Private。

**例如：** 定义一个求任意数绝对值的 Function 过程。

```
Public Function MyAbs(n As Double) As Double        '返回值类型为 Double
  If n > =0 Then
      MyAbs = n                                      '非负数时,返回其本身
  Else
      MyAbs = -n                                     '为负数时,返回相反数
  End If
End Function
```

### 6.3.3 调用 Function 过程

调用 Function 过程可以由函数名返回一个值给调用程序，被调用的函数过程可以作为一个表达式或表达式的一部分，用法与普通的函数一样。调用 Function 过程的最简单形式为：

变量名 = 函数过程名[(参数列表)]

**例如：** 调用上述求任意数绝对值的 Function 过程 MyAbs，设计界面如图 6－9 所示。

```
Private Sub Command1_Click()
  Dim x As Double
  x = Val(Text1.Text)
  Text2.Text = MyAbs(x)
End Sub
```

【任务 6－3】 自定义一个函数过程 RepStr(s,olds,news)，实现利用 news 子字符串替换在 s 字符串中出现的 olds 子字符串。界面设计如图 6－10 所示。

图 6－9　求任意数绝对值设计界面

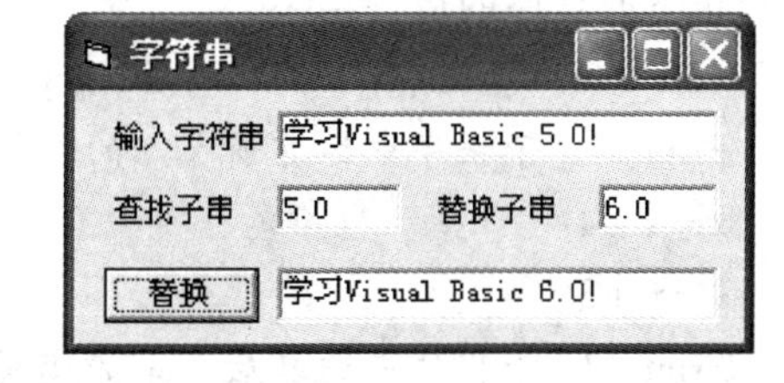


图 6－10　【任务 6－3】设计界面

① 自定义一个函数过程 RepStr()代码如下：

```
Public Function RepStr(s$,olds$,news$) As String
  lens = Len(old)
  k = InStr(s,old)
  Do While k > 0
    s = Left(s,k - 1) + news + Mid(s,k + lens)
    k = InStr(s,old)
Loop
  RepStr = s
```

```
End Function
```

② 调用函数过程 RepStr( )代码如下：

```
Private Sub Command1_Click()
  Dim ts As String
  ts = RepStr(Text1.Text,Text2.Text,Text3.Text)
  Text4.Text = ts
End Sub
```

执行程序，实参与形参的结合如图 6－11 所示。当执行完 RepStr( )函数时，函数名 RepStr 将返回值返回主调过程，将函数值赋值给变量 ts，并显示在 Text4 文本框中。

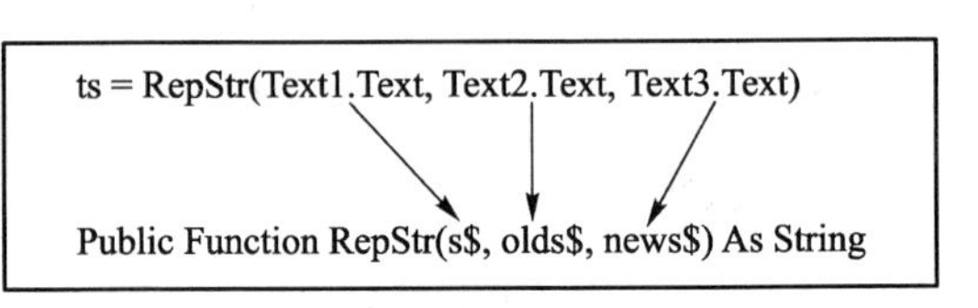


图 6－11 调用函数过程时实参与形参的结合

## 6.4 参数传递

程序在调用过程时，往往需要把“实参”传递给被调用过程的“形参”，过程结束后程序返回到调用处继续执行。参数传递的方式包括按值传递和按地址传递。

### 6.4.1 按值传递参数

如果在定义过程时，形式参数前加上关键字“ByVal”，则规定了在调用过程时，该参数是按值传递。

按值传递参数时，系统将实参的值复制给形参，实参与形参使用不同的内存单元，被调用过程对形参的操作不会影响到实参。

分析下面程序的运行结果。

```
Private Sub MySub(ByVal x As Integer,ByVal y As Integer)      '自定义子过程
  Print "1. 子程序中运算前 x、y 的变量值:";x;y
  x = x + 4
  y = y + 3
  Print "2. 子程序中运算后 x、y 的变量值:";x;y
End Sub
Private Sub Command1_Click()                                  '主程序
  Dim a As Integer,b As Integer
  a = 5: b = 3
  Print
  Print "1. 主程序调用前 a、b 的变量值:";a;b
  Call MySub(a,b)
  Print "2. 主程序调用后 a、b 的变量值 a:";a;b
End Sub
```

程序运行结果如图 6－12 所示。

任务分析：

① 在主程序中，a、b 的初值为 5 和 3，主程序调用子过程前输出 a、b 的值为 5 和 3。

② 利用“Call MySub(a,b)”调用子过程，将 a→x，b→y，形参 x 获得 5，形参 y 获得 3，参数传递方式如图 6－13 所示，执行子过程中的代码，输出子过程 x、y 运算前的值，即 x 为 5，y 为 3。

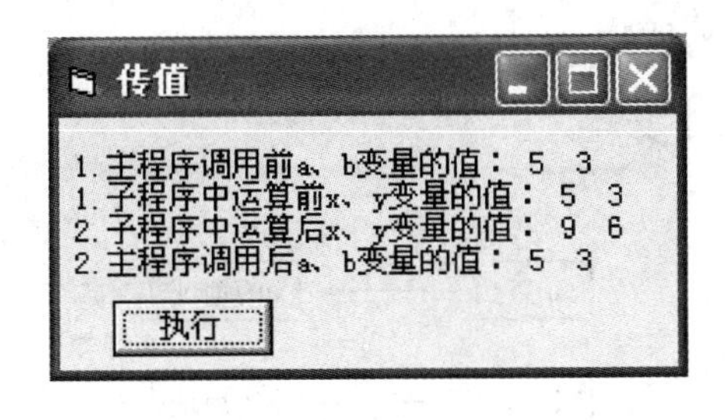


图 6－12 按值传递参数运行结果

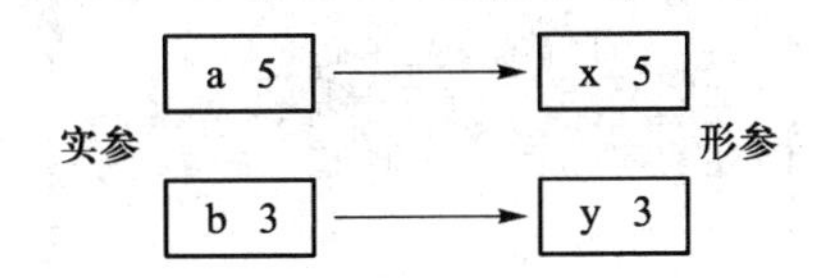


图 6－13 值传递参数的传递方式

③ 经过子过程的运算，x、y 的值发生了变化，此时输出 x、y 的值，即 x 为 9，y 为 6。

④ 调用完成后，继续执行主程序，由于是值传递，将 a 的值复制给 x，将 b 的值复制给 y，而 x、y 的变化不影响 a、b 的值，值传递是单向进行的，再次输出 a、b 的值，即 5 和 3。

### 6.4.2 按地址传递参数

如果在定义过程时，形式参数前加关键字“ByRef”，则规定在调用过程时，该参数是按地址传递，按地址传递是形参默认的传递方式。

按地址传递参数时，传递的是变量的内存地址，实参与形参使用相同的内存单元。在被调用的过程中对形参的任何操作也就是对实参的操作，实参的值会随着形参的改变而改变。

当形参是数组时，将过程中的结果返回给主程序时，只能用传地址方式。分析下面程序的运行结果。

```
Private Sub MySub(x As Integer,y As Integer)      '自定义子过程
  Print "1. 子程序中运算前 x、y 变量的值:";x;y
  x = x + 4
  y = y + 3
  Print "2. 子程序中运算后 x、y 变量的值:";x;y
End Sub
Private Sub Command1 _ Click()                    '主程序
  Dim a As Integer,b As Integer
  a = 5: b = 3
  Print
  Print "1. 主程序调用前 a、b 变量的值:";a;b
  Call MySub(a,b)
  Print "2. 主程序调用后 a、b 变量的值:";a;b
End Sub
```

程序运行结果如图6－14所示。

任务分析：

① 在主程序中，a、b的初值为5和3，主程序调用子过程前输出a、b的值为5和3。

② 利用“Call MySub(a,b)”调用子过程，将a的地址传给x，b的地址传给y，形参x获得a的地址，形参y获得b的地址，传递方式如图6－15所示，执行子过程中的代码，输出子过程x、y运算前的值，即x为5，y为3。

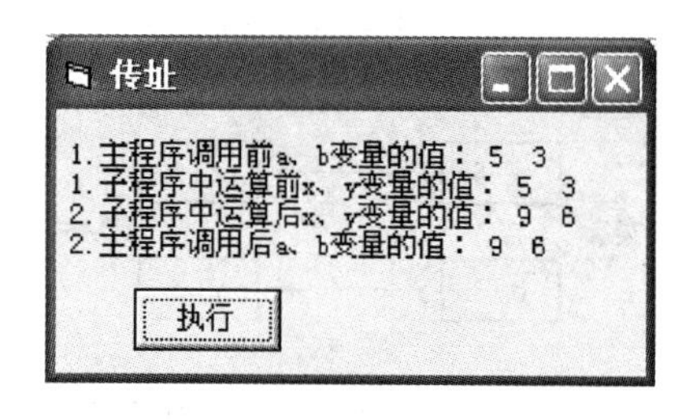


图6－14　按地址传递参数运行结果

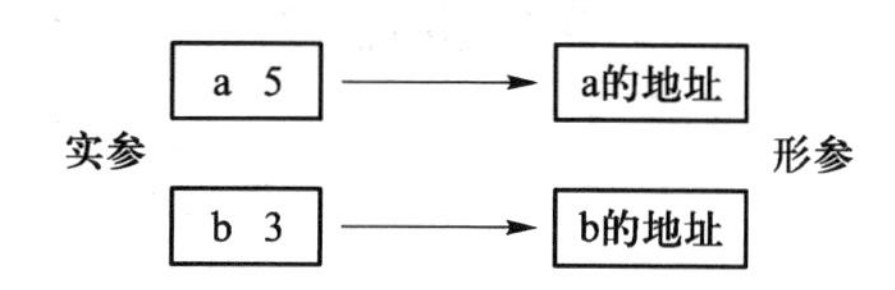


图6－15　地址传递参数的传递方式

③ 经过子过程的运算，x、y的值发生了变化，即x、y地址中的值发生了变化，此时输出x、y的值，即x为9，y为6；

④ 调用完成后，继续执行主程序，由于是地址传递，a与x共用一个单元，b与y共用一个单元，该单元内的值发生了变化，即a、b的值也发生了变化，地址传递是双向的，再次输出a、b的值为9和6。

### 6.4.3　数组参数

在使用Sub过程和Function过程时，可以将数组或数组元素作为参数。数组为形参时，形参数组对应的实参必须是数组且数据类型与形参一致。实参列表中的数组不需要用“()”，只用数组名即可。数组作为形参只能按地址传递，形参与实参共用同一段内存单元。若数组元素做参数，则在调用语句中只需直接使用该数组元素即可。

【任务6－4】随机产生10个1～100之间的整数存入一维数组中，自定义Sort()子过程，完成数组中元素由大到小排序，输出排序后的结果。

```
Option Base 1
Dim w As String
Dim a(10) As Integer
Private Sub Sort(b() As Integer)                    '由大到小排序
  Dim i As Integer,j As Integer,t As Integer
  For i = 1 To 9
    For j = 1 To 10 - i
      If b(j) < b(j + 1) Then
        t = b(j)
        b(j) = b(j + 1)
        b(j + 1) = t
```

```
      End If
    Next j
  Next i
End Sub
Private Sub Command1 _ Click( )
  Dim i As Integer
  Randomize
  w = ""
  For i = 1 To 10
    a(i) = Int(Rnd * 100) + 1                  '产生 1 ~ 100 的随机整数
    w = w + Str(a(i)) + ""
  Next i
  Text1. Text = w
End Sub
Private Sub Command2 _ Click( )
  Dim i As Integer
  Call Sort(a)                                 '调用 Sub 过程
  w = ""
  For i = 1 To 10                              '输出排序结果
    w = w + Str(a(i)) + ""
  Next i
  Text2. Text = w
End Sub
```

程序运行结果如图 6 - 16 所示。

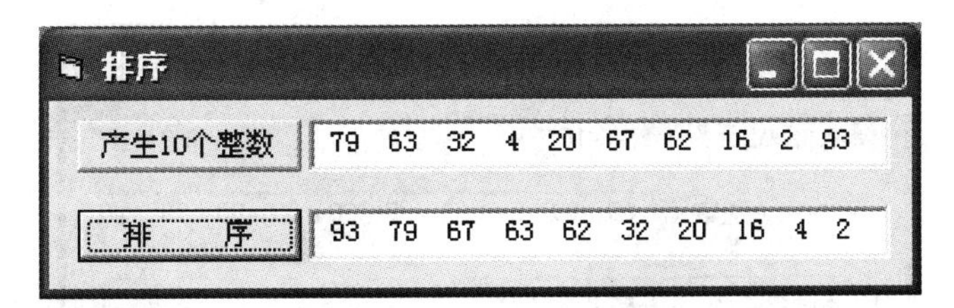


图 6 - 16 【任务 6 - 4】运行界面

【任务 6 - 5】随机产生 $n$ 个整数存入一维数组中，自定义函数过程 Sum( )，求数组中所有偶数元素之和，并输出结果。

```
Option Base 1
Dim w As String
Dim a( ) As Integer
Dim n As Integer
Private Function Sum(b( ) As Integer, n As Integer) As Integer
```

```
    Dim i As Integer
    For i = 1 To n
      If b(i) Mod 2 = 0 Then
        Sum = Sum + b(i)
      End If
    Next i
End Function
Private Sub Command1_Click()
    Dim i As Integer
    Randomize
    w = ""
    n = Val(Text1.Text)
    ReDim a(n)
    For i = 1 To n
      a(i) = Int(Rnd * 90) + 10                    '产生10~99的随机整数
      w = w + Str(a(i)) + ""
    Next i
    Text2.Text = w
End Sub
Private Sub Command2_Click()
    s = Sum(a,n)
    Text3.Text = s
End Sub
```

该任务中，实参使用了动态数组。程序运行结果如图6-17所示。

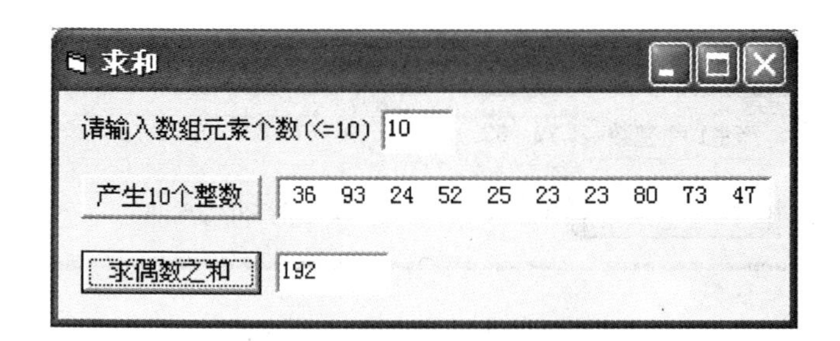


图6-17 【任务6-5】运行界面

## 6.5 过程的嵌套与递归

在一个过程中调用另一个过程，称为过程的嵌套调用，而过程直接或间接地调用其自身，称为过程的递归调用。

## 6.5.1　过程的嵌套

Visual Basic 的过程定义是互相平行和独立的，即在定义过程时，一个过程内不能包含另一个过程的定义。Visual Basic 不能嵌套定义过程，但可嵌套调用过程。也就是主程序可以调用子过程，子过程中还可调用其他子过程，这称为过程的嵌套调用，如图 6－18 所示。

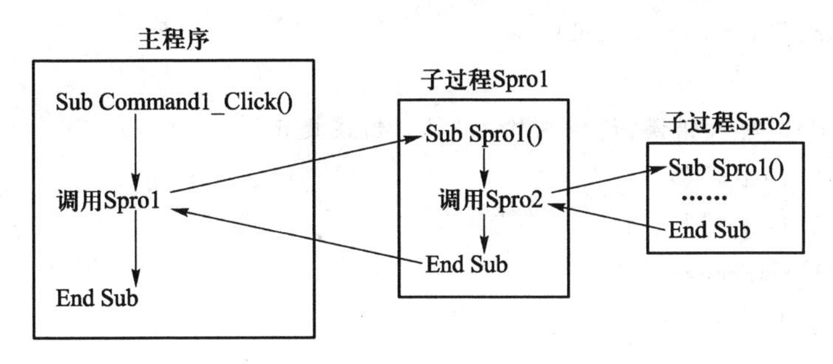


图 6－18　过程的嵌套调用

从图 6－18 中可以看出，主程序或子程序遇到调用子过程语句就转去执行子过程，子过程执行完成返回后继续执行。

【任务 6－6】计算组合数 $c_n^m$ 的值，计算公式为：$c_n^m=\dfrac{n!}{m!\ (n-m)!}$

（1）界面设计

在窗体上添加 2 个标签、3 个文本框、1 个命令按钮，界面设计如图 6－19 所示。

图 6－19　【任务 6－6】设计界面

（2）任务分析

把求阶乘与求组合数公式分别定义为 Function 函数过程，求组合数用 comb 过程来实现，而求阶乘由 fact 过程来实现。在执行 comb 函数过程中要 3 次调用 fact 函数过程，利用过程的嵌套调用实现组合数的计算。

（3）代码设计

```
Private Function fact(x) As Long              '求阶乘
  p = 1
  For i = 1 To x
      p = p * i
  Next i
  fact = p
End Function
Private Function comb(n,m) As Integer     '求组合数
  comb = fact(n)/(fact(m) * fact(n - m))
End Function
Private Sub Command1 _ Click()
```

```
Dim m As Integer,n As Integer
  m = Val(Text1.Text)
  n = Val(Text2.Text)
  If n < =10 And m < =10 Then
      If m < =n Then
        Text3.Text = comb(n,m)
      Else
        MsgBox "输入错误,请重新输入! ",,"错误提示"
        Text1.Text = ""
        Text2.Text = ""
        Text1.SetFocus
        Exit Sub
      End If
  Else
      MsgBox "请重新输入! ",,"错误提示"
      Text1.Text = ""
      Text2.Text = ""
      Text1.SetFocus
  End If
End Sub
```

### 6.5.2 递归调用

递归调用是指在过程中直接或间接地调用过程本身，递归调用于完成阶乘运算、级数运算等方面较为方便。例如：下面为递归调用的函数过程。

```
Private Function Fun(n As Integer)
  ……
Fun = Fun(n - 1) * n
  ……
End Function
```

由上述定义可知，在函数 Fun 中调用函数 Fun 本身，似乎是无终止的自身调用，显然程序不应该有无终止的调用，因此应该用条件语句来控制递归终止，条件语句称为结束条件或边界条件。

在编写递归程序时应该考虑递归的形式和递归的结束条件。如果没有递归的形式就不可能通过不断的递归来接近目标，如果没有递归的结束条件，递归无法结束。

【任务 6 - 7】利用递归调用，计算 $n$!。

（1）任务分析

根据数学知识，负数没有阶乘，0 的阶乘为 1，正整数 $n$ 的阶乘为

$$n \times (n-1) \times (n-2) \times (n-3) \times \cdots \times 2 \times 1$$

即 $n! = n\times(n-1)!$，可以使用下面的公式来表示 $n!$。

$$\text{fun}(n)=\begin{cases}1 & n=0\\ \text{fun}(n-1)\times n & n>1\end{cases}$$，递归的“结束条件”为 $n=0$。

(2) 代码设计

```
Function fact(n) As Double
  If n >0 Then
      fact = n * fact(n - 1)
  Else
      fact = 1
  End If
End Function
Private Sub Command1 _ Click()
  Dim num As Integer
  num = Val(Text1.Text)
  If num > =0 And num < =20 Then
      Text2.Text = fact(num)
  Else
      MsgBox "请重新输入！",,"错误提示"
      Text1.Text = ""
      Text2.Text = ""
      Text1.SetFocus
  End If
End Sub
```

程序运行结果如图 6-20 所示。当 n >0 时，过程 fact 中又调用了 fact 过程，参数为 n-1，这种操作一直持续到 n=1 为止。

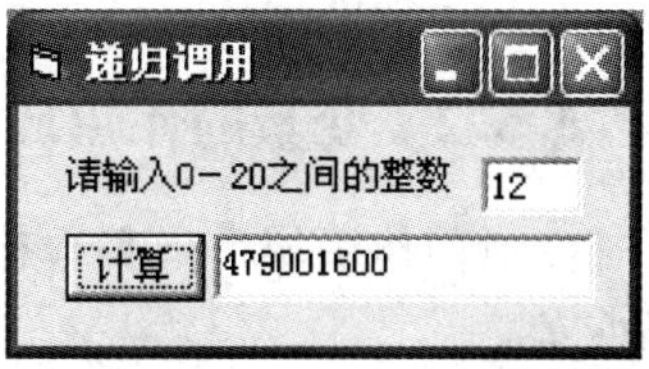

递归求解的过程分为两个阶段：

第一阶段是“逐层调用”：逐层调用过程每一步都是未知的，将问题不断分解为新的子问题，子问题又归纳为原问题的求解过程，最终达到终止条件，调用结束。



图 6-20 【任务 6-7】运行结果

当 n=5 时，递归调用的过程如下。

```
递归级别                     执行操作
  0                          fact(5)
  1                              fact(4)
  2                                  fact(3)
  3                                      fact(2)
  4                                        fact(1)
  4                          返回 1        fact(1)
  3                        返回 2       fact(2)
```

2　　返回6　fact(3)

1　　返回24　fact(4)

0　　返回120　fact(5)

第二阶段是“逐层返回”：将已知的计算结果逐层返回到上一级，得到最终结果。

## 6.6 变量与过程的作用域

### 6.6.1 代码模块的概念

Visual Basic 中可以存储代码的模块有3种：窗体模块、标准模块和类模块。在这3种模块中，都可以包含常量、变量、子过程、函数过程的定义，形成工程的模块层次结构，可以较好地组织工程，便于代码的维护。3种模块在工程资源管理器中的状态如图6-21所示。

**1. 窗体模块**

窗体模块保存在扩展名为“.frm”的文件中。每个窗体对应一个窗体模块，窗体模块包含窗体变量的定义、窗体及窗体上控件的属性设置、事件过程、窗体内自定义过程等。

**2. 标准模块**

标准模块保存在扩展名为“.bas”的文件中。在多窗体程序中，可以在标准模块中编写子过程或函数过程，以便多个窗体调用。标准模块包含公有或模块级变量、常量、类型、外部过程、全局过程的定义等。

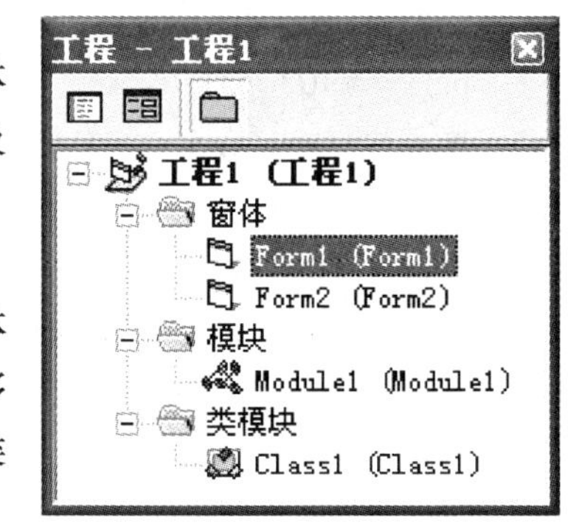


图6-21　代码模块

**3. 类模块**

类模块保存在扩展名为“.cls”的文件中。在类模块中可以编写代码建立新对象，这些新对象可以包含自定义的属性和方法。类模块与标准模块的不同之处在于标准模块仅仅包含代码，而类模块既包含代码又包含数据。

### 6.6.2 变量的作用域

变量的作用域是指变量有效的范围。Visual Basic 中变量分为局部变量、模块级变量和全局变量。

**1. 局部变量、模块级变量和全局变量**

(1) 局部变量

局部变量又称过程级变量，指在过程中定义的变量，其作用范围仅限于本过程，用 Dim 语句来定义。

**例如：** Dim i As Integer

(2) 模块级变量

指在过程之外的“通用声明”段中用 Dim 或 Private 关键字来定义的变量，可在本模块的任何过程中使用。

**例如：** Private av As Single

(3) 全局变量

指在过程之外的"通用声明"段中用 Public 关键字来定义的变量，可被应用程序的任何过程或函数访问。

**例如：** Public s As Integer

例如，在代码窗口分别定 sum 为全局变量，aver、n 为模块级变量，k 为局部变量，其变量的定义语句如图 6－22 所示。

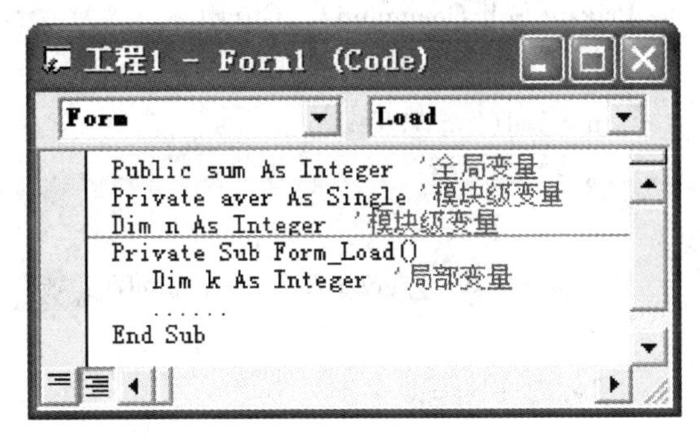


图 6－22　声明不同作用域的变量

**2. 静态变量**

局部变量除了用 Dim 语句定义外，还可以用 Static 语句将变量定义为静态变量，在运行过程中可保留变量的值。用 Static 定义的变量会保留每次运行后的结果直到程序结束，而用 Dim 语句定义说明的变量，每次调用过程结束，释放该局部变量。例如：Static b As Integer

分析如下程序的运行结果，如图 6－23 所示。

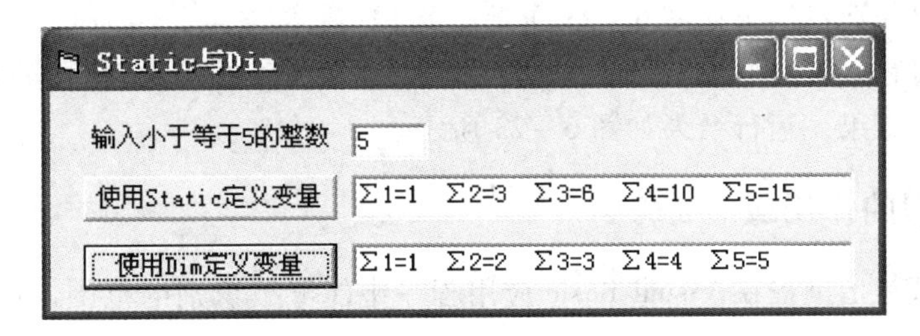


图 6－23　Static 与 Dim 的应用

```
Private Function sum(n As Integer)
  Static f As Long
  f = f + n
  sum = f
End Function
Private Function sum0(n As Integer)
  Dim f0 As Long
  f0 = f0 + n
  sum0 = f0
End Function
Private Sub Command1 _ Click()
  Dim i As Integer,n As Integer
  n = Val(Text1. Text)
  w = ""
  For i = 1 To n
```

```
      w = w & "∑" & i & "=" & sum(i) & "  "
    Next i
    Text2.Text = w
End Sub
Private Sub Command2_Click()
    Dim i As Integer, n As Integer
    n = Val(Text1.Text)
    w = ""
    For i = 1 To n
      w = w & "∑" & i & "=" & sum0(i) & "  "
    Next i
    Text3.Text = w
End Sub
```

分析：

自定义函数过程 sum 中定义局部变量 f 为静态变量，在每次调用 sum 函数时，变量 f 均保留上次运行的结果，运行结果如图 6－23 所示。

自定义函数过程 sum0 中使用 Dim 语句定义局部变量 f0，在每次调用 sum0 函数时，变量 f 均释放上次运行的结果，运行结果如图 6－23 所示。

### 6.6.3 过程的作用域

过程的作用域是指过程在 Visual Basic 应用程序中能够被识别的范围，过程的作用域分为模块级（或称文件级）和全局级（或称工程级）。

**1. 模块级过程**

指在窗体模块或标准模块内用 Private 定义的子过程或函数过程，其作用域为本模块。

**2. 全局级过程**

指在窗体模块或标准模块中用 Public 定义的子过程或函数过程，其作用域为本应用程序。

## 6.7 综 合 应 用

【应用 6－1】设计一个 max( )子过程，找出一组数字中的最大值及最大值所在位置。

（1）设计要点

① 将 Text1 设为控件数组，其中有 6 个元素。

② max( )子过程中设有两个形参，一个是数组，另一个是元素个数，两个参数均设为传址。

③ 设两个窗体及变量 m 和 k，其中 m 存放数组元素的最大值，k 存放最大值的位置，界面设计如图 6－24 所示。

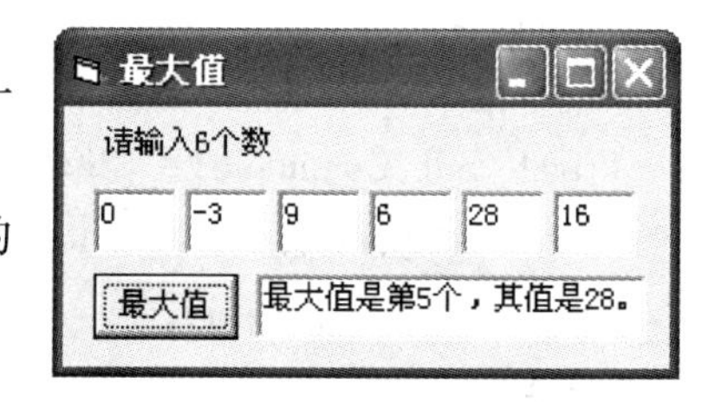


图 6－24 【应用 6－1】设计界面

（2）代码设计

```
Dim m As Integer
```

```
Dim k As Integer
Sub max(a()As Integer,n As Integer)
  m = a(0)
  k = 0
  For i = 1 To n - 1
    If (a(i) > m)Then
       m = a(i)
       k = i
    End If
  Next i
End Sub
Private Sub Command1_Click()
  Dim b(10)As Integer
  For i = 0 To 5
     b(i) = Val(Text1(i).Text)
  Next i
  max b,6
  Text2.Text = "最大值是第" & k + 1 & "个,其值是" & m & "。"
End Sub
```

【应用6-2】 设计一个s()函数过程，计算表达式s的值，

$$s = 1 - \frac{1}{3} + \frac{1}{5} - \frac{1}{7} + \cdots + \frac{1}{2n-1}(n \geqslant 1)$$，结果保留3位小数。

(1) 设计要点

① s()函数过程中的形参x设为传值，函数过程s()的数据类型设为Double。

② 变量k设计为符号的变化。

③ 利用表达式Int(x * 1000)/1000将x的值保留3位小数。界面设计如图6-25所示。

(2) 代码设计

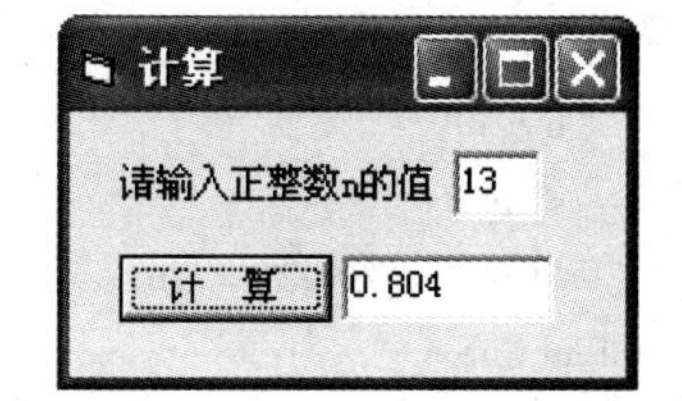

图6-25 【应用6-2】设计界面

```
Function s(ByVal x As Integer)As Double
  Dim i As Integer,k As Integer
  k = 1
  s = 0
  For i = 1 To x
    s = s + k * 1/(2 * i - 1)
    k = -k
  Next i
End Function
Private Sub Command1_Click()
  Dim n As Integer
```

```
   n = val(Text1. Text)
   Text2. Text = Int(s(n) * 1000) /1000
End Sub
```

# 习　　题

## 一、单项选择题

① Sub 过程与 Function 过程最根本的区别是________。

A. 前者可以使用 Call 或直接使用过程名调用，后者不可以

B. 后者可以有参数，前者不可以

C. 两种过程参数传递方式不同

D. 前者无返回值，但是后者有

② 系统默认的参数传递方式是________传递。

A. 按值　　B. 按地址　　C. ByVal　　D. 按实参

③ 在过程中定义的变量，如果希望在离开该过程后，还能保存过程中局部变量的值，则应该使用________关键字在过程中定义局部变量。

A. Dim　　B. Private　　C. Public　　D. Static

## 二、填空题

① 要从 Function 过程中退出，使用________语句。

② 工程中的模块分为________、________、________。

③ 变量的作用范围分为________、________、________。

④ 工程文件的扩展名为________，标准模块文件的扩展名为________。

⑤ 在 Sub 过程中，如需为主过程带回值，则参数应该用________方式来定义。

⑥ 在窗体上添加一个命令按钮 Command1，编写程序如下：

```
Private Sub Command1 _ Click( )
   Dim a As Integer,b As Integer
   a = 10
   b = 30
   s1 a,b
   Print "a =";a;"b =";b
End Sub
Sub s1 ( ByVal x As Integer,ByVal y As Integer)
   Dim t As Integer
   t = x
   x = y
   y = t
End Sub
```

运行程序，单击按钮则在窗体上显示________。

⑦ 单击命令按钮时，下列程序的运行结果为________。

```
Private Sub Command1 _ Click( )
  Print fun(23,18)
End Sub
Public Function fun(m As Integer,n As Integer) As Integer
  Do While m < > n
    Do While m > n
      m = m - n
    Loop
    Do While m < n
      n = n - m
    Loop
  Loop
  fun = m
End Function
```

⑧ 窗体上有一个按钮 Command1 和两个文本框 Text1、Text2。窗体模块的全部代码如下。运行程序，第一次单击按钮时，两个文本框中的内容分别是________和________；第二次单击按钮，两个文本框中的内容又分别是________和________。

```
Dim y As Integer
Private Sub Command1 _ Click( )
  Dim x As Integer
  x = 2
  Text1. Text = func2(func1(x),y)
  Text2. Text = func1(x)
End Sub
Private Function func1(x As Integer) As Integer
   x = x + y
   y = x + y
   func1 = x + y
End Function
Private Function func2(x As Integer,y As Integer) As Integer
  func2 = 2 * x + y
End Function
```

⑨ 执行如下程序，第一行输出结果是________，第二行输出结果是________。

```
Option Explicit
Private Sub Form _ Click( )
  Dim a As Integer
  a = 2
  Call sub1(a)
End Sub
Private Sub sub1(x As Integer)
  x = x * 2 + 1
  If x < 10 Then
```

```
    Call sub1(x)
  End If
  x = x * 2 + 1
  Print x
End Sub
```

⑩ 下列程序运行后的输出结果是________。

```
Private Sub f(k,s)
  s = 1
  For j = 1 To k
    s = s * j
  Next j
End Sub
Private Sub Command1_Click()
  Sum = 0
  For i = 1 To 3
    Call f(i,s)
    Sum = Sum + s
  Next i
  Print Sum
End Sub
```

⑪ 已知函数 sum(k,n) = $1^k + 2^k + \cdots + n^k$，下面的 Function 过程 sum 计算给定参数时函数的值，请将程序补充完整。

```
Private Function sum(k As Integer,n As Integer) As Long
  Dim i As Integer
  Dim s As Long
  For i = 1 To n
    s = s + power(________)
  Next i
  sum = s
End Function
Private Function power(a As Integer,b) As Long
  Dim i As Integer
  Dim t As Long
  t = 1
  For i = 1 To a
    ________
  Next i
  power = t
End Function
```

## 三、综合应用题

① 设计如图 6-26 所示界面，编写程序，根据用户输入的半径，分别调用 Sub 过程和 Function 过程求圆

面积。

② 编写程序，从键盘上输入的 $N$ 值，分别调用 Sub 过程和 Function 过程计算 $N!$，界面设计如图 6－27 所示。

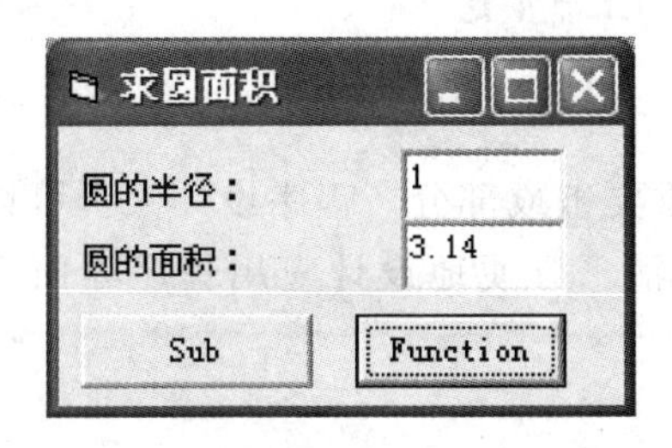


图 6－26　求圆面积

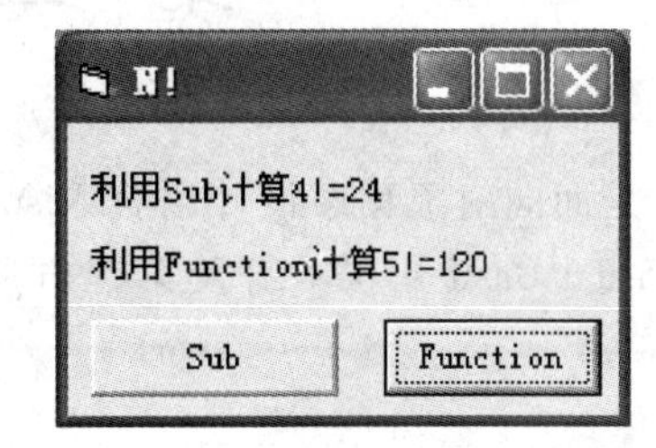


图 6－27　计算 $N!$

③ 设计界面如图 6－28 所示，随机产生 10 个 1～100 整数，存放在一维数组中，编写 Sub 过程统计其中奇偶数的个数。

④ 设计界面如图 6－29 所示，编写程序实现，利用随机数产生 $n \times m$ 的矩阵，单击按钮调用过程找出最大元素所在的行和列，并显示最大值、行号和列号。

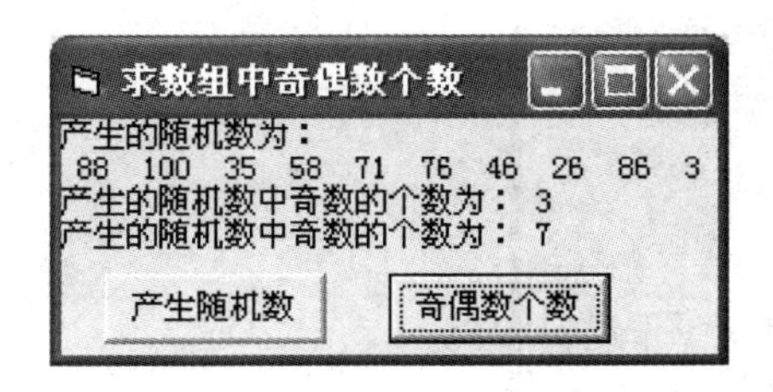


图 6－28　求数组中奇偶数

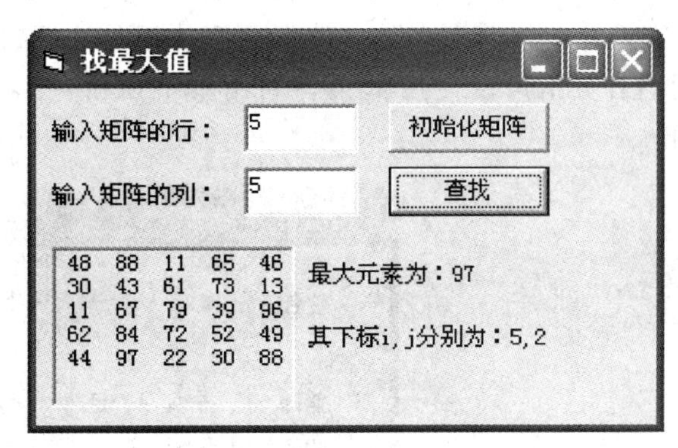


图 6－29　查找数组中的最大值及位置

提示：建立一个 create 过程，利用随机数给二维数组赋值；建立一个 find 过程，查找数组中的最大值及其位置。

# 第7章　常用控件

控件是面向对象程序设计语言 Visual Basic 6.0 的重要组成部分。程序设计人员可以充分地利用 Visual Basic 6.0 本身及第三方所提供的控件灵活、方便地设计应用程序界面及相应功能。

## 7.1　单选按钮、复选框与框架

单选按钮和复选框通常称为选项按钮，用于为用户提供选择功能，通常成组出现。框架控件是一种容器控件，像窗体一样，可以作为其他控件的容器，框架常用于将其他控件对象按功能组织成一个组，使窗体界面整齐有序。

在设计中，若有多选一的问题可使用单选按钮，若有多选多的问题可使用复选框，把相近内容分组可以使用框架。利用本节所讲内容可以设计如图 7－1 所示学生基本信息界面。

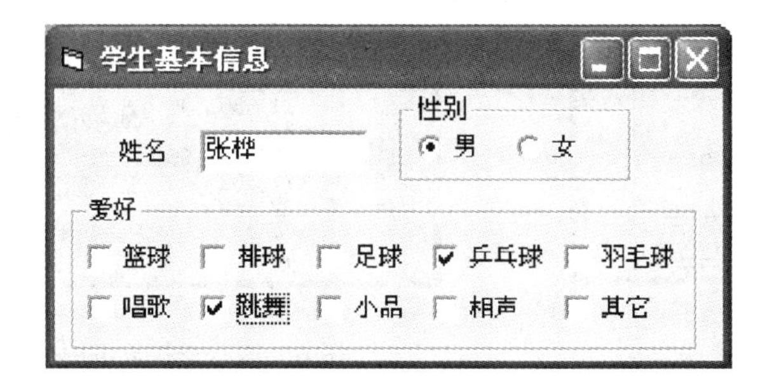


图 7－1　学生基本信息界面

### 7.1.1　单选按钮

单选按钮(OptionButton)在工具箱中的图标为◉，用于处理“多选一”的问题。单选按钮成组使用，一组中至少有两个单选按钮，单选按钮彼此相互排斥，执行时，一组单选按钮中用户只能选择一个选项，被选中项目的对应图标中显示黑点。单选按钮添加到窗体后默认名称是 Option1，Option2，…。

**1. 常用属性**

(1) Caption 属性

用于设置单选按钮右侧显示的说明文字。

(2) Value 属性

该属性用于决定单选按钮的选中状态，从而设置其对应的效果。具体取值含义如下：

True：被选中状态，样式为◉。

False：未被选中状态，样式为○。

(3) Style 属性

设置单选按钮的显示方式，用于设置显示效果。具体取值含义如下：

0—Standard：表示按钮使用标准文字方式，为默认设置。

1—Graphical：表示按钮使用图形方式，与命令按钮形状相同，运行时按钮可以在按下和抬起两种状态切换，在该状态下可设置按钮上的字体颜色或添加图标。

(4) Index 属性

该属性用于数组控件，用于唯一标识数组控件中控件的序号。

**2. 事件**

单选按钮常用事件是 Click 事件，鼠标单击时触发。

【任务 7-1】设计如图 7-2 所示界面，实现用两组单选按钮设置文本框的文字颜色和背景颜色。初始状态时文本框中文字颜色为黑色，背景颜色为白色。

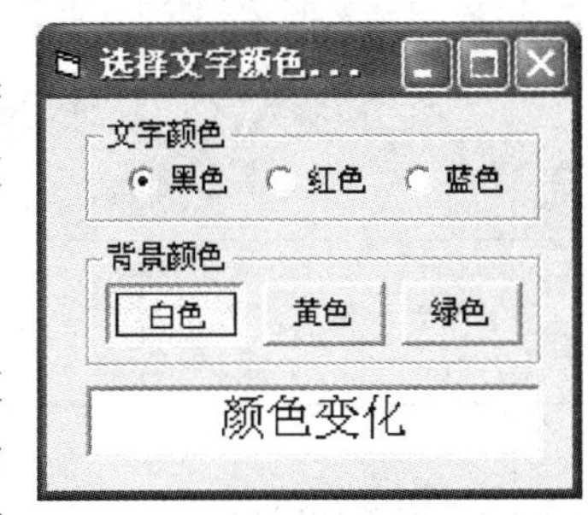

图 7-2 【任务 7-1】界面设计

(1) 界面设计

界面设计时，应注意单选按钮的初始状态。将窗体中“文字颜色”单选按钮组中的“黑色”单选按钮的 Value 属性设为 True，Style 属性设为 0。“背景颜色”单选按钮组中“白色”按钮的 Value 属性设置为 True，Style 属性设为 1，保证运行时选项按钮和文本框的初始状态一致。

窗体运行后，用户选择单选按钮时，文本框中的字体颜色和背景颜色将随之发生变化。各控件的属性设置见表 7-1。

**表 7-1 【任务 7-1】各控件属性设置**

| 控件名 | Name 属性 | 其他属性 | 属性值 |
|---|---|---|---|
| 框架 | Frame1 | Caption | 文字颜色 |
| | Frame2 | Caption | 背景颜色 |
| 单选按钮 | Option1 | Caption | 黑色 |
| | | Style | 0 |
| | | Value | True |
| | Option2 | Caption | 红色 |
| | | Style | 0 |
| | | Value | False |
| | Option3 | Caption | 蓝色 |
| | | Style | 0 |
| | | Value | False |

续表

| 控件名 | Name 属性 | 其他属性 | 属性值 |
| --- | --- | --- | --- |
| 单选按钮 | Option4 | Caption | 白色 |
| | | Style | 1 |
| | | Value | True |
| | Option5 | Caption | 黄色 |
| | | Style | 1 |
| | | Value | False |
| | Option6 | Caption | 绿色 |
| | | Style | 1 |
| | | Value | False |
| 文本框 | Text1 | Text | 颜色变化 |
| | | MultiLine | True |

（2）代码设计

对各控件事件编写代码如下：

```
Private Sub Option1_Click( )
  Text1.ForeColor = vbBlack
End Sub
Private Sub Option2_Click( )
  Text1.ForeColor = vbRed
End Sub
Private Sub Option3_Click( )
  Text1.ForeColor = vbBlue
End Sub
Private Sub Option4_Click( )
  Text1.BackColor = vbWhite
End Sub
Private Sub Option5_Click( )
  Text1.BackColor = vbYellow
End Sub
Private Sub Option6_Click( )
  Text1.BackColor = vbGreen
End Sub
```

### 7.1.2 复选框

复选框(CheckBox)在工具箱中的图标为☑，用于根据需要选定其中一项或多项。在一组复选框中，各个复选框彼此独立，没有关联，实现“多项选择”。当复选框被选中后，该控件图标显示为☑，取消选中时，控件图标显示为□。复选按钮添加到窗体后默认名称是Check1，Check2，…。

**1. 常用属性**

复选框中的Caption和Style属性与单选按钮的相应属性相同，常用属性如下：

(1) Value属性

该属性用于设置复选框处于选中、未选中或灰色模糊状态，该属性有3个可选值。

0—Unchecked：未被选中状态，默认设置，显示样式为□。

1—Checked：被选中状态，显示样式为☑。

2—Grayed：变成灰色模糊状态，显示样式为☑，程序运行时仍可选择。

(2) Enabled属性

用于设置复选框是否可用，属性取值为2个逻辑值。

True：表示用户可以使用复选框控件。

False：表示用户不可以使用复选框控件。

Enabled属性设置为False表示该控件不可用，而Value属性值设置为2表示控件的灰色模糊状态。

**2. 事件**

复选框常用的事件是Click事件，鼠标单击时触发该事件，该控件不支持双击事件。

单击复选框将触发一次Click事件，且Value的值将发生改变，对Value属性值的改变遵循如下规则：

① 单击未被选中的复选框时，复选框被选中，Value属性值变为1。

② 单击已被选中的复选框时，复选框取消选中，Value属性值变为0。

③ 单击变灰的复选框时，复选框取消选中，Value属性值变为0。

【任务7-2】设计如图7-3所示的界面，实现用复选框设置文本框中的文字效果。

图7-3 复选框设置文字效果

(1) 界面设计

文本框Text1的Text属性设置为“文字效果”，Font属性设为“宋体、常规、二号”。

程序运行时，当选择一个或多个复选框时，文本框中的文字将有相应的变化效果，而当取消选择时，则相应的文本框中的文字效果被取消。各控件的属性设置见表7-2。

表7-2 【任务7-2】各控件属性设置

| 控件名 | Name属性 | 其他属性 | 属性值 |
|---|---|---|---|
| 文本框 | Text1 | Text | 文字效果 |
| | | Font | 宋体、常规、二号 |
| 复选框 | Check1 | Caption | 粗体 |
| | Check2 | Caption | 斜体 |
| | Check3 | Caption | 删除线 |
| | Check4 | Caption | 下划线 |

(2) 代码设计

复选框的选择与取消由鼠标单击实现，编写各复选框的Click事件的代码如下：

```
Private Sub Check1 _ Click( )
  If Check1. Value = 1  Then
    Text1. FontBold = True
  Else
    Text1. FontBold = False
  End If
End Sub
Private Sub Check2 _ Click( )
  If Check2. Value = 1  Then
    Text1. FontItalic = True
  Else
    Text1. FontItalic = False
  End If
End Sub
Private Sub Check3 _ Click( )
  If Check4. Value = 1  Then
    Text1. FontStrikethru = True
  Else
    Text1. FontStrikethru = False
  End If
End Sub
Private Sub Check4 _ Click( )
  If Check3. Value = 1  Then
    Text1. FontUnderline = True
  Else
    Text1. FontUnderline = False
```

```
    End If
End Sub
```

### 7.1.3 框架

框架(Frame)在工具箱上的图标为，是一种容器控件，可以容纳其他控件。容器内所有控件成为一个组合，随容器一起移动、显示、消失和屏蔽。框架主要功能是对控件进行分组，框架控件添加到窗体后的默认名称是Frame1，Frame2，…。

框架通常与单选按钮和复选框一起使用，并将它们按功能分组，可以提供视觉上的区分、总体激活或屏蔽的特性。对一个框架内的控件进行操作时不会影响到框架以外的控件。

在框架中建立控件的方法：先建立框架，与在窗体上建立控件一样，将工具箱中的控件拖到框架中(不能使用双击的方式)。如需将已经存在的控件移动到某个框架中，要先选中控件，然后将其剪切到剪切板上，选定框架，将其粘贴到框架中。

**1. 常用属性**

Caption属性：用于设置框架左上方的标题名称，若Caption属性为空，则框架为封闭的矩形框。

**2. 事件**

框架通常不需要编写事件过程。

【任务7-3】用单选按钮、复选框和框架设计学生基本信息选取界面，如图7-4所示。实现输入姓名，选择性别和爱好之后，单击“确定”按钮，在文本框中显示相应的学生信息，单击“取消”按钮，则姓名后的文本框清空，等待重新输入姓名并进行各项相应的选择。

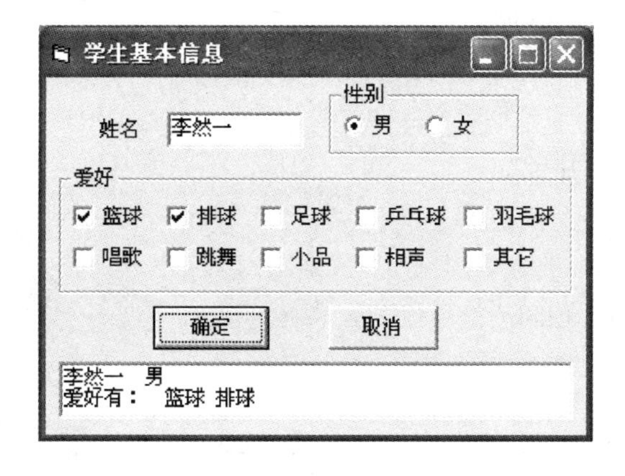


图7-4 学生基本信息选取界面

(1) 界面设计

利用Text1文本框输入姓名，两个单选按钮组成“性别”选择组，使用复选框数组控件组成“爱好”选择组，使用两个命令按钮对所选内容进行“确定”和“取消”，选择的内容在Text2文本框中多行显示。

程序运行后，在文本框中输入姓名，并选择性别和爱好，选择完成后，单击“确定”按钮，则在下面的文本框中显示相应的内容，单击“取消”按钮，重新输入或选择所有内容。各控件的属性设置如表7-3所示。

表7-3 【任务7-3】各控件属性设置

| 控件名 | Name属性 | 其他属性 | 属性值 |
|---|---|---|---|
| 文本框 | Text1 | Text | (空) |
| | Text2 | Text | (空) |
| 框架 | Frame1 | Caption | 性别 |
| | Frame2 | Caption | 爱好 |
| 单选按钮 | Option1 | Caption | 男 |
| | Option2 | Caption | 女 |
| 复选框 | Check1(0) | Caption | 篮球 |
| | Check1(1) | Caption | 排球 |
| | Check1(2) | Caption | 足球 |
| | Check1(3) | Caption | 乒乓球 |
| | Check1(4) | Caption | 羽毛球 |
| | Check1(5) | Caption | 唱歌 |
| | Check1(6) | Caption | 跳舞 |
| | Check1(7) | Caption | 小品 |
| | Check1(8) | Caption | 相声 |
| | Check1(9) | Caption | 其他 |

(2) 代码设计

编写各控件的事件代码如下：

```
Dim xb As String
Dim ah As String
Private Sub Command1_Click()
  Dim i As Integer
  Text2.Text = ""
  ah = ""
  For i = 0 To Check1.Count - 1
   If Check1(i).Value = 1 Then
        ah = ah + Check1(i).Caption + " "
   End If
 Next i
 Text2.Text = Text1.Text + "  " + xb + Chr(13) + Chr(10) + "爱好有：" + "  " + ah
```

```
End Sub
Private Sub Option1 _ Click( )
   If Option1. Value = True Then
      xb ="男"
   End If
End Sub
Private Sub Option2 _ Click( )
  If Option2. Value = True Then
      xb ="女"
  End If
End Sub
```

其中，Chr(13) + Chr(10)为回车换行符，Check1. Count 用于检测 Check1 控件数组的个数，可用 Check1. UBound 获得控件数组下标的最大值。

## 7.2 列表框与组合框

若【任务 7 - 3】的爱好更多时，使用复选框就会变得烦锁且占据大量空间。单选按钮与复选框可用于在少量选项中做出选择，当需要在有限的空间内为用户提供大量的选项时，可以使用列表框与组合框控件。

列表框和组合框控件通过列表的形式显示多个列表项。当列表项很多，无法全部显示时，自动出现垂直滚动条。

列表框只能为用户提供列表项供用户选择，不能由用户直接输入和修改其中的列表项内容，而组合框可以看作文本框和列表框的组合控件，是列表框的扩展。在组合框中可以直接输入列表项内容或选择一个列表项。利用本节所讲内容可以设计如图 7 - 5 所示的学生基本信息界面。

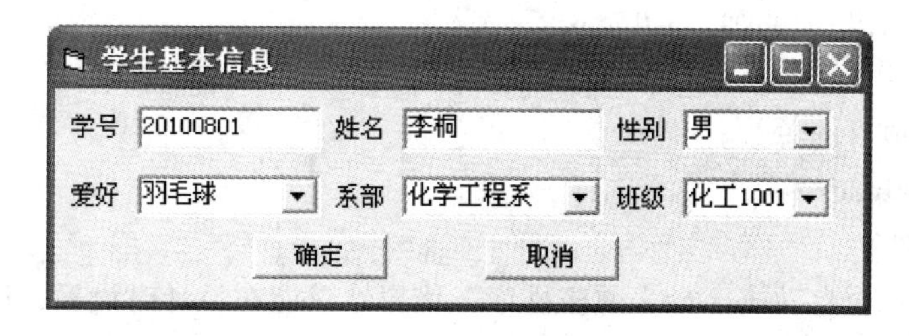


图 7 - 5 学生基本信息界面

### 7.2.1 列表框

列表框(ListBox)在工具箱上的图标为▤。该控件为用户提供选项列表，用户可以从列表中选择一项或多项，被选中的列表项将反白显示，如果选项总数超过了可显示的选项数，系统会自动添加垂直滚动条。列表框控件添加到窗体后默认的名称是 List1，List2，…。

**1. 常用属性**

(1) List 属性

返回或设置列表框的列表项。在设计时可以在属性窗口中直接输入列表项，输入每一项后按 Ctrl + Enter 组合键换行，该属性的下标从 0 开始。程序中引用列表框中的第一项为 List(0)，第二项为 List(1)……依次类推。

(2) Style 属性

返回或设置列表框的显示样式。该属性的取值含义如下：

0—Standard：按照标准样式显示列表项，为默认值。

1—Checked：每一个列表项的文本左侧都有一个复选框，可进行多项选择。Style 属性设置情况示例如图 7 - 6 所示。图 7 - 6 中左侧列表框 Style 设为 0，右侧列表框 Style 设为 1。

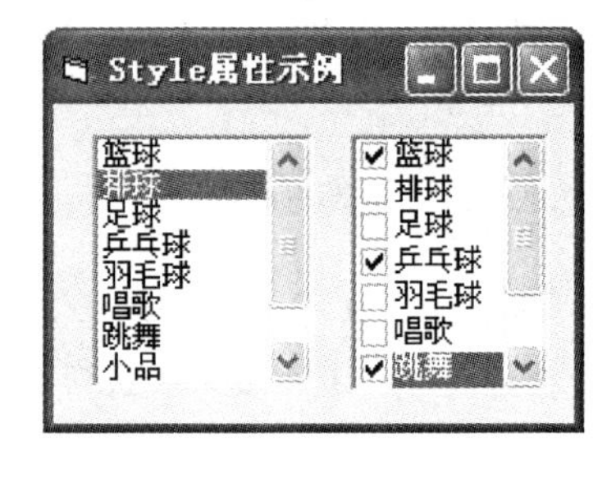


图 7 - 6 Style 属性设置

(3) Columns 属性

返回或设置列表框列数。

0：表示垂直滚动的单列显示，为默认取值。

取值≥1：表示为水平滚动形式的多列显示，显示的列数由 Columns 值决定。

(4) ListIndex 属性

返回或设置列表框中当前选中项的索引，在设计时不可用。列表框的索引号从 0 开始，即第一项索引号为 0，第二项索引号为 1，……，没有选中项时，ListIndex 值为 - 1。对于可以选择多项的列表框，若同时选择了多个项目，ListIndex 的返回所选项目的最后一项的索引号。

(5) Text 属性

返回或设置列表框被选择的项目内容。

List1. Text = List1. List( List1. ListIndex)

(6) ListCount 属性

返回列表框中项目的总数。

ListCount =  ListIndex + 1

(7) Sorted 属性

指定列表项目是否自动按字母表顺序排序，该属性只能在设计时设置，取值为逻辑值。

True：列表框控件的项目自动按字母表顺序(升序)排序。

False：列表框控件的项目按加入的先后顺序显示，该值为默认属性值。

(8) Selected 属性

返回或设置列表框控件中的某选项的选择状态。Selected 属性是一个带有下标的数组，如：List1. Selected(3) = True 表示列表框 List1 的第四项被选中。Selected 属性无法在属性窗口中设置属性值，只能在程序代码中使用。

(9) MultiSelect 属性

用于设定列表框控件的复选及复选方式，取值及含义如下。

0—None：表示不允许复选，为默认值。

1—Simple：简单复选，鼠标单击在列表中选中或取消选中。

2—Extended：扩展复选，按 Ctrl 键并单击鼠标在列表中可选中不连续的多项，选中某一项后，再按 Shift 键并单击鼠标可选取连续的多项。

**2. 方法**

（1）AddItem 方法

用于通过语句将新的列表项添加到列表框控件中。

例如，List1. AddItem "京剧", 2 表示将"京剧"字符串添加到列表框的第三个列表项的位置。其中，数字“2”表明要添加项目的位置，该参数从 0 开始取值，若省略，则添加到列表项的最后。

若将 List1 控件中选取的多项列表项添加到 List2 中，参考程序代码如下：

```
Private Sub Command1 _ Click( )
  For i =0 To List1. ListCount - 1
   If List1. Selected(i) = True Then
       List2. AddItem List1. List(i)
   End If
  Next i
End Sub
```

（2）RemoveItem 方法

用于通过语句删除列表框中指定的列表项。

例如，List1. RemoveItem 1 表示将列表框中的第二个列表项删除。其中数字“1”表明要移除项目的位置，该参数是必选项，该参数从 0 开始取值。

（3）Clear 方法

用于清除列表框控件中的所有列表项。

例如，要删除列表框 List1 中所有列表项，可使用 List1. Clear 语句。

**3. 事件**

（1）Click 事件

当单击某一列表项时触发 Click 事件，触发该事件时系统会自动改变列表框的 ListIndex、Selected、Text 等属性，无需另行编写代码。

（2）DblClick 事件

当双击某一列表项时触发 DblClick 事件。

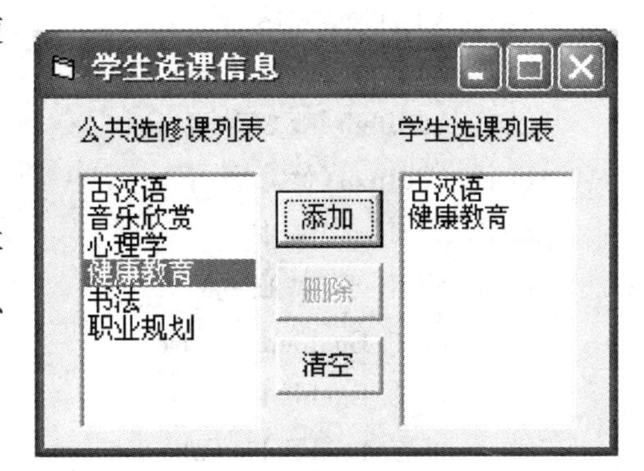


图 7-7 学生选课界面

【任务 7-4】设计图 7-7 所示学生选课界面，并实现添加、删除、清空功能，“学生选课列表”中不可以有相同的课程名(即:若已经选择了某课程,则某课程不能再次被添加到右侧列表框中)。

（1）界面设计

利用左侧列表框显示可供选择的选修课清单，属性设置时将“公共选修课列表”添加到List属性中，或在Form _ Load()事件中利用AddItem方法添加“公共选修课”。右侧列表框显示学生选课清单，设计三个命令按钮，分别对选课进行添加、删除、清空操作。

程序运行后，左侧列表框中有一门课选中时，“添加”按钮可用，否则不可用；当右侧列表框中不为空时，“清空”按钮可用，否则不可用；当右侧列表框中有一门课程选中时，“删除”按钮可用，否则不可用。若右侧列表框中已存在某课程，则该课程不能被再次添加到列表框中。各控件的属性设置如表7－4所示。

**表7－4 【任务7－4】各控件属性设置**

| 控件名 | Name属性 | 其他属性 | 属性值 |
| --- | --- | --- | --- |
| 标签 | Label1 | Caption | 公共选修课列表 |
| | Label2 | Caption | 学生选课列表 |
| 列表框 | List1 | MultiSelect | 1 – Simple |
| | List2 | MultiSelect | 1 – Simple |
| 命令按钮 | Command1 | Caption | 添加 |
| | Command2 | Caption | 删除 |
| | Command3 | Caption | 清空 |

（2）代码设计

对各控件的相关事件编写代码如下：

```
Private Sub Form _ Load( )
   Dim i As Integer
   Dim f As Boolean
   List1. AddItem "古汉语"
   List1. AddItem "音乐赏析"
   List1. AddItem "心理学"
   List1. AddItem "健康教育"
   List1. AddItem "书法"
   List1. AddItem "职业规划"
   Command1. Enabled = False
   Command2. Enabled = False
   Command3. Enabled = False
End Sub
Private Sub Command1 _ Click( )          '"添加"功能
   f = False                             '若List2中有相同的项则不进行添加
   For i = 0 To List2. ListCount - 1
```

```
      If List1. Text = List2. List(i) Then
          f = True
          Exit For
      End If
   Next i
   If Not f Then
      List2. AddItem List1. Text
   End If
   Command3. Enabled = List2. ListIndex < > 0
End Sub
Private Sub Command2 _ Click( )          '"删除"功能
   List2. RemoveItem List2. ListIndex
   Command2. Enabled = List2. ListIndex < > -1
   Command3. Enabled = List2. ListCount < > 0
   Command1. Enabled = True
End Sub
Private Sub Command3 _ Click( )          '"清空"功能
   List2. Clear
   Command2. Enabled = False
   Command3. Enabled = False
End Sub
Private Sub List1 _ Click( )             '有选修课选中,则启动"添加"按钮
   Command1. Enabled = List1. ListIndex < > -1
   Command1. Enabled = True
End Sub
Private Sub List2 _ Click( )
   Command2. Enabled = List2. ListIndex < > -1
   Command1. Enabled = False
End Sub
```

### 7.2.2　组合框

组合框(ComboBox)在工具箱中的图标为，可看作文本框与列表框的组合。组合框控件可支持文本输入、显示，同时可以提供列表显示，但一次只能选中一个选项。组合框控件添加到窗体后默认名称是 Combo1，Combo2，…。

**1. 常用属性**

(1) Style 属性

返回或设置组合框的显示样式，该属性的取值及含义如下：

0—Dropdown Combo：下拉式组合框，为默认取值，可以直接输入新的选项或在列表中

选择。

1—Simple Combo：简单组合框，可以直接输入新的选项或在列表中选择。设置列表框高度可以显示相应的列表项。

2—Dropdown List：下拉式列表框，不能直接输入新的选项，只能在列表中选择。

三种类型的组合框属性设置示例如图7-8所示。图7-8中左侧组合框Style设为0，中间组合框Style设为1，右侧组合框Style设为2。

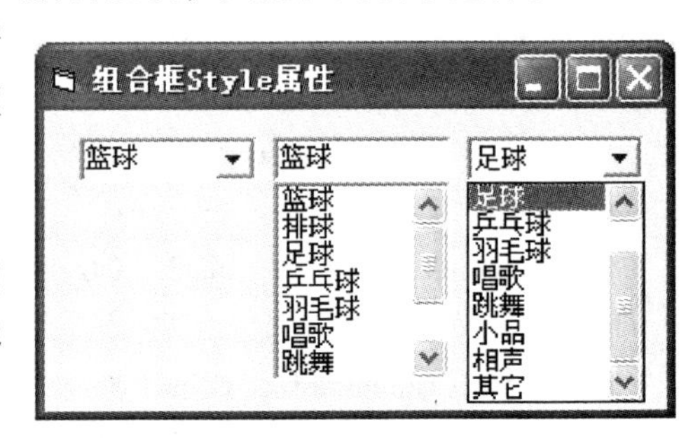


图7-8 组合框Style属性

（2）Text属性

该属性只在Style取值为0和1时可用，允许用户选取列表项或直接输入列表项。当Style取值为2时，自动锁住Text属性，不允许用户使用。

**2. 方法**

与列表框的AddItem方法、RemoveItem方法和Clear方法的功能和用法相同。

**3. 事件**

常用事件为Click事件。

【任务7-5】设计图7-9(a)所示学生基本信息界面，实现输入学号、姓名后，选择性别、爱好，当选择系部后，相应的班级名显示在组合框中。

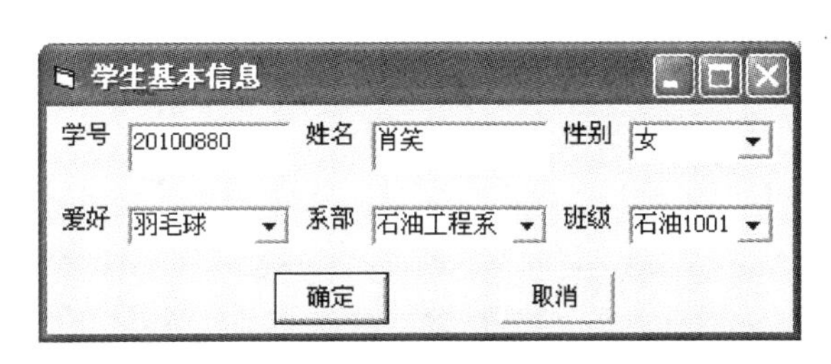


（a）学生基本信息

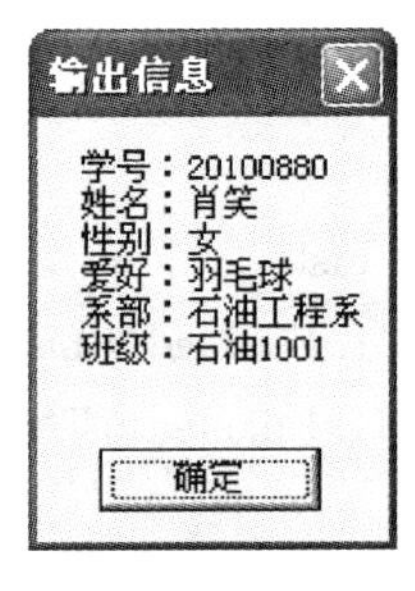


（b）输出信息

图7-9

（1）界面设计

初始状态下，输入学号、姓名，对性别、爱好、系部、班级分别进行选择。

程序执行后，输入学号、姓名，选择性别、爱好，选择系部，相应班级即显示在组合框中，选择班级，单击“确定”按钮，利用输出对话框输出各项信息，如图7-9(b)。各控件的属性设置见表7-5。

表7-5 【任务7-5】各控件属性设置

| 控件名 | Name属性 | 其他属性 | 属性值 |
|---|---|---|---|
| 标签 | Label1 | Caption | 学号 |
| | Label2 | Caption | 姓名 |
| | Label3 | Caption | 性别 |

续表

| 控件名 | Name 属性 | 其他属性 | 属性值 |
| --- | --- | --- | --- |
| 标签 | Label4 | Caption | 爱好 |
| | Label5 | Caption | 系部 |
| | Label6 | Caption | 班级 |
| 组合框 | Combo1 | Text | 石油工程系 |
| | Combo2 | Text | 石油 1001 |
| 命令按钮 | Command1 | Caption | 确定 |
| | Command2 | Caption | 取消 |

(2) 代码设计

各控件的相关事件编写代码如下：

```
Private Sub Form _ Load( )
   Combo1. AddItem "化学工程系"
   Combo1. AddItem "石油工程系"
   Combo1. AddItem "机械工程系"
End Sub
Private Sub Combo1 _ Click( )
   Dim hx(10) As String
   Dim sy(10) As String
   Dim jx(10) As String
   Dim i As Integer
   Combo2. Clear
   hx(0) ="化工 1001 "
   hx(1) ="化工 1002 "
   hx(2) ="化工 1003 "
   hx(3) ="化工 1004 "
   hx(4) ="化工 1005 "
   hx(5) ="精化 1001 "
   hx(6) ="精化 1002 "
   sy(0) ="石油 1001 "
   sy(1) ="石油 1002 "
   sy(2) ="石油 1003 "
   sy(3) ="石油 1004 "
   sy(4) ="石油 1005 "
   jx(0) ="机制 1001 "
```

```
    jx(1) ="机制 1002"
    jx(2) ="机制 1003"
    jx(3) ="机制 1004"
    jx(4) ="焊接 1001"
    jx(5) ="焊接 1002"
    jx(6) ="设计 1001"
    jx(7) ="化机 1001"
    jx(8) ="化机 1002"
    Select Case Combo1. Text
      Case Is ="化学工程系"
        For i =0 To UBound(hx)
          Combo2. Text = hx(0)
          Combo2. AddItem hx(i)
        Next i
      Case Is ="石油工程系"
        For i =0 To UBound(sy)
          Combo2. Text = sy(0)
          Combo2. AddItem sy(i)
        Next i
      Case Is ="机械工程系"
        For i =0 To UBound(jx)
          Combo2. Text = jx(0)
          Combo2. AddItem jx(i)
        Next i
    End Select
End Sub
Private Sub Command1 _ Click()
    MsgBox "学号:" + Text1. Text + Chr(13) + Chr(10) +"姓名:" + Text2. Text + Chr(13) + Chr
(10) +"性别:" + Combo3. Text + Chr(13) + Chr(10) +"爱好:" + Combo4. Text + Chr(13) + Chr
(10) +"系部:" + Combo1. Text + Chr(13) + Chr(10) +"班级:" + Combo2. Text
End Sub
Private Sub Command2 _ Click()
    Text1. Text =""
    Text2. Text =""
End Sub
```

其中:UBound(jx)获取数组 jx 的最大下标值。

# 7.3　图片框与图像框

图片框和图像框是 Visual Basic 6.0 中用于显示图形的两种基本控件。图片框是容器控件，可以作为父控件，可通过 Print 方法接收文本，可接收像素组成的图形。图像框比图片框占用的内存少，显示速度快，图像框不能接收 Print 方法输入的信息。利用本节所讲内容可以设计如图 7－10 所示登录信息界面。

图 7－10　登录信息界面

## 7.3.1　图片框

图片框(PictureBox)在工具箱中的图标为，用于显示图形或绘制图形，还可以显示文本或数据，常用作其他控件的容器。Visual Basic 6.0 支持“.bmp、.ico、.wmf、.emf、.jpg、.gif”等格式的图形文件。图片框控件添加到窗体后默认名称是 Picture1，Picture2，…。

**1. 常用属性**

（1） CurrentX、CurrentY 属性

确定图片框内当前光标的横坐标和纵坐标的值，以 Twip 为单位，只能在代码中使用。例如：

```
Picture1.CurrentX = 800
Picture1.CurrentY = 900
```

（2） Picture 属性

该属性可在图片框中显示图片，图形文件可以在设计阶段或运行期间装入。在运行期间，使用 LoadPicture 函数装入图形文件。如把 C 盘“pic”文件夹下的“photo1.jpg”文件装载到 Picture1 图片框中，使用的语句为：

```
Picture1.Picture = LoadPicture("c:\pic\photo1.jpg")
```

LoadPicture 函数的功能与 Picture 属性基本相同，用于装入图形文件。将 Picture1 图片框中的图形清除使用的语句为：

```
Picture1.Picture = LoadPicture
```

（3） AutoSize 属性

该属性决定控件是否自动改变大小以显示全部图片。该属性的取值及含义如下。

False：保持控件大小不变，超出控件区域的内容被裁减掉，该值为缺省值。

True：自动改变控件大小以显示全部图片。

**2. 事件**

图片框常用的事件有 Click 和 DblClick。图片框控件编写事件代码的较少，常用于容器装入图片。

【任务 7－6】设计如图 7－10 所示登录信息界面，实现输入正确的用户名、密码后，单击“登录”按钮，显示图像，若图像正确，单击“确认”按钮可以进入操作界面。

（1） 界面设计

初始状态时，“用户名”与“密码”后的文本框及右侧的图片框均为空。

程序执行后，输入用户名与密码，若不正确，则清空文本框，重新输入，否则，显示用户图像，若正确，单击“确认”按钮，登录成功，进入操作界面。各控件的属性设置见表7－6。

**表7－6 【任务7－6】各控件属性设置**

| 控件名 | Name属性 | 其他属性 | 属性值 |
| --- | --- | --- | --- |
| 标签 | Label1 | Caption | 用户名 |
| | Label2 | Caption | 密码 |
| 文本框 | Text1 | Text | （空） |
| | Text2 | Text | （空） |
| | | PasswordChar | * |
| | | MaxLength | 6 |
| 图片框 | Picture1 | Picture | （空） |
| 命令按钮 | Command1 | Caption | 登录 |
| | Command2 | Caption | 取消 |
| | Command3 | Caption | 确认 |

（2）代码设计

各控件的相关事件编写代码如下：

```
Private Sub Command1 _ Click( )
  Dim yhm As String
  Dim mm As String
  yhm =" why1369 "
  mm =" 123321 "
  If yhm  < > Text1. Text Then
     MsgBox "用户名错误，请重新输入！", , "登录对话框"
     Text1. Text =""
  Else
     If mm  < > Text2. Text Then
        MsgBox "密码错误，请重新输入！", , "登录对话框"
        Text2. Text =""
     Else
        Picture1. Picture = LoadPicture(" c:\pic\photo1. jpg ")
     End If
  End If
End Sub
Private Sub Command2 _ Click( )
```

```
    Text1. Text = ""
    Text2. Text = ""
    Picture1. Picture = LoadPicture
    Text1. SetFocus
End Sub
Private Sub Command3 _ Click( )
    MsgBox "登录成功！",, "登录对话框"
End Sub
```

### 7.3.2 图像框

图像框(ImageBox)在工具箱中的图标为，主要用于在窗体的指定位置显示图形信息。图像框装入的图形文件与图片框相同，图像框添加到窗体后默认名称是Image1，Image2，…。

与图片框相似，可以在属性窗口设置Image控件的Picture属性来添加图形信息，或在代码中使用LoadPicture函数进行图形信息的添加或清除。图像框比图片框占用系统资源少，因此，速度比图片框速度快。

**1. 特有属性**

Stretch属性

决定图片是否可以伸缩。取值及含义如下。

True：自动放大或缩小图像框中的图形以适应图像框的大小。

False：按照图像的大小输出图形。

**2. 事件**

图像框常用的事件有Click和DblClick。图像框控件编写事件代码的较少，多用作容器装入图片。

【任务7-7】设计图7-11所示网上购物的图像放大界面，实现当单击"放大"按钮时图像被放大，放大到一定尺寸时不可再放大，单击"还原"按钮，则还原到原始状态。

图7-11 网上购物的图像放大界面

（1）界面设计

初始状态时，只显示原始图像大小。

程序执行后，单击“放大”按钮，放大图像，多次单击“放大”按钮，放大到一定尺寸后不可再放大，单击“还原”按钮，则还原到原始状态。各控件的属性设置见表7-7。

**表7-7 【任务7-7】各控件属性设置**

| 控件名 | Name属性 | 其他属性 | 属性值 |
| --- | --- | --- | --- |
| 图像框 | Image1 | Picture | （空） |
| 命令按钮 | Command1 | Caption | 放大 |
| | Command2 | Caption | 还原 |

（2）代码设计

编写各控件的相关事件代码如下：

```
Private Sub Form_Load()
   Image1.Picture = LoadPicture("c:\pic\photo1.jpg")
End Sub
Private Sub Command1_Click()
  If Image1.Width < 2200 And Image1.Height < 2200 Then
    Image1.Height = Image1.Height / 0.8
    Image1.Width = Image1.Width / 0.8
  Else
    Image1.Height = 2200
    Image1.Width = 2200
  End If
End Sub
Private Sub Command2_Click()
  Image1.Height = 1215
  Image1.Width = 1215
End Sub
```

## 7.4 时钟控件

时钟(Timer)控件，在工具箱中的图标为，也称为计时器控件。该控件用于有规律地每隔一段时间执行指定的任务，通过该控件使用系统时钟来计时，定制一个时间间隔，在每个时间间隔内触发一次计时器事件，可以循环执行某一任务。

在窗体内创建定时器控件后，可显示其图标，但不能改变时钟控件大小，程序运行时该控件不可见，它只在后台工作，控制程序的执行。时钟控件添加到窗体后默认名称是Timer1，Timer2，…。

**1. 常用属性**

（1） Interval 属性

该属性用于设定每次触发定时(Timer)事件的时间间隔。该属性取值范围是 0 ~ 65535，以毫秒为单位，最大时间间隔大约为 65 秒。

（2） Enabled 属性

用于设定定时器可用性，属性取值及含义如下。

True：时钟控件有效，即时钟控件开始工作。

False：时钟控件无效，即时钟控件停止工作。

**2. 事件**

Timer 事件

时钟控件只支持 Timer 事件。在 Enabled 属性为 True 的情况下，经过 Interval 属性所设定的时间间隔触发一次 Timer 事件，如设定 Interval 为 1000，则时钟控件每隔 1 秒触发一次 Timer 事件。

【任务 7 – 8】 利用输出对话框显示正确登录系统所需时间，登录界面如图 7 – 12(a)所示，登录成功对话框如图 7 – 12(b)所示。

(a) 登录界面

(b) 登录成功对话框

图 7 – 12

（1） 界面设计

在【任务 7 – 6】登录信息界面中添加时钟控件 Timer1，其 Interval 属性设为 1000(1 秒)。

程序执行后，输入正确的“用户名”和“密码”，单击“登录”按钮，用户图片显示在图片框中，确认无误后，单击“确认”按钮，在输出对话框中显示出正确登录所需时间。

（2） 代码设计

“登录”、“取消”按钮的代码参考【任务 7 – 6】。

“确认”按钮的事件代码如下：

```
Private Sub Command3_Click()
  MsgBox "登录成功！ 登录时间为" + Str(t) + "秒！", , "登录对话框"
  Command3.Enabled = False
End Sub
```

其中，Str(t)表示将计时器 t 的计时转换为字符串。

## 7.5 滚 动 条

滚动条(ScrollBar)通常用于附在窗体边沿或其他控件上辅助查看数据或确定位置，可作为数据的指示器或数据输入工具。

滚动条分为水平滚动条(HscrollBar)和垂直滚动条(VscrollBar)。水平滚动条控件在工具箱中的图标为，垂直滚动条控件在工具箱中的图标为。

滚动条的两端各有一个滚动箭头，在滚动箭头之间有一个滚动块。滚动块从一端移至另一端时，其值在不断变化，水平滚动条的值由左向右递增，垂直滚动条的值由上向下递增，其取值范围为 -32768 ~ 32767，最小值和最大值分别在两个端点。水平滚动条控件添加到窗体后，其默认的名称是 Hscroll1，Hscroll2……垂直滚动条控件添加到窗体后，其默认的名称是 Vscroll1，Vscroll2……

**1. 常用属性**

(1) Max 属性

滚动条所能表示的最大值，取值范围为 -32768 ~ 32767。

(2) Min 属性

滚动条所能表示的最小值，取值范围为 -32768 ~ 32767。

(3) Value 属性

滚动块在滚动条上的位置。滚动条被分为(Max - Min)个间隔，当滑块在滚动条上移动时，其 Value 值在 Max 和 Min 之间变化。

(4) LargeChange 属性

单击滚动条的空白处时，滑块移动的增量值。

(5) SmallChange 属性

单击滚动条两端的箭头时，滑块移动的增量值。

**2. 事件**

滚动条最常用的是 Change 事件和 Scroll 事件。

(1) Scroll 事件

当用户在滚动条内拖动滑块时，触发该事件。

(2) Change 事件

滑块移动、单击滚动箭头或通过代码改变 Value 属性的值时触发该事件。

【任务 7 - 9】利用滚动条控件设计图 7 - 13所示逐渐显示图片界面。

(1) 界面设计

初始状态时，添加一个图像框、一个标签、一个垂直滚动条，垂直滚动条 MAX 属性的最大值与图像框的高度相同。利用标签控件的变化逐渐将图片显示出来。

图 7 - 13　图片显示界面

程序执行后，标签与图像框高度、宽度完全相同，随着垂直滚动条的移动，图像从上到下逐渐显示出来。

各控件的属性设置见表 7 - 8。

表 7-8 【任务 7-9】各控件属性设置

| 控件名 | Name 属性 | 其他属性 | 属性值 |
|---|---|---|---|
| 图像框 | Image1 | Picture | （空） |
| 标签 | Label1 | Caption | （空） |
| 垂直滚动条 | VScroll1 | MAX | 与图像框的 Height 属性值相同 |
| | | LargeChange | 50 |
| | | SmallChange | 50 |

（2）代码设计

编写各控件的相关事件代码如下：

```
Private Sub Form _ Load( )
   Image1. Picture = LoadPicture(" c:\pic\car2. jpg ")
   Label5. Width = Image1. Width
   Label5. Height = Image1. Height
   Label5. Top = Image1. Top
   Label5. Left = Image1. Left
End Sub
Private Sub VScroll1 _ Change( )
   Label5. Top = VScroll1. Value  - Image1. Top
End Sub
```

## 7.6 综 合 应 用

【应用 7-1】设计学生基本信息界面，如图 7-14(a)所示，输入并选择某学生的各项信息，单击“确定”按钮，在输出对话框中显示相关信息，如图 7-14(b)所示。

(a) 学生基本信息界面

(b) 输出信息对话框

图 7-14

(1) 界面设计

初始状态时，输入学号、姓名、身份证号、联系方式、E－mail，利用组合框选择“性别、民族”。

程序执行后，输入并选择相关信息，单击标签“照片”显示照片，单击“确定”按钮，通过输出对话框显示相关信息。各控件的属性设置见表7－9。

表7－9 【应用7－1】各控件属性设置

| 控件名 | Name 属性 | 其他属性 | 属性值 |
|---|---|---|---|
| 图像框 | Picture1 | Picture | (空) |
| 标签 | Label1 | Caption | 学号 |
| | Label2 | Caption | 姓名 |
| | Label3 | Caption | 性别 |
| | Label4 | Caption | 民族 |
| | Label5 | Caption | 身份证号 |
| | Label6 | Caption | 联系方式 |
| | Label7 | Caption | E－mail |
| | Label8 | Caption | 照片 |
| 文本框 | Text1 | Text | (空) |
| | Text2 | Text | (空) |
| | Text3 | Text | (空) |
| | Text4 | Text | (空) |
| | Text5 | Text | ·(空) |
| 组合框 | Combo1 | Text | 女 |
| | Combo2 | Text | 汉族 |

(2) 代码设计

各控件的相关事件编写代码如下：

```
Private Sub Form _ Load( )
   Combo1. AddItem "男"
   Combo1. AddItem "女"
   Combo2. AddItem "汉族"
   Combo2. AddItem "满族"
   Combo2. AddItem "回族"
End Sub
Private Sub Command1 _ Click( )
   MsgBox "学号:" + Text1. Text + Chr(13) + Chr(10) + "姓名:" + Text2. Text + Chr(13) + Chr
```

```
(10) +"性别:" + Combo1. Text + Chr(13) + Chr(10) +"民族:" + Combo2. Text + Chr(13) + Chr
(10) +"身份证号:" + Text3. Text + Chr(13) + Chr(10) +"联系方式:" + Text4. Text + Chr(13) +
Chr(10) +" E - mail:" + Text5. Text, , "输出信息"
  End Sub
  Private Sub Command2 _ Click( )
    Text1. Text = ""
    Text2. Text = ""
    Text3. Text = ""
    Text4. Text = ""
    Text5. Text = ""
  End Sub
  Private Sub Label8 _ Click( )              '显示照片事件
    Picture1. Picture = LoadPicture(" c: \pic\photo6. jpg ")
  End Sub
```

【应用7-2】设计如图7-15所示学生基本信息界面，编写程序完成年、月、日不同情况的选择与填充，其中闰年时2月29天。

(1) 界面设计

初始状态时，“性别”和“民族”组合框中的数据通过List属性添加，而“出生日期”各组合框置为空。

程序执行后，利用循环结构将1975—2010添入“年”组合框中，1-12添入“月”组合框中，“1-31”添入“日”组合框中。由于不同的月份对应的天数不同，当月份发生变化时，通过选择结构完成不同天数的添加。各控件的属性设置见表7-10。

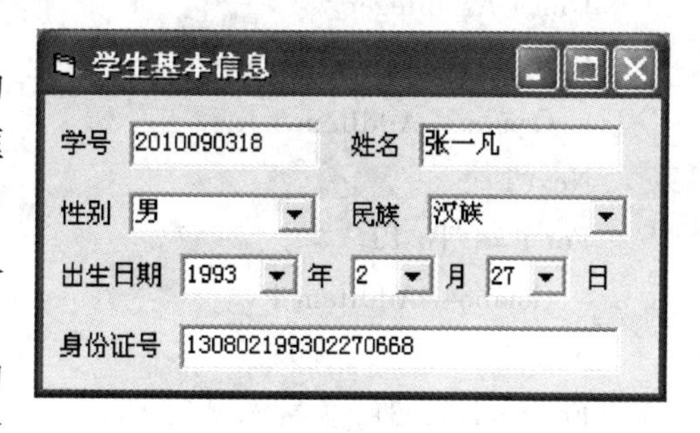


图7-15 学生基本信息界面

**表7-10 【应用7-2】各控件属性设置**

| 控件名 | Name属性 | 其他属性 | 属性值 |
|---|---|---|---|
| 标签 | Label1 | Caption | 学号 |
| | Label2 | Caption | 姓名 |
| | Label3 | Caption | 性别 |
| | Label4 | Caption | 民族 |
| | Label5 | Caption | 出生日期 |
| | Label6 | Caption | 年 |
| | Label7 | Caption | 月 |
| | Label8 | Caption | 日 |
| | Label9 | Caption | 身份证号 |

续表

| 控件名 | Name 属性 | 其他属性 | 属性值 |
|---|---|---|---|
| 文本框 | Text1 | Text | (空) |
| | Text2 | Text | (空) |
| | Text3 | Text | (空) |
| 组合框 | Combo1 | Text | 男 |
| | Combo2 | Text | 汉族 |
| | Combo3 | Text | 1990 |
| | Combo4 | Text | 1 |
| | Combo5 | Text | 1 |

(2) 代码设计

编写各控件的相关事件代码如下:

```
Private Sub Form _ Load( )
  Dim i As Integer
  For i = 2010 To 1975 Step - 1
    Combo3. AddItem i
  Next i
  For i = 1 To 12
    Combo4. AddItem i
  Next i
  For i = 1 To 31
    Combo5. AddItem i
  Next i
End Sub
Private Sub Combo4 _ Click( )
  Dim i As Integer
  Combo5. Clear
  Select Case Combo4. Text
    Case Is = 1, 3, 5, 7, 8, 10, 12
      For i = 1 To 31
        Combo5. Text = 1
        Combo5. AddItem i
      Next i
    Case Is = 4, 6, 9, 10
      For i = 1 To 30
```

```
            Combo5. Text = 1
            Combo5. AddItem i
          Next i
      Case Is = 2
          If (Combo3. Text Mod 400 = 0) Or (Combo3. Text Mod 100 < > 0 And Combo3. Text
Mod 4 = 0) Then
            For i = 1 To 29
               Combo5. Text = 1
               Combo5. AddItem i
            Next i
          Else
            For i = 1 To 28
               Combo5. Text = 1
               Combo5. AddItem i
            Next i
          End If
    End Select
End Sub
```

【应用 7-3】设计如图 7-16(a)所示学籍变更情况界面，完成输入并选择相关信息后，显示输出信息，如图 7-16(b)所示。

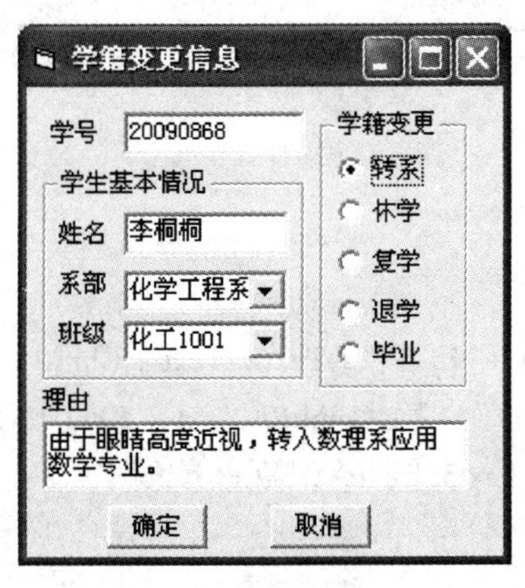


(a) 学籍变更情况界面

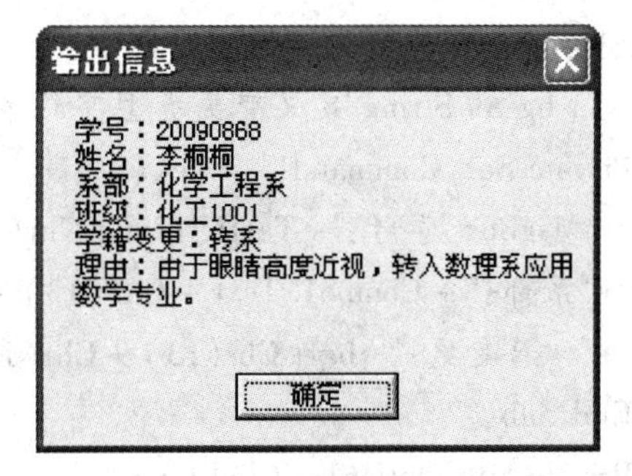


(b) 输出信息

图 7-16

(1) 界面设计

初始状态时，“学号”、“姓名”、“理由” 文本框均为空，“学籍变更” 单选按钮组等待选取，“系部、班级” 有默认值。

程序执行后，输入学号、姓名，选择学籍变更类型、系部、班级，最后输入理由，单击 “确定” 按钮，显示输出信息。各控件的属性设置见表 7-11。

表7-11 【应用7-3】各控件属性设置

| 控件名 | Name属性 | 其他属性 | 属性值 |
| --- | --- | --- | --- |
| 标签 | Label1 | Caption | 学号 |
| | Label2 | Caption | 姓名 |
| | Label3 | Caption | 系部 |
| | Label4 | Caption | 班级 |
| | Label5 | Caption | 理由 |
| 文本框 | Text1 | Text | （空） |
| | Text2 | Text | （空） |
| 框架 | Frame1 | Caption | 学籍变更 |
| | Frame2 | Caption | 学生基本情况 |
| 组合框 | Combo1 | Text | 化学工程系 |
| | Combo2 | Text | 化工1001 |
| 单选按钮 | Option1 | Caption | 转系 |
| | Option2 | Caption | 休学 |
| | Option3 | Caption | 复学 |
| | Option4 | Caption | 退学 |
| | Option5 | Caption | 毕业 |

（2）代码设计

编写各控件的相关事件代码如下：

```
Dim bg As String '定义变更类型字符串
Private Sub Command1 _ Click( )
    MsgBox "学号:" + Text1. Text + Chr(13) + Chr(10) + "姓名:" + Text2. Text + Chr(13) + Chr(10) + "系部:" + Combo1. Text + Chr(13) + Chr(10) + "班级:" + Combo2. Text + Chr(13) + Chr(10) + "学籍变更:" + bg + Chr(13) + Chr(10) + "理由:" + Text3. Text, , "输出信息"
End Sub
Private Sub Option1 _ Click( )
  If Option1. Value = True Then
    bg = "转系"
  End If
End Sub
Private Sub Option2 _ Click( )
  If Option1. Value = True Then
    bg = "休学"
```

```
    End If
End Sub
Private Sub Option3 _ Click( )
    If Option1. Value = True Then
        bg ="复学"
    End If
End Sub
Private Sub Option4 _ Click( )
    If Option1. Value = True Then
        bg ="退学"
    End If
End Sub
Private Sub Option5 _ Click( )
    If Option1. Value = True Then
        bg ="毕业"
    End If
End Sub
Private Sub Form _ Load( )
    Combo1. AddItem "化学工程系"
    Combo1. AddItem "石油工程系"
    Combo1. AddItem "机械工程系"
End Sub
Private Sub Combo1 _ Click( )
    Dim hx(10) As String
    Dim sy(10) As String
    Dim jx(10) As String
    Dim i As Integer
    Combo2. Clear
    hx(0) ="化工 1001"
    hx(1) ="化工 1002"
    hx(2) ="化工 1003"
    hx(5) ="精化 1001"
    hx(6) ="精化 1002"
    sy(0) ="石油 1001"
    sy(1) ="石油 1002"
    sy(2) ="石油 1003"
    jx(0) ="机制 1001"
    jx(1) ="机制 1002"
```

```
    jx(2) ="机制 1003 "
    jx(4) ="焊接 1001 "
    jx(5) ="焊接 1002 "
    jx(6) ="设计 1001 "
    jx(7) ="化机 1001 "
    Select Case Combo1. Text
      Case Is ="化学工程系"
          For i =0 To UBound(hx)
            Combo2. Text = hx(0)
            Combo2. AddItem hx(i)
          Next i
      Case Is ="石油工程系"
          For i =0 To UBound(sy)
            Combo2. Text = sy(0)
            Combo2. AddItem sy(i)
          Next i
      Case Is ="机械工程系"
          For i =0 To UBound(jx)
            Combo2. Text = jx(0)
            Combo2. AddItem jx(i)
          Next i
    End Select
  End Sub
```

# 习　　题

## 一、单项选择题

① 列表框中的列表内容可通过__________属性设置。

A. Columns　　B. List　　C. ListIndex　　D. ListCount

② 调用组合框控件的__________方法，可清除组合框中的所有列表项。

A. Cls　　B. RemoveItem　　C. Clear　　D. Remove

③ 对__________控件，设置__________属性为 True，可实现图形的放大和缩小。

A. 图像、AutoSize　　B. 图片框、AutoSize

C. 图像、Stretch　　D. 图片框、Stretch

④ 下列控件中，没有 Caption 属性的是__________。

A. 选项按钮　　B. 复选框　　C. 列表框　　D. 框架

⑤ 决定单选按钮状态的属性为__________。

A. Index　　B. Value　　C. Caption　　D. Name

⑥ 时钟控件常用的事件是＿＿＿＿＿＿。

A. Click　　B. DblClick　　C. Timer　　D. Change

⑦ 当滚动条滚动时，将触发滚动条的＿＿＿＿＿＿事件。

A. Move　　B. Change　　C. Scroll　　D. Getfocus

⑧ 在图像框(Image)中，用于在 Picture 属性中加载图片的函数为＿＿＿＿＿＿。

A. Picture　　B. Load　　C. LoadPicture　　D. Name

⑨ 可设置列表框中列表项目按字母表顺序排序的属性为＿＿＿＿＿＿。

A. Selected　　B. Sorted　　C. MultiSelect　　D. ListIndex

⑩ 设置单击滚动条的空白处时，滑块移动的增量值的属性为＿＿＿＿＿＿。

A. LargeChange　　B. SmallChange　　C. Value　　D. Max

## 二、填空题

① 程序运行过程中，清除 P1 图片框中的图像应使用语句＿＿＿＿＿＿＿＿＿＿。

② 复选框的＿＿＿＿＿＿属性决定复选取框是否被选中。

③ 如果列表框中的 ListCount 属性为 10，则列表框最后一项的 ListIndex 值为＿＿＿＿＿＿。

④ 组合框是＿＿＿＿＿＿和＿＿＿＿＿＿控件的组合。

⑤ 框架控件的功能是＿＿＿＿＿＿＿＿＿＿＿＿＿＿＿＿＿＿＿＿。

⑥ 如果设置定时器的 Timer 事件间隔 2 秒，其 Interval 属性应设置为＿＿＿＿＿＿。

⑦ 复选框被选中时，＿＿＿＿＿＿属性应设为＿＿＿＿＿＿＿＿＿＿。

⑧ 设置列表框列数的属性为＿＿＿＿＿＿＿＿＿＿＿＿＿＿＿＿＿＿。

⑨ 删除组合框控件的方法为＿＿＿＿＿＿＿＿＿＿＿＿＿＿＿＿＿＿。

⑩ 时钟控件的 Interval 属性的取值的范围是＿＿＿＿＿＿，单位为＿＿＿＿＿＿。

## 三、综合应用题

① 设计应用程序，如图 7－17 所示，实现将 1－500 之间可以被 7 整除的数添加到列表框中，单击“求和”按钮，将列表框的数据进行求和，并在文本框中显示。

② 设计图 7－18 所示个人信息界面，实现各项信息选择完成后，单击“确定”按钮，在文本框中显示相应的内容。

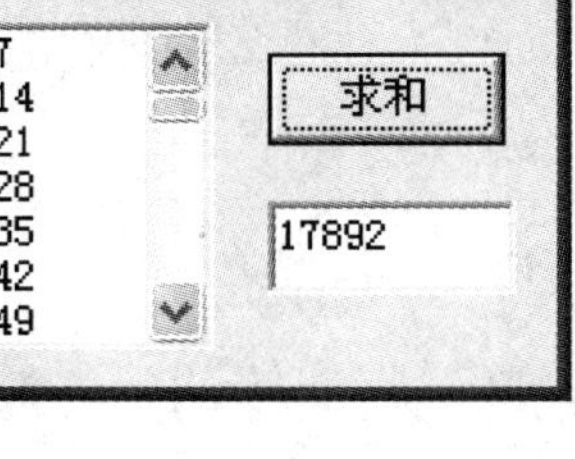


图 7－17　求和界面

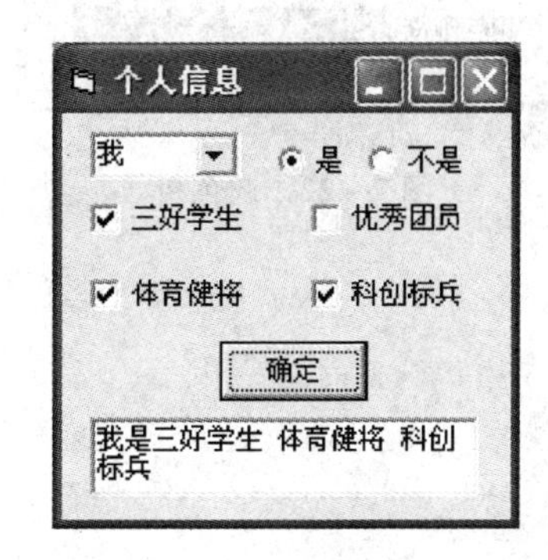


图 7－18　个人信息界面

③ 设计如图 7－19 所示的课程管理界面，并编写程序完成各命令按钮相应的功能。

④ 设计如图 7－20 所示的简单数字电子钟。

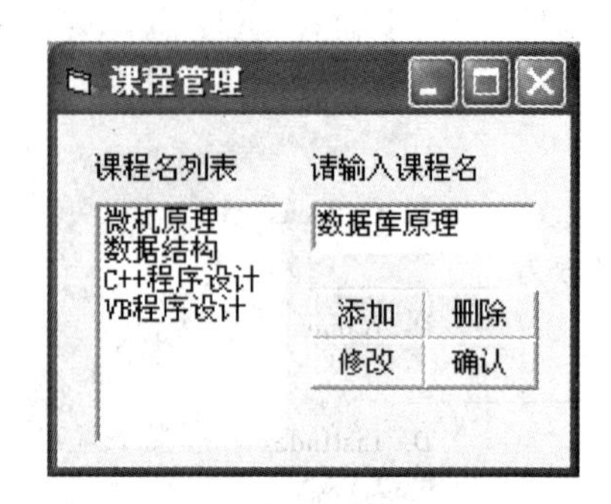


图7－19 课程管理界面

图7－20 数字电子钟

⑤ 设计图像放大与缩小显示程序，如图7－21所示。在窗体设计一个图像框控件并添加一个图像，鼠标左键单击图像一次，图像的高与宽都增加100，鼠标右键单击图像一次，图像的高与宽都减小100。窗体的高度与宽度设计为2600，图像最大时不允许超过窗体的大小，最小时高与宽不能小于600。（高与宽的单位为Twip）

图7－21 图像放大与缩小界面

提示：可在Image1 _ MouseUp（Button As Integer，Shift As Integer，X As Single，Y As Single）事件中写入代码，其中，Button参数为一整数，值为1为左键，值为2为右键。图像框控件的Stretch属性设为True。

⑥ 利用滚动条设计如图7－22所示的调色板。

⑦ 在文本框中输入英文句子，统计其中字母a的个数，界面设计如图7－23所示。

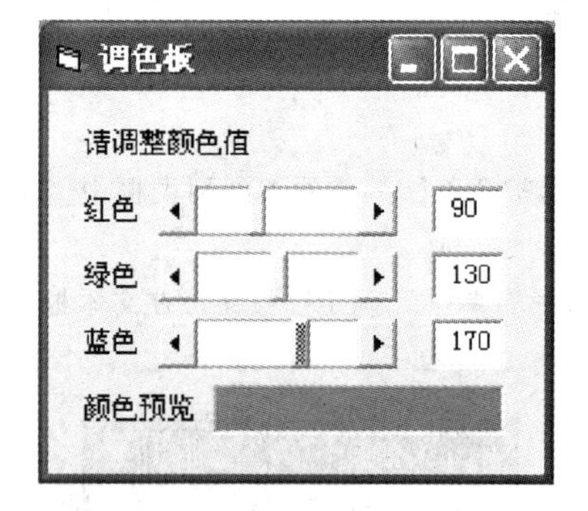


图7－22 调色板

图7－23 统计界面

# 第8章 菜单与多窗体

## 8.1 菜单概述

在Windows环境下菜单是应用程序窗口的基本组成元素之一，大型应用程序的用户界面通常是菜单界面。菜单栏中包含各种操作命令，Visual Basic可使设计者快速而又容易地使用“菜单编辑器”创建用户菜单。菜单分为下拉式菜单和弹出式菜单两种类型。

**1. 菜单的常用术语**

(1) 菜单栏

菜单栏出现在窗体的标题栏下方，包含一个或多个菜单标题，当单击某个菜单标题时，其包含的菜单项显示在下拉列表中。

(2) 菜单

菜单就是当用鼠标单击菜单栏上的菜单标题时，出现的下拉列表。

(3) 菜单项

菜单列表中的每一项称为一个菜单项，菜单项可以是命令、分隔条和子菜单标题，菜单项至少包括一个命令。

(4) 子菜单

子菜单又称“级联菜单”，是从一个菜单项分支出来的菜单。子菜单可包含若干个菜单项。带有子菜单的菜单项其后有箭头标识▶，最多可有五级子菜单。

**2. 菜单常用标记**

① 复选标记：✓在菜单项左侧。选中该菜单项时，显示“对勾”，取消该菜单项选中时，不显示。

② 级联菜单标记：▶表示该菜单项含有相关级联菜单，即子菜单。单击该标记，会显示该菜单项的级联菜单。

③ 打开对话框标记：…在菜单项右侧。表示单击该菜单项会打开一个对话框。

④ 分隔线：——菜单项间的一条水平线，当菜单项较多时，通过分隔条将菜单项划分为不同的组。

⑤ 热键：同时按下Alt和菜单项右侧带下划字符即可激活该菜单项，菜单栏中的“文件(F)”表示当按Alt+F组合键时则激活“文件”菜单项。

⑥ 快捷键：显示在菜单名右侧，如菜单项中的“粘贴(P) Ctrl+V”表示当按Ctrl+V组合键时则激活“粘贴”菜单项。

# 8.2　菜单编程器

Visual Basic 提供了创建用户菜单的工具——菜单编辑器。使用菜单编辑器可以创建菜单栏与菜单项，也可在已有的菜单栏上增加、修改或删除已有的菜单栏及菜单项。

## 8.2.1　打开菜单编辑器

菜单编辑器的打开方法如下。

① 选择“工具”→“菜单编辑器”命令。

② 单击快捷工具栏上的“菜单编辑器”按钮。

③ 按 Ctrl + E 组合键。

打开菜单编辑器后，系统显示菜单编辑器窗口，如图 8 - 1 所示。

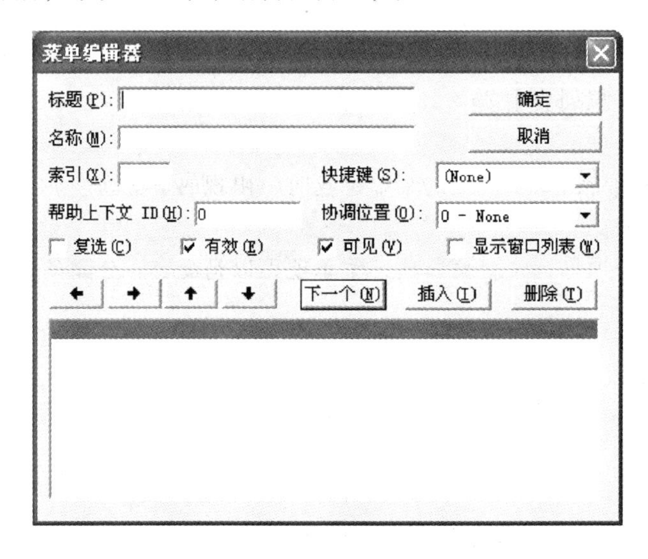


图 8 - 1　菜单编辑器窗口

## 8.2.2　使用菜单编辑器

在打开的菜单编辑器窗口中编辑菜单。

**1. 标题**

“标题”文本框用于设置菜单中显示的文字，如：“文件”、“编辑”等。除了设置菜单项的显示文字，“标题”文本框其他功能如下。

① 分隔线的设置：在“标题”文本框直接输入一个连字符“ - ”。

② 打开对话框标记的设置：直接在标题文本后加入“...”。

③ 快捷键的设置：在访问字符前加一个“&”字符。在运行时访问字符会自动加一条下划线，例如输入标题“文件(&F)”，显示为“文件(F)”。

**2. 名称**

用于设置菜单项名称，与控件的 Name 属性相似，用于在代码中引用菜单项，名称不会显示在菜单中。

菜单项的名称是唯一的，但不同菜单中的子菜单项可以重名。菜单的名称通常以 mnu 作为前缀，如“mnuopen”。

**3. 索引**

用于指定一个数字确定控件在控件数组中的位置。

**4. 快捷键**

在列表中选择相应菜单项的快捷键，如需删除快捷键则选择“None”。例如，打开菜单项的快捷键可设置为 Ctrl + O。

注意：菜单栏中的菜单项不能设置快捷键。

**5. 帮助上下文 ID**

指定一个唯一数值作为帮助文本的标识符，可根据该数值在帮助文件中查找相应的帮助主题。

**6. 其他属性**

① 复选(Checked)：选中该项表示为相应菜单项设置复选标志，运行时该菜单项左侧显示复选标志✓。注意：菜单栏中的菜单项不能设置该属性。

② 有效(Enabled)：决定菜单是否可用。选中该属性表示菜单项在运行时可以使用，否则，菜单项在运行时显示为灰色，不可用。

③ 可见(Visible)：选中该属性表示菜单项可见，否则，菜单项不可见。

④ 显示窗口列表：当菜单要包括一个打开的所有 MDI(多文档界面)子窗口的列表时，选择该属性。

**7. 按钮**

←：每次单击使选定的菜单向左移一个等级，变为上一级父菜单。

→：每次单击使选定的菜单向右移一个等级，使其降为下一级子菜单。

↑：每次单击使选定的菜单项在同级菜单内向上移动一个位置，用于调整各菜单项的相对位置。

↓：每次单击使选定的菜单项在同级菜单内向下移动一个位置。

下一个(N)：将光标移动到下一行或添加一个菜单项。

插入(I)：在列表框的当前选定行上方插入一个菜单项。

删除(T)：删除当前选定菜单项。

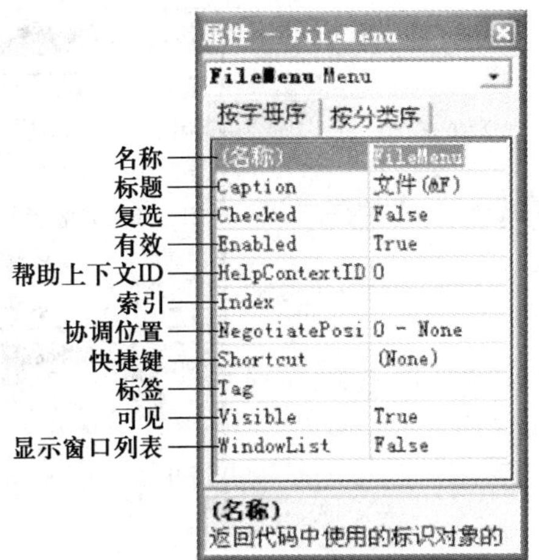


图 8－2　菜单属性窗口

## 8.2.3　菜单的属性

菜单可看做一个控件，有其相关的属性，菜单属性可以在菜单编辑器中或属性窗口中设置。

打开某一菜单项属性窗口的方法：在窗口右侧属性视图的对象下拉列表框中选择所需设置属性的菜单项，如“FileMenu”，则该菜单的属性窗口即可显示，如图 8-2 所示。

## 8.3 下拉式菜单

在 Visual Basic 应用程序界面中单击“文件”即可看到“文件”的下拉式菜单。下拉式菜单的设计可以通过菜单编辑器完成。菜单设计完成之后，即可对每个菜单项进行代码设计。

**1. 菜单的 Click 事件**

除分隔条以外，每个菜单项都有 Click 事件。

**2. 运行时改变菜单属性**

菜单项的有效性、复选性、可见性这三个属性可以在菜单编辑器中设置，或通过语句进行设置。如：EditCut. Enabled = False。

一般格式为：

菜单名称 . 属性 = True | False

【任务 8-1】利用“菜单编辑器”设计表 8-1 所示的菜单结构，通过菜单控制文本框中内容的显示效果。

表 8-1 菜 单 结 构

| 标题 | 名称 | 快捷键 | 标题 | 名称 | 快捷键 |
|---|---|---|---|---|---|
| 编辑(&E) | Edit | | 字体(&F) | Font | |
| ....复制 | EditCopy | Ctrl + C | ....粗体 | FontB | Ctrl + B |
| ....剪切 | EditCut | Ctrl + X | ....斜体 | FontI | Ctrl + I |
| ....粘贴 | EditPaste | Ctrl + V | 颜色(&C) | Color | |
| .... - | EditBar | | ....红色 | ColorRed | |
| ....退出 | EditExit | | ....蓝色 | ColorBlue | |

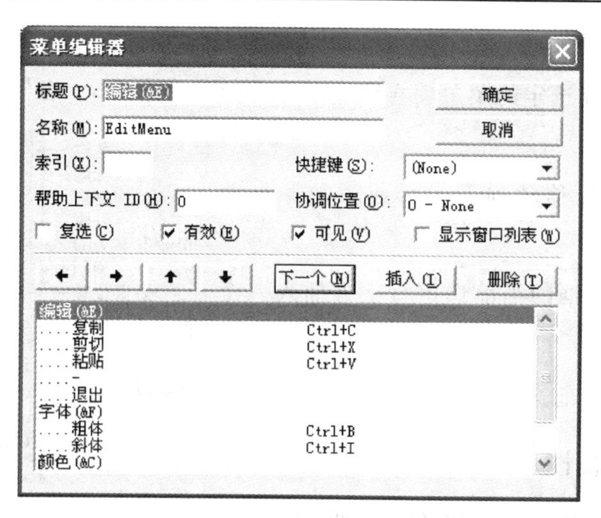


图 8-3 “菜单编辑器”对话框

（1）菜单设计

利用“菜单编辑器”设计菜单结构，如图8-3所示。

① 设计主菜单的第一项“编辑(E)”菜单项。

在“标题”文本框中输入“编辑(&E)”，“名称”文本框中输入“Edit”，其他各属性使用默认值，单击“下一个”按钮，光标移到下一行。

② 设计“编辑”子菜单的第一项“复制 Ctrl+C”。

在“标题”文本框中输入“复制”，“名称”文本框中输入“EditCopy”，在“快捷键”选项框中选择“Ctrl + C”，其他各属性使用默认值，单击 ➜ 按钮，使该项的等级下降一级。单击“下一个”按钮，光标移到下一行。

③ 按步骤②依次设计“编辑”子菜单的第二项“剪切 Ctrl+X”与第三项“粘贴 Ctrl+V”。

④ 设计“编辑”子菜单的第四项“分隔线”。

在“标题”文本框中输入“-”，“名称”文本框中输入“EditBar”，其他各属性使用默认值，单击“下一个”按钮，光标移到下一行。

⑤ 设计“编辑”子菜单的第五项“退出”。

在“标题”文本框中输入“退出”，“名称”文本框中输入“EditExit”，其他各属性使用默认值。单击“下一个”按钮，光标移到下一行。

⑥ 按步骤①依次设计主菜单的第二项“字体(F)”和第三项“颜色(C)”菜单项。

⑦ 按步骤②依次设计“字体”和“颜色”子菜单。

（2）窗体设计

在窗体上添加一个文本框，其Text属性设置为“菜单设计”，Font属性设置为“宋体、四号”，窗体设计如图8-4所示。

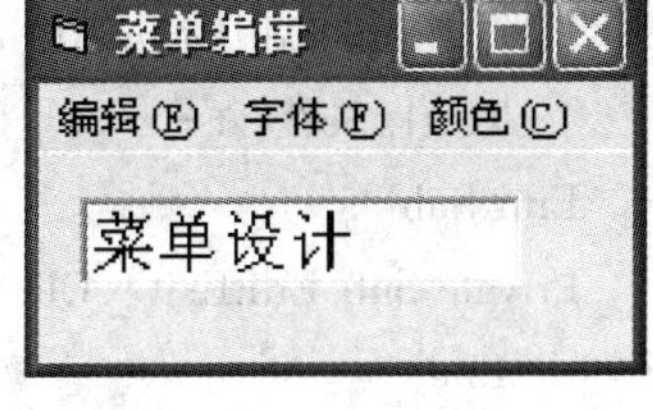


图8-4 【任务8-1】设计界面

（3）代码设计

```
Dim st As String
Private Sub Form _ Load( )
   EditCopy. Enabled = False
   EditCut. Enabled = False
   EditPaste. Enabled = False
End Sub
Private Sub Text1 _ MouseMove( Button As Integer, Shift As Integer, X As Single, Y As Single)
   If Text1. SelText < > "" Then
      EditCopy. Enabled = True          '选定的内容非空，则复制和剪切的命令有效
      EditCut. Enabled = True
      EditPaste. Enabled = False        '粘贴命令无效
   Else
```

```
        EditCopy. Enabled = False
        EditCut. Enabled = False
        EditPaste. Enabled = True           '粘贴命令无效
    End If
End Sub
Private Sub EditCopy_Click()
    st = Text1. SelText                     '将选定的内容存入变量 st
    EditCopy. Enabled = False
    EditCut. Enabled = False
    EditPaste. Enabled = True               '粘贴命令有效
End Sub
Private Sub EditCut_Click()
    st = Text1. SelText                     '将选定的内容存入变量 st
    Text1. SelText = ""
    EditCopy. Enabled = False
    EditCut. Enabled = False
    EditPaste. Enabled = True               '粘贴命令有效
End Sub
Private Sub EditPaste_Click()
    Text1. SelText = st
End Sub
Private Sub EditExit_Click()
    End
End Sub
Private Sub FontB_Click()
    Text1. FontBold = Not Text1. FontBold
    FontB. Checked = Not FontB. Checked
End Sub
Private Sub FontI_Click()
    Text1. FontItalic = Not Text1. FontItalic
    FontI. Checked = Not FontI. Checked
End Sub
Private Sub ColorRed_Click()
    Text1. ForeColor = vbRed
End Sub
Private Sub ColorBlue_Click()
    Text1. ForeColor = vbBlue
End Sub
```

## 8.4 弹出式菜单

弹出式菜单又称快捷菜单，通过鼠标右键打开，是独立于菜单栏的浮动式菜单。当打开一个弹出式菜单时，菜单出现在当前鼠标的位置，可从菜单中选择命令，当操作完成后菜单自动隐藏。

弹出式菜单的设计步骤：

① 使用“菜单编辑器”建立菜单项。

② 将该项顶级菜单的 Visible 属性设置为 False。

③ 在与弹出式菜单关联的窗体的 MouseUp(释放鼠标)事件或 MouseDown(按下鼠标)事件中添加激活弹出式菜单的代码，激活弹出式菜单使用 PopUpMenu 方法。

**例如：** PopUpMenu Edit

一般格式为：

[窗体名称.]PopUpMenu 菜单名

**说明：**

① 窗体名称：可省略，表示当前窗体。

② 菜单名：通过“菜单编辑器”中设计的菜单名。

【任务 8-2】设计一改变文本框背景色的快捷菜单。

（1）菜单设计

添加一个窗体，打开菜单编辑器，添加名为“Color”、标题为“颜色”的菜单，将 Visible 属性设置为 False，并添加三个子菜单项，名称分别为：ColorR、ColorG、ColorY，标题分别为：红色、绿色、黄色。菜单结构见表 8-2。

**表 8-2 【任务 8-2】的菜单结构**

| 标题 | 名称 | 标题 | 名称 |
|---|---|---|---|
| 颜色 | Color | 颜色 | Color |
| ....红色 | ColorR | ....黄色 | ColorY |
| ....绿色 | ColorG | | |

（2）代码设计

```
Private Sub Form_MouseDown(Button As Integer, Shift As Integer, X As Single, Y As Single)
    If Button = vbRightButton Then
      PopupMenu ColorM
    End If
End Sub
Private Sub ColorG_Click()
    Text1.BackColor = vbGreen
End Sub
```

```
Private Sub ColorR_Click()
    Text1.BackColor = vbRed
End Sub
Private Sub ColorY_Click()
    Text1.BackColor = vbYellow
End Sub
```

**说明：**

① 在 Form_MouseDown()过程中编写调用弹出快捷菜单的代码。

② vbRightButton 是 Visual Basic 常量，也可使用数字 2，表示鼠标右键。

运行程序，在窗体上右击鼠标则显示快捷菜单，选取“红色”，则文本框的背景色变为红色，如图 8－5 所示。

图 8－5 【任务 8－2】运行结果

# 8.5 MDI 窗体

MDI 窗体(Multiple Document Interface)称为多文档界面窗体。多文档界面由父窗体和子窗体组成。MDI 窗体可作为子窗体的容器，子窗体称文档窗体，用于显示相应文档。多文档界面允许同时打开多个窗体，并在不同窗体间切换。

## 8.5.1 建立 MDI 窗体

MDI 应用程序至少应有两个窗体：父窗体和一个子窗体。父窗体只能有一个，子窗体则可以有多个，子窗体是将标准窗体 MDIChild 属性设置为 True 的窗体。

建立 MDI 窗体及子窗体的步骤如下：

① 建立一个工程，选择“工程”菜单→“添加 MDI 窗体”菜单项，则 MDI 窗体被添加到工程中。

② 选择“工程”→“添加窗体”菜单项，添加一个标准窗体，将其 MDIChild 属性设置为 True(若要建立多个子窗体重复上述操作即可)。

Visual Basic 中三种不同窗体如图 8－6 所示。

【任务 8－3】 建立一个有“操作”菜单的 MDI 应用程序，其中有两个子窗体，一个是显示当前时间子窗体，一个是选择爱好子窗体。

(1) 窗体设计

① 新建一个工程，添加一个 MDI 窗体，在窗体上添加名称为“操作”的菜单项，其中有两个子菜单项“当前日期时间”和“选择爱好”。菜单结构见表 8－3。

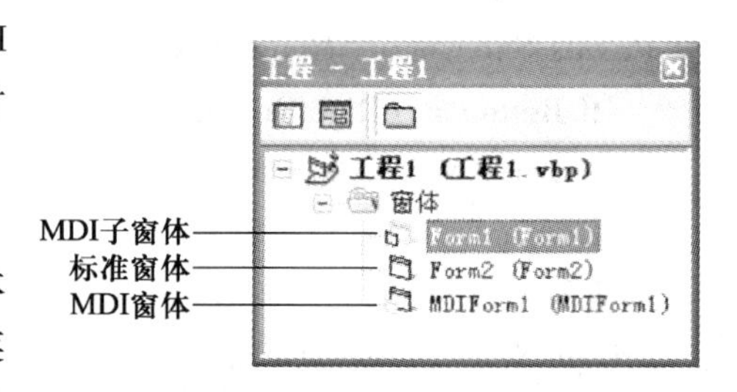


图 8－6 三种不同窗体

表 8－3　【任务 8－3】的菜单结构

| 标题 | 名称 | 标题 | 名称 |
| --- | --- | --- | --- |
| 操作 | MenuOp | 操作 | MenuOp |
| ....当前日期时间 | MenuT | ....选择爱好 | MenuA |

② 添加一个标准窗体 Form1，将其 MDIChild 属性设置为 True，在其窗体上显示当前日期与时间。

③ 再添加一个标准窗体 Form2，将其 MDIChild 属性设置为 True，在其窗体上进行爱好选择。

④ 设置启动窗体，选择"工程"→"工程属性"，在"工程属性"对话框中设置启动对象为 MDIForm1。

(2) 代码设计

```
Private Sub MenuT _ Click( )
    Form1. Show
End Sub
Private Sub MenuA _ Click( )
    Form2. Show
End Sub
```

运行结果如图 8－7 所示。

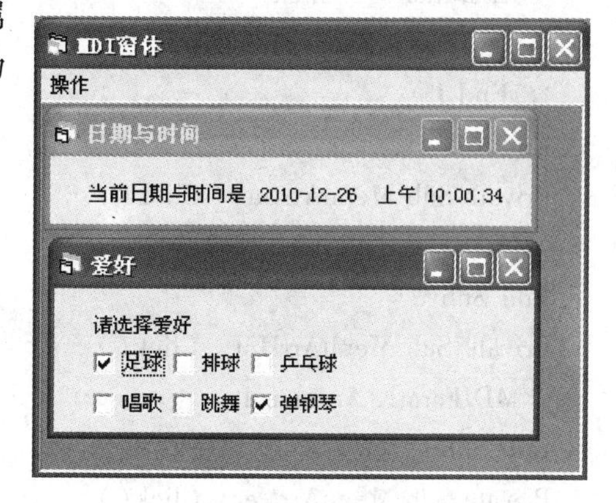


图 8－7　【任务 8－3】运行结果

## 8.5.2　排列子窗体

在 MDI 窗体中使用 Arrange 方法可重新排列子窗体，排列方式有层叠、横向平铺、纵向平铺。

Arrange 方法用法格式如下：

MDI 窗体对象 . Arrange 排列方式

排列方式取值见表 8－4。

表 8－4　子窗体排列方式设置

| 常量 | 数值 | 说明 |
| --- | --- | --- |
| vbCascade | 0 | 层叠排列所有子窗体 |
| vbTileHorizontal | 1 | 横向平铺所有子窗体 |
| vbTileVertical | 2 | 纵向平铺所有子窗体 |

【任务 8－4】 在【任务 8－3】中的程序增加一个快捷菜单"排列"，显示 4 种排列方式。

(1) 菜单设计

在 MDI 窗体上增加"排列"菜单，菜单结构见表 8－5，将其"可见"属性设为 False。

表8-5 【任务8-4】的菜单结构

| 标题 | 名称 | 标题 | 名称 |
| --- | --- | --- | --- |
| 排列 | MenuArr | 排列 | MenuArr |
| ....层叠 | MenuArrCas | ....纵向平铺 | MenuArrVer |
| ....横向平铺 | MenuArrHor | | |

(2) 代码设计

```
Private Sub MDIForm_MouseDown(Button As Integer, Shift As Integer, X As Single, Y As Single)
    If Button = 2 Then
        PopupMenu MenuArr
    End If
End Sub
Private Sub MenuArrCas_Click()
    MDIForm1. Arrange 0
End Sub
Private Sub MenuArrHor_Click()
    MDIForm1. Arrange 1
End Sub
Private Sub MenuArrVer_Click()
    MDIForm1. Arrange 2
End Sub
```

运行程序，将“操作”菜单项中的两个窗体显示，单击右键，执行“层叠”菜单项，显示如图8-8所示结果。

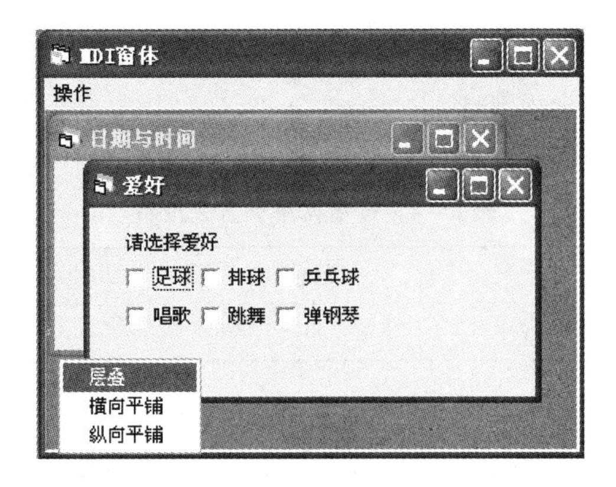


图8-8 【任务8-4】运行结果

# 习　题

## 一、单项选择题

① 菜单控件没有____________属性。

A. Caption　　B. Checked　　C. Enabled　　D. Value

② 下列选项不正确的是____________。

A. 作为分隔条的菜单项不能有事件过程

B. 只有使用鼠标右击窗体后，才可以使用 PopupMenu 方法弹出快捷菜单

C. 如果一个菜单项的 Visible 属性为 False，则它的子菜单也不会显示

D. 菜单的属性可以通过属性窗口设置

③ 以下叙述中错误的是____________。

A. 下拉式菜单和弹出式菜单都用菜单编辑器建立

B. 在多窗体程序中，每个窗体都可以建立自己的菜单系统

C. 除分隔线外，所有菜单项都能接受 Click 事件

D. 如果把一个菜单项的 Enabled 属性设置为 False，则该菜单项不可见

④ 设菜单中有一个菜单项为“Open”。若要为该菜单命令设计访问键，即按 Alt + O 组合键时，能够执行“Open”命令，则在菜单编辑器中设置“Open”命令的方式为____________。

A. 把 Caption 属性设置为 &Open

B. 把 Caption 属性设置为 O&pen

C. 把 Name 属性设置为 &Open

D. 把 Name 属性设置为 O&pen

⑤ 如果要把某个菜单项设置为分隔线，则该菜单项的标题应设置为____________。

A. =　　B. *　　C. &　　D. -

## 二、填空题

① 在菜单编辑器中建立一个菜单，其主菜单项的名称为 MnuEdit，Visible 属性为 False，程序运行后，如果用鼠标右键单击窗体，则弹出与 MnuEdit 相应的菜单。以下是实现上述功能的程序，请填空。

```
Private Sub Form( ) (Button As Integer ,Shift As Integer,X As Single,Y As Single)
    If Button = 2 Then
        ________ MunEdit
    End If
End Sub
```

② 设计弹出式菜单时，其该项顶级菜单“可见”属性设为____________，即 Visible 属性设置为____________。

③ MDI 窗体(Multiple Document Interface)又称多文档界面窗体。多文档界面由____________窗体和____________窗体组成。

④ MDI 窗体中使用 Arrange 方法可重新排列子窗体，排列方式有层叠、横向平铺、纵向平铺，其相应的符号常量为：____________________、____________________、____________________，对应的数值常量是____________、____________、____________。

## 三、综合应用题

在窗体上添加一个文本框，将它的 MultiLine 属性设置为 True，通过菜单命令向文本框中输入信息并对文本框中的文本进行格式化。窗体设计如图 8-9 所示。

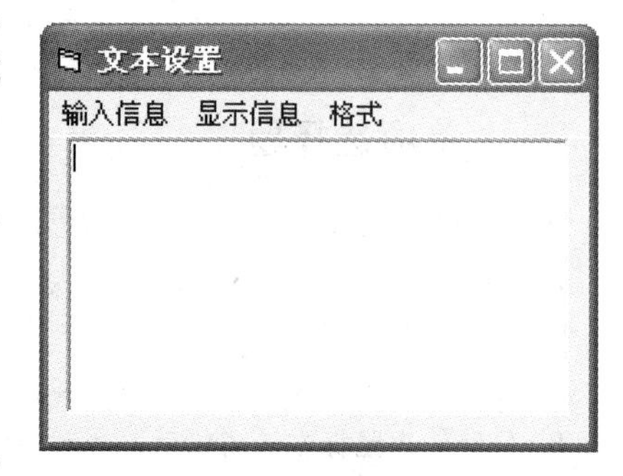


图 8-9 窗体设计效果

按下述要求建立应用程序：

① 窗体上设 3 个主菜单，分别为"输入信息"、"显示信息"和"格式"。其中：

"输入信息"菜单中包括两个子菜单"输入"、"退出"；

"显示信息"菜单中包括两个菜单"显示"、"清除"；

"格式"菜单中包括 5 个菜单："正常"、"粗体"、"斜体"、"下划线"和"Font20"。

菜单结构如表 8-6 所示。

**表 8-6 菜 单 结 构**

| 标题 | 名称 | 快捷键 | 标题 | 名称 | 快捷键 |
|---|---|---|---|---|---|
| 输入信息 | Input | | 格式 | Format | |
| ....输入 | InputIn | Ctrl + R | ....正常 | FormatZ | Ctrl + Z |
| ....退出 | InputExit | Ctrl + E | ....粗体 | FormatFontB | Ctrl + B |
| 显示信息 | Output | | ....斜体 | FormatFontI | Ctrl + I |
| ....显示 | OutputOut | Ctrl + O | ....下划线 | Format FontU | Ctrl + U |
| ....清除 | OutputClear | Ctrl + C | ....Font20 | Format Font20 | Ctrl + F |

②"输入"子菜单完成的功能是：在输入对话框中输入文字。

③"退出"子菜单完成的功能是：结束程序运行。

④"显示"子菜单完成的功能是：在文本框中显示输入的文本。

⑤"清除"子菜单完成的功能是：清除文本框中所显示的内容。

⑥"正常"子菜单完成的功能是：文本框中的文本用正常字体(非粗体、非斜体、无下划线)显示。

⑦"粗体"子菜单完成的功能是：文本框中的文本用粗体显示。

⑧"斜体"子菜单完成的功能是：文本框中的文本用斜体显示。

⑨"下划线"子菜单完成的功能是：给文本框中的文本加下划线。

⑩"Font20"子菜单完成的功能是：把文本框中文本字体的大小设置为 20。

# 第9章 文　件

在前面所述的学生信息管理系统中对于学生基本信息，每次执行时都要通过键盘输入，输入数据的工作需重复进行。为了减少重复工作，可以将学生的各项信息一次性输入到文件中，需要数据时从文件中读取，若添加学生信息，可向文件中写入数据，文件可以长期保存各种数据。

计算机中的文件是指存储在磁盘上的以文件名标识的数据集合。若要访问存放在磁盘上的数据，需要先找到指定的文件，然后再从文件中读取数据。若要向磁盘上存储数据，必须先建立一个文件才能存储数据。

通常，Visual Basic 6.0 提供顺序文件(Sequential File)访问、随机文件(Random Access File)访问，并提供与文件操作相关的控件。

通过 Visual Basic 对文件进行访问操作时，首先要打开文件，然后对文件进行读或写操作，操作完成后关闭文件。具体的文件操作流程如图 9－1 所示。

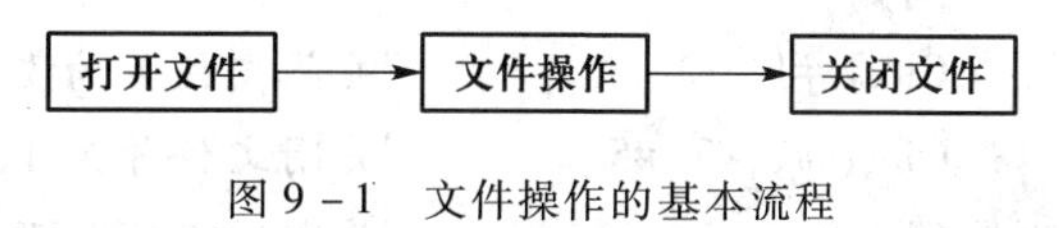


图 9－1　文件操作的基本流程

## 9.1 顺 序 文 件

顺序文件是 ASCII 码格式的文件，文件结构最简单，数据按顺序存放在文件中。利用本节所讲内容可以将记事本文件中的内容读出并显示在窗体上或文本框中，记事本文件内容如图 9－2所示。

### 9.1.1 顺序文件打开与关闭

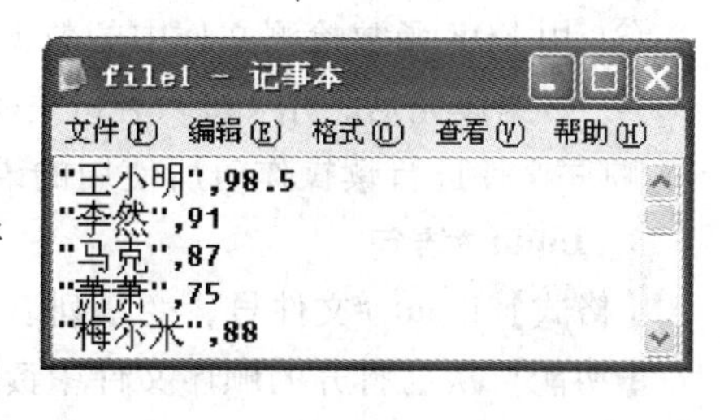


图 9－2　记事本文件内容

**1. 打开文件**

对顺序文件进行操作之前，可使用 Open 语句打开或建立一个文件。

**例如**：打开 D 盘根目录下的文件“ex1. txt”，读出其中的数据，并将该文件指定为 1 号文件，所使用的语句为：Open "d:\ex1. txt" For Input As #1

Open 语句的一般格式如下：

Open <文件名> For 打开方式 As[#] <文件号>

其中：

文件名：指定要打开的文件名，该文件名可包括文件路径，用双引号引起来。

For：关键字，For 引导的短语指明了文件的打开方式。“打开方式”有三种：

- Input：从所打开的文件中读出数据
- Output：向所打开的文件中写入数据并覆盖掉原来的数据

- Append：向打开的文件中添加数据，它把新的数据添加到原文件尾部

As：关键字，As引导的短语为打开的文件指定一个文件号。

#：是文件号前面的特有符号。

<文件号>：是一个1~511之间的整数，代表打开的文件。一个文件号只能指定给一个文件。

**例如**：打开D盘根目录下的文件ex2.txt，向其中写入数据，并指定文件号为5。

```
Open "d:\ex2.txt" For Output As #5
```

**例如**：打开D盘根目录下的文件ex3.txt，向其中添加一些内容，并指定文件号为20。

```
Open "d:\ex3.txt" For Append As #20
```

**2. 关闭文件**

当文件操作完成后，使用Close语句关闭文件。Close语句的一般格式如下：

Close[文件号表列]

文件号表列：是用“,”号隔开的若干个文件号。

**例如**：

```
Close #1            '关闭文件号为1的文件
Close #1,#3,#5      '关闭文件号为1、3、5的文件
Close               '关闭所有已打开的文件
```

### 9.1.2 顺序文件读操作

顺序文件的读操作是指将已打开的顺序文件中的数据依次读到变量中，直到文件尾为止。读取顺序文件中数据的操作步骤如下：

① 用Open语句以Input方式打开文件。

② 用Input #、Line Input #、Input()函数读取文件中的数据。

③ 用EOF函数检测文件中的数据是否读完，如未读完，继续读取数据。

④ 数据读完后，用Close语句关闭文件。

顺序文件进行读操作时所使用的语句和常用函数如下。

**1. Input #语句**

【格式】Input #文件号，变量列表

【功能】从已打开的顺序文件中读取数据并将其赋值给指定的变量。

**说明**：变量列表由一个变量或多个变量组成，多个变量之间用“,”号隔开，文件中数据项目的类型和顺序必须与变量列表中的变量类型和顺序一致。

**2. Line Input #语句**

【格式】Line Input #文件号，变量名

【功能】从已打开的顺序文件中读取一行数据并将其赋值给指定的变量。

**说明**：变量名为String或Variant类型的变量，Line Input#语句从文件中读取一行字符，直到遇到回车符或回车换行符为止(赋值的字符串不包括回车或回车换行符)。

**3. EOF函数**

【格式】EOF(文件号)

【功能】当到达文件末尾时，该函数返回 True，否则返回 False。

**说明：**使用 EOF 是为了避免在文件末尾继续进行读操作而产生的错误。

**4. LOF 函数**

【格式】LOF(文件号)

【功能】返回指定文件的字节数。

**说明：**LOF(1)返回#1 文件的长度。如果返回值为 0，则表示该文件为空文件。

【任务 9-1】C 盘根目录中有 file1.txt 文件，其中存储 100 名学生的信息，将其中前 10 名学生的信息读出并显示在文本框中。文本文件 file1.txt 中信息如图 9-2 所示，读取文件数据窗体如图 9-3 所示。

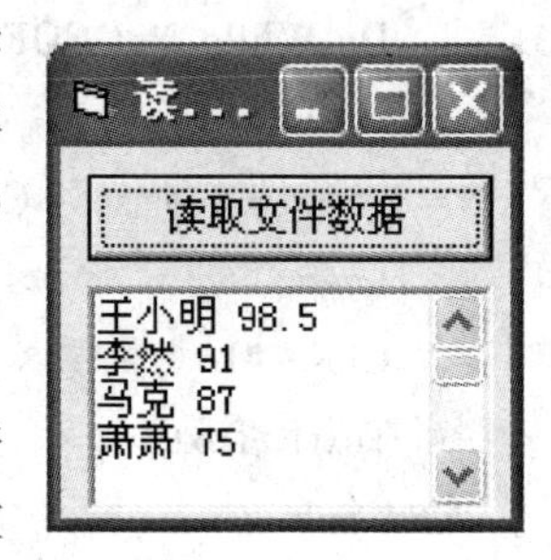

图 9-3 读取文件数据

(1) file1.txt 文件准备

利用记事本建立 file1.txt 文件，输入 100 名学生的信息，将文件保存在 C 盘根目录中。file1.txt 文件中字符串用双引号引起来，与数字之间用逗号或空格分开。

(2) 界面设计

在窗体上添加一个文本框和一个命令按钮，文本框用于显示学生信息，文本框可以多行显示并添加垂直滚动条。

程序运行后，单击命令按钮将 file1.txt 文件中的前 10 名学生的信息显示在文本框中。

各控件的属性设置见表 9-1。

**表 9-1 【任务 9-1】各控件属性设置**

| 控件名 | Name 属性 | 其他属性 | 属性值 |
|---|---|---|---|
| 命令按钮 | Command1 | Caption | 读取文件数据 |
| 文本框 | Text1 | Text | 背景颜色 |
| | | MultiLine | True |
| | | ScrollBars | 2 - Vertical |

(3) 代码设计

对命令按钮的单击事件编写的代码如下：

```
Private Sub Command1_Click()
  w = ""
  Open "c:\file1.txt" For Input As #1
  For i = 1 To 10
      Input #1, nname, num
      w = w + nname + Str(num) + Chr(13) + Chr(10)
  Next i
  Close #1
  Text1.Text = w
```

```
End Sub
```

**说明：**利用 Input #语句读取文本文件中数据时，读到的字符串不包括双引号。

【任务 9－2】使用 Line Input #语句将文件 file1. txt 中的数据全部读出并显示在文本框中。

```
Private Sub Command2_Click()
    w = ""
    Open "c:\file1.txt" For Input As #1
    Do While Not EOF(1)
        Line Input #1, sstr
        w = w + sstr + Chr(13) + Chr(10)
    Loop
    Close #1
    Text1.Text = w
End Sub
```

### 9.1.3 顺序文件写操作

创建一个新的顺序文件或向一个已存在的顺序文件中添加数据，可以通过文件的写操作来实现。VB 提供了 Print #和 Write#两类向顺序文件中写入数据的语句。将内存变量中的内容写入顺序文件中的操作步骤如下：

① 用 Open 语句以 Output 或 Append 方式打开要文件。

② 用 Print#或 Write#语句将数据写入文件。

③ 写操作完成后，用 Close 语句关闭文件。

**1. Print #语句**

【格式】Print #<文件号>[,输出列表][,|;]

【功能】将数据写入顺序文件中。

**说明：**“输出列表”是将列表中的内容写入到文件中，可以是变量名也可是常量，列表项之间用“,”或“;”隔开。“,”表示字符输出在下一个区中，“;”号表示字符以紧凑格式输出。

**2. Write #语句**

【格式】Write #<文件号>[,输出列表][,|;]

【功能】将数据写入顺序文件中。

**说明：**向文件写入数据时，与 Print 语句的区别是：Write 语句能自动在各数据项之间插入逗号作分隔符，并为各字符串加上双引号，数值原样写入文件中。

【任务 9－3】利用 Print 语句将随机产生的 20～120 之间(包括 20 和 120)的 10 个整数写入到 C 盘 save. txt 文件中，再利用 Write 语句将这 10 个数追加到 save. txt 文件中。save. txt 文件中的整数如图 9－4 所示。

代码如下。

```
Private Sub Command1_Click()
    Dim w(10) As Integer
```

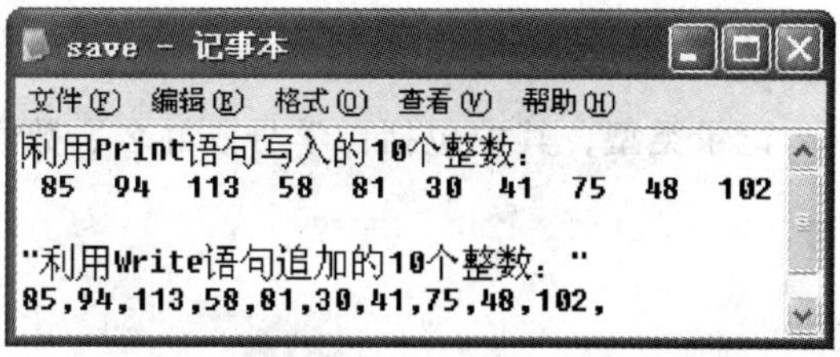

save - 记事本
文件(F) 编辑(E) 格式(O) 查看(V) 帮助(H)
利用Print语句写入的10个整数：
 85 94 113 58 81 30 41 75 48 102

"利用Write语句追加的10个整数："
85,94,113,58,81,30,41,75,48,102,

图 9-4 save. txt 文件中的整数

```
    Randomize
    Open "c:\save. txt" For Output As #2
    Print #2, "利用 Print 语句写入的 10 个整数："
    For i = 1 To 10
        w(i) = Int(Rnd * 101 + 20)
        Print #2, w(i);
        Print w(i);
    Next i
    Print #2,
    Print #2,
    Close
    Open "c:\save. txt" For Append As #3
    Write #3, "利用 Write 语句追加的 10 个整数："
    For i = 1 To 10
        Write #3, w(i);
    Next i
    Write #3,
    Close
End Sub
```

## 9.2 随机文件

随机文件由一组相同长度的记录组成，每个记录包含一个或多个字段。随机文件有如下特点：

① 随机文件的记录为固定长度。

② 记录包含一个或多个字段，记录必须是用户自定义的记录类型。

③ 随机文件打开后，既可读又可写，每个记录都有一个记录号，可根据记录号访问文件中的任何一个记录。

### 9.2.1 记录类型

随机文件是由固定长度的记录组成，记录类型在标准模块中使用 Type…End Type 语句定义。

**1. 记录类型定义语句 Type**

若要定义一个名为 score 记录类型，其中包括：学号、姓名、数学、英语 4 个字段，定义语句如下。

```
Type score
    stuno as String * 10
    stuname as String * 16
    math as Single
    English as Single
End Type
```

其中：score 为记录类型名，stuno 为学号字段，stuname 为姓名字段，math 为数学字段，English 为英语字段。

定义记录类型的一般格式为：

```
Type <记录名>
     <字段名1>  as <数据类型>
     <字段名2>  as <数据类型>
     <字段名3>  as <数据类型>
     ……
End Type
```

其中："记录名"与"字段名"应符合变量名的命名规则，"数据类型"应是 VB 允许的数据类型。

**2. 定义记录变量**

记录类型定义完成后，可根据记录类型定义记录变量。

若定义 2 个具有 score 类型的记录变量 stu1 和 stu2，可使用如下语句：

```
dim stu1 as score
dim stu2 as score
```

**3. 使用记录变量**

记录变量的使用与普通变量的使用不同，使用记录变量的格式为：

```
记录变量名.字段名
stu1. stuno ="20100101 "
stu1. stuname ="陈小巧"
stu1. math =89
stu1. Englist =94
print stu1. stuname,stu. math
```

### 9.2.2 打开与关闭随机文件

**1. 打开随机文件**

随机文件进行操作之前，可使用 Open 语句打开或建立。

(1) 定义的记录类型

```
Type student
    name As String * 16
    score As Integer
End Type
```

(2) 定义记录变量

```
Dim stud1 as student
```

(3) 打开 C 盘根目录下的 ex2. dat 随机文件

```
Open "d:\ex2.dat" For Random As #1 Len = Len(stud1)
```

打开随机文件 Open 语句的一般格式为:

Open < *文件名* >For Random As[#] < *文件号* >Len = < *记录长度* >

其中:记录长度是一个整型表达式,一般用 Len( )函数测试记录变量的长度。

**2. 关闭随机文件**

使用 Close 语句关闭随机文件。

### 9.2.3 随机文件读操作

从随机文件中读取数据使用 Get 语句。

【格式】Get[#] <文件号>, <记录号>, <变量名>

【功能】将指定记录号的记录数据读出,存入指定的变量中。

**说明:** 记录号标明了记录在文件中的位置。若省略记录号,则读取上一个 Get 语句指定记录的下一条记录(即当前记录指针所指向的记录)。

**例如:** 将 1 号文件中的第 2 条记录读出,存入 stud2 记录变量中。

```
Get #1,2,stud2
```

### 9.2.4 随机文件写操作

把数据写入到随机文件中使用 Put 语句。

【格式】Put[#] <文件号>, <记录号>, <变量名>

【功能】把一个记录变量中的数据写入到指定的随机文件中。

**例如:** 将 stud3 中的数据写入到 1 号文件的 2 号记录位置。

```
Put #1,2,stud3
```

对随机文件进行操作的步骤如下:

① 用 Open 语句打开随机文件。

② 用 Put 或 Get 语句向随机文件中写入数据或从随机文件中读出数据。

③ 用 Close 关闭随机文件。

【任务 9-4】定义一个学生成绩记录类型 student,包含姓名和成绩两个字段。从键盘上输入 4 条记录信息存入到 D 盘的"stuscore. dat"随机文件中。

(1) 添加模块,在其中定义记录类型

在工程资源管理器窗口中右击选择"窗体"→"添加"→"添加模块"→"模块"菜单

项，在工程资源管理器中添加一个模块文件夹且其中有一模块文件 Module1，双击该模块文件，输入定义记录类型的语句即可。

```
Type student
    name As String * 16
    score As Integer
End Type
```

（2）在窗体上添加一个命令按钮，其单击事件的代码如下：

```
Private Sub Command1_Click( )
        Dim stud1 As student
        Open "c:\stuscore.dat" For Random As #1 Len = Len(stud1)
        For i = 1 To 4
            stud1.name = InputBox("请输入姓名")
            stud1.score = Val(InputBox("请输入成绩"))
            Put #1,i,stud1
        Next i
        Close
End Sub
```

（3）程序运行后，单击命令按钮，输入如下内容：

马克　　67

萧萧　　75

梅尔米　88

张章　　95

程序执行完成，在 C 盘新建一个“stuscore.dat”文件，其中存有上面 4 条记录。

【任务 9-5】读出“任务 9-4”中“stuscore.dat”文件的第 3 条记录，显示在窗体的文本框中，如图 9-5 所示。

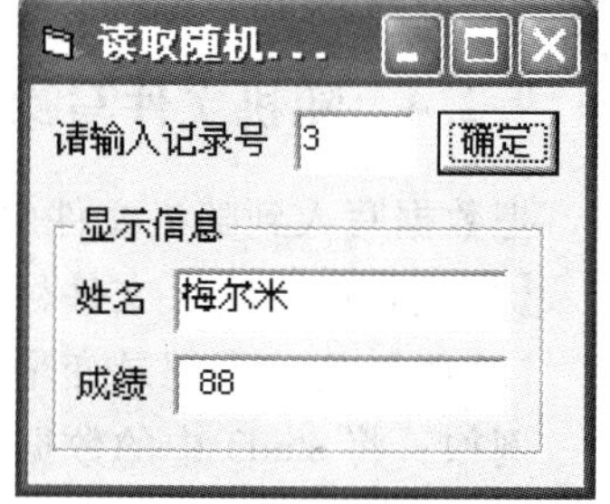


图 9-5　读取随机文件数据窗体

（1）界面设计

利用文本框 Text1 输入待显示的记录号，在 Text2 和 Text3 文本框中显示相关信息。

程序运行后，输入记录号，单击“确定”按钮，则显示相应的信息。如果输入的记录号不存在，则给出提示信息。各控件的属性设置见表 9-2。

**表 9-2　【任务 9-5】各控件属性设置**

| 控件名 | Name 属性 | 其他属性 | 属性值 |
|---|---|---|---|
| 标签 | Label1 | Caption | 请输入记录号 |
| | Label2 | Caption | 姓名 |
| | Label3 | Caption | 成绩 |

续表

| 控件名 | Name 属性 | 其他属性 | 属性值 |
|---|---|---|---|
| 文本框 | Text1 | Text | (空) |
| | Text2 | Text | (空) |
| | Text3 | Text | (空) |
| 框架 | Frame1 | Caption | 显示信息 |
| 命令按钮 | Command1 | Caption | 确定 |

(2) 代码设计

命令按钮的 Click 事件代码如下:

```
Private Sub Command1_Click()
    Dim stud2 As student
    Open "c:\stuscore.txt" For Random As #2 Len = Len(stud2)
    i = Val(Text1.Text)
    If i >0 And i< =4 Then
        Get #2,i,stud2
        Text2.Text = stud2.name
        Text3.Text = Str(stud2.score)
    Else
        MsgBox "该记录不存在,请重新输入!",,"输出信息"
        Text1.Text = ""
        Text1.SetFocus
    End If
    Close #2
End Sub
```

## 9.3 驱动器列表框、文件夹列表框与文件列表框

Visual Basic 6.0 提供了三个用于显示文件信息的控件，分别是驱动器列表框(DriveListBox)、文件夹列表框(DirListBox)和文件列表框(FileListBox)，是具有特定功能的列表框控件。利用本节所讲内容可以设计如图 9-6 所示的文件浏览器或图片浏览器。

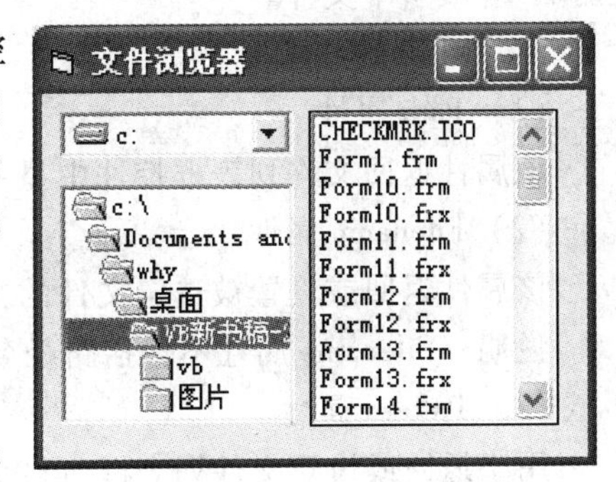


图 9-6 文件浏览器

### 9.3.1 驱动器列表框

驱动器列表框在工具箱中的图标为▭，该控件用于显示系统中有效磁盘驱动器的列表。通常只显示当前驱

动器名称，单击向下箭头，可以列出计算机中有效磁盘驱动器。驱动器列表框添加到窗体后，其默认的名称是 Drive1，Drive2，…。

**1. 常用属性**

（1） Drive 属性

Drive 属性是驱动器列表框控件最重要的属性，运行时返回所选择的驱动器，如“C:”、“D:”等。

若想在驱动器列表框中显示 D 盘，可使用下面语句：

Drive1. drive = "D:"

（2） ListCount 属性

连接的驱动器个数。

**2. 事件**

Change 事件

当驱动器列表框中当前所选择的驱动器发生变化时，触发 Change 事件。

### 9.3.2 文件夹列表框

文件夹列表框控件在工具箱中的图标为，该控件用于显示当前驱动器的目录结构及当前文件夹下的所有文件夹。文件夹列表框添加到窗体后，其默认的名称是 Dir1，Dir2，…。

**1. 常用属性**

（1） Path 属性：用于返回或设置当前路径。

若要显示“C:\pic”路径下信息，可使用下面语句：

Dir1. Path = "C:\pic"。

（2） ListCount 属性：返回当前文件夹中子文件夹的个数。

**2. 事件**

Change 事件

当文件夹列表框中当前所选择的文件夹发生变化时，触发 Change 事件。

### 9.3.3 文件列表框

文件列表框控件在工具箱中的图标为，用于显示指定文件夹下指定类型的文件，可以选择一个或多个文件。

**1. 常用属性**

（1） Path 属性

该属性返回文件列表框控件中显示的文件所在文件夹的路径。

（2） Filename 属性

该属性返回或设置被选定文件的文件名。

**说明：** Filename 属性不包括路径名。

（3） Pattern 属性

用于返回或设置文件列表框所显示的文件类型，缺省时表示所有文件。

**2. 事件**

Click 事件，鼠标单击时触发。

DblClick 事件，鼠标双击时触发。

驱动器列表框、文件夹列表框和文件列表框通常一起使用。

【任务9-6】利用“驱动器列表框、文件夹列表框、文件列表框”设计一个文件浏览器，如图9-6所示。

（1）界面设计

在窗体上添加驱动器列表框、文件夹列表框和文件列表框。

执行窗体后，选取不同的驱动器，文件夹列表框的信息随之变化，选取不同的文件夹，则文件列表框中的信息随之变化。各控件属性均按默认状态设置。

（2）代码设计

各控件的事件代码如下：

```
Private Sub Dir1_Change()
  File1.Path = Dir1.Path
End Sub
Private Sub Drive1_Change()
  Dir1.Path = Drive1.Drive
End Sub
```

## 9.4 通用对话框

通用对话框是一种 ActiveX 控件，用于定义较复杂的对话框。

添加通用对话框的方法：执行“工程”→“部件”命令，在“部件”对话框中选中“Microsoft Common Dialog Control 6.0”，单击“确定”按钮即可。CommonDialog 控件在运行时不可见。CommonDialog 控件可以显示一些常用对话框，通过 Action 属性和 Show 方法进行设置，设置方法见表9-3。

**表9-3 Action 属性和 Show 方法**

| Action 属性 | 方法 | 说明 | Action 属性 | 方法 | 说明 |
|---|---|---|---|---|---|
| 1 | ShowOpen | 显示文件打开对话框 | 4 | ShowFont | 显示字体对话框 |
| 2 | ShowSave | 显示另存为对话框 | 5 | ShowPrinter | 显示打印对话框 |
| 3 | ShowColor | 显示颜色对话框 | 6 | ShowHelp | 显示帮助对话框 |

通用对话框的常用属性如下：

① DefaultEXT 属性：设置对话框中缺省文件类型，即扩展名。

② DialogTitle 属性：设置对话框标题，缺省情况下与 Action 属性相同。

③ FileName 属性：设置或返回要打开或保存的文件路径。

④ FileTitle 属性：指定文件对话框中所选择的文件名(不包含路径)。

⑤ Filter 属性：指定在对话框中显示的文件类型。格式为：

CommonDialog1. Filter = 描述符 1|过滤器 1|…

**例如**：在文件列表栏中显示扩展名为 . DOC 的文件类型代码如下。

CommonDialog1. Filter = Word Files|( * . DOC)

⑥ FilterIndex 属性：指定缺省过滤器。

⑦ Flags 属性：为文件对话框设置选择开关，用于控制对话框的外观。

1—对话框显示“只读检查”复选框。

2—如果保存已有文件时，弹出对话框询问是否覆盖。

4—取消“只读检查”复选框。

8—保留当前目录。

16—显示一个“Help”按钮。

512—允许选择多个文件。

1024—允许指定的文件扩展名与由 DefaultExt 属性所设置的扩展名不同。

2048—只允许输入有效的路径。

4096—禁止输入对话框中没有列出的文件名。

⑧ InitDir 属性：指定对话框中显示的起始目录。

⑨ MaxFileSize 属性：设定 FileName 属性的最大长度，以字节为单位。

⑩ CancelError 属性：有 2 个可选值。

Ture：单击“取消”按钮关闭对话框时显示出错信息。

False：单击“取消”按钮关闭对话框时不显示出错信息。

【任务 9 - 7】利用“通用对话框”控件，建立“打开文件”对话框，在一个文本框中显示打开的文本文件名称及路径，在另一个文本框中显示文本文件内容，界面设计如图 9 - 7 所示。

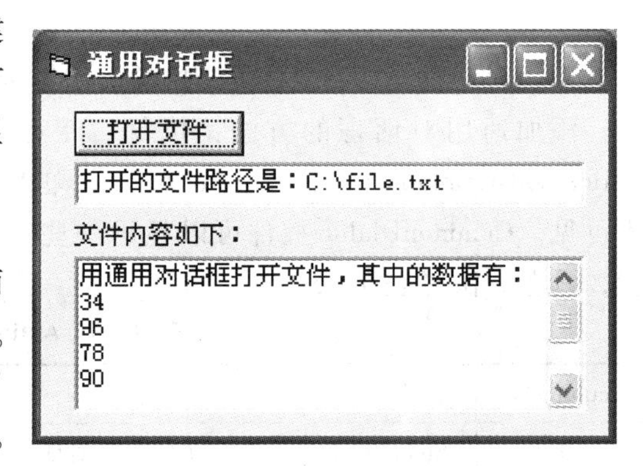


图 9 - 7 【任务 9 - 7】设计界面

(1) 界面设计

初始状态，在窗体上添加一个标签控件、两个文本框、一个命令按钮、一个通用对话框控件。利用记事本，在 C 盘根目录中新建一个“file. txt”文本文件，其中有图 9 - 7 中 Text2 中的所有内容。

程序运行后，单击“打开文件”按钮，在 Text1 显示相关的文字及打开文件的文件名及路径，Text2 中显示打开文件的内容。各控件的属性设置见表 9 - 4。

**表 9 - 4 【任务 9 - 7】各控件属性设置**

| 控件名 | Name 属性 | 其他属性 | 属性值 |
| --- | --- | --- | --- |
| 标签 | Label1 | Caption | 文件内容如下： |
| 文本框 | Text1 | Text | (空) |

续表

| 控件名 | Name 属性 | 其他属性 | 属性值 |
|---|---|---|---|
| 文本框 | Text2 | Text | （空） |
| | | MultiLine | True |
| | | ScrollBars | 2 - Vertical |
| 命令按钮 | Command1 | Caption | 打开文件 |
| 通用对话框 | CommonDialog1 | | |

（2）代码设计

各控件的事件代码如下：

```
Private Sub Command1 _ Click( )
    CommonDialog1. FileName =" "
    CommonDialog1. Flags = 2048
    CommonDialog1. Filter ="文本文件( *. txt) | *. txt"
    CommonDialog1. FilterIndex = 3
    CommonDialog1. DialogTitle ="打开文件"
    CommonDialog1. Action = 1
    If CommonDialog1. FileName =" " Then
      MsgBox "没有选择文件！",37,"检测框"
    Else
      Text1. Text = CommonDialog1. FileName
      Open CommonDialog1. FileName For Input As #1
      w =" "
      Do While Not EOF(1)
          Line Input #1, a
          w = w + a + Chr(13) + Chr(10)
      Loop
    End If
    Text2. Text = w
End Sub
```

## 9.5 应 用 实 例

【应用 9 - 1】随机产生 100 ~ 200 之间的 10 个整数，存入到 C 盘“sort1. txt”文件中，再按由小到大的顺序排序后追加到 C 盘的“sort1. txt”文件中。界面设计如图 9 - 8 所示。

（1）界面设计

界面设计时，在窗体上添加 2 个命令按钮，一个用于随机产生 10 个整数后存入文件中，一个用于排序后追加到该文件中。

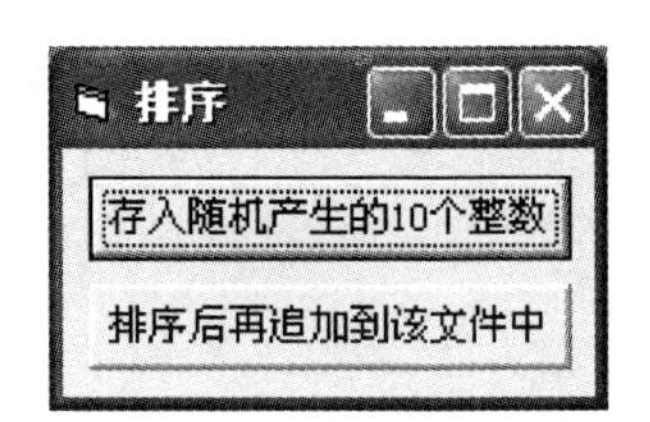


图9-8　排序窗体

（2）代码设计

在窗体的“通用”过程中写入定义窗体级数组变量的语句：

```
Dim w(10) As Integer
```

各控件的事件代码如下：

```
Private Sub Command1_Click()
    Randomize
    Open "c:\sort1.txt" For Output As #2
    For i = 1 To 10
        w(i) = Int(Rnd * 101 + 100)
        Write #2, w(i);
    Next i
    Print #2,
    Close
End Sub
Private Sub Command2_Click()
    Open "c:\sort1.txt" For Append As #2
    For i = 1 To 9
        For j = i To 10
            If w(i) > w(j) Then
                t = w(i): w(i) = w(j): w(j) = t
            End If
        Next j
    Next i
    For i = 1 To 10
        Write #2, w(i);
    Next i
    Close
End Sub
```

（3）程序运行后，在C盘根目录中找到“sort1.txt”文件，双击打开该文件，文件内容如图9-9所示。

程序运行后，打开的文件内容可能会与图9-9的数据不一样，程序执行时数据是随机产

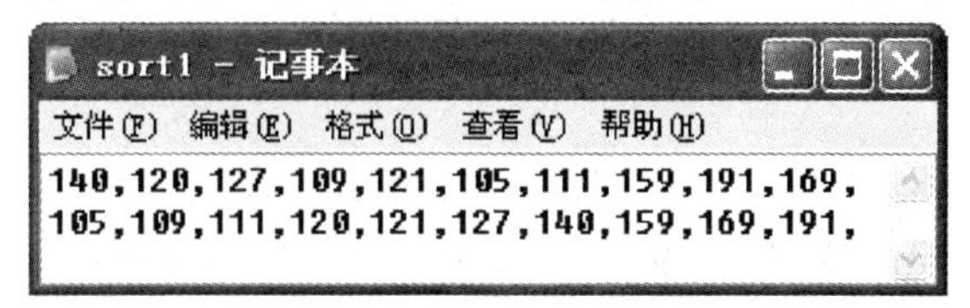


图9-9　sort1.txt文件内容

生的。

【应用 9 - 2】利用驱动器列表框、文件夹列表框、文件列表框设计一个浏览“. bmp”文件的图片浏览器。界面如图 9 - 10所示。

图 9 - 10 图片浏览器

(1) 界面设计

界面设计时，在窗体上放置驱动器列表框、文件夹列表框、文件列表框和一个图片框控件。

程序运行后，找到相关的图片，选择文件列表框中的图片文件，即可在图片框中浏览。各控件的属性设置见表 9 - 5。

表 9 - 5 【应用 9 - 2】各控件属性设置

| 控件名 | Name 属性 | 其他属性 | 属性值 |
|---|---|---|---|
| 驱动器列表框 | Dirve1 | — | — |
| 文件夹列表框 | Dir1 | — | — |
| 文件列表框 | File1 | Pattern | * . bmp |
| 图片框 | Picture1 | BorderStyle | 0 - None |

(2) 代码设计

各控件的事件代码如下：

```
Private Sub Dir1 _ Change( )
  File1. Path = Dir1. Path
End Sub
Private Sub Drive1 _ Change( )
  Dir1. Path = Drive1. Drive
End Sub
Private Sub File1 _ Click( )
  Picture1. Picture = LoadPicture( File1. Path & "\" & File1. FileName)
End Sub
```

【应用 9 - 3】设计如图 9 - 11( a)所示的数据计算界面，功能如下：

① 随机产生 25 个 2 位整数，按 5 × 5 的形式存入 in1. txt 文件中，同时显示在图片框控件中；

② 求其中的最大值；

③ 求其中的最小值；

④ 求平均值。

(1) 界面设计

界面设计时，窗体上添加 1 个图片框、4 个命令按钮、3 个文本框。

程序运行后，单击“随机产生 25 个 2 位整数存入文件中”按钮，则产生 25 个随机整数按 5 × 5 的形式存入“in1. txt”文件中，同时将这 25 个整数在 Picture1 中显示，单击“最大值”

按钮，显示其中的最大值，单击“最小值”按钮，显示其中的最小值，单击“平均值”按钮，显示平均值。图9-11(b)是in1.txt文件中的内容。各控件的属性设置见表9-6。

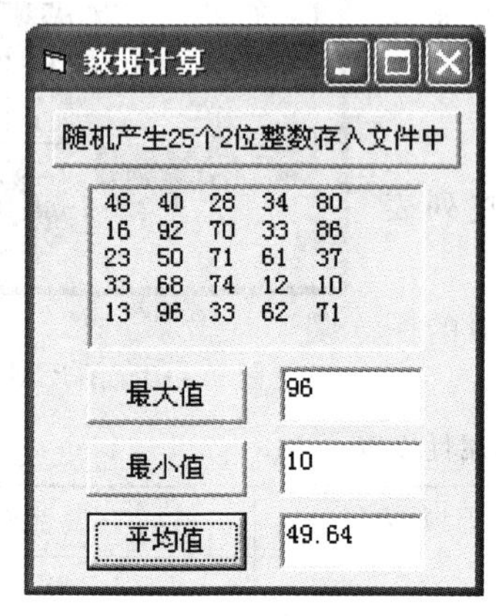


(a) 数据计算界面

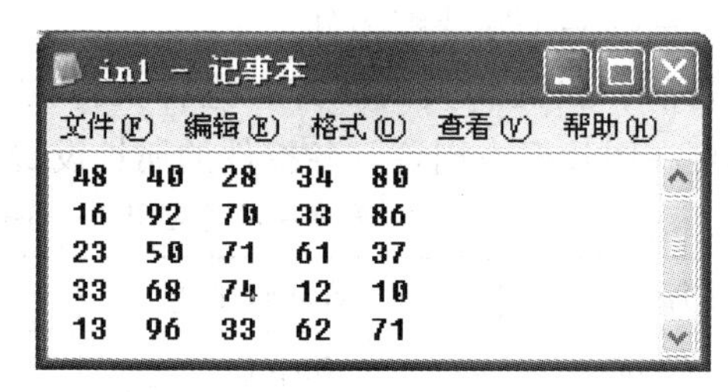


(b) inl.txt文件内容

图9-11

**表9-6 【应用9-3】各控件属性设置**

| 控件名 | Name 属性 | 其他属性 | 属性值 |
|---|---|---|---|
| 图片框 | Picture1 | | |
| 命令按钮 | Command1 | Caption | 随机产生25个2位整数存入文件中 |
| | Command2 | Caption | 最大值 |
| | Command3 | Caption | 最小值 |
| | Command4 | Caption | 平均值 |
| 文本框 | Text1 | Text | 空 |
| | Text2 | Text | 空 |
| | Text3 | Text | 空 |

(2) 代码设计

各控件的事件代码如下：

```
Dim b(5,5) As Integer
Private Sub Command1 _ Click( )
    Randomize
    Open "c:\in1.txt" For Output As #2
    For i = 1 To 5
        For j = 1 To 5
            b(i,j) = Int(Rnd * 90 + 10)
            Print #2,b(i,j);
        Next j
```

```
    Print #2,
    Next i
    Close
    For i = 1 To 5
        For j = 1 To 5
            Picture1.Print b(i,j);
        Next j
        Picture1.Print
        Next i
End Sub
Private Sub Command2_Click()
   mmax = b(1,1)
   For i = 1 To 5
      For j = 1 To 5
         If b(i,j) > mmax Then
           mmax = b(i,j)
         End If
      Next j
   Next i
   Text1.Text = Val(mmax)
End Sub
Private Sub Command3_Click()
    mmin = b(1,1)
    For i = 1 To 5
        For j = 1 To 5
            If b(i,j) < mmin Then
              mmin = b(i,j)
            End If
        Next j
    Next i
    Text2.Text = Val(mmin)
End Sub
Private Sub Command4_Click()
    sum = 0
    For i = 1 To 5
       For j = 1 To 5
           sum = sum + b(i,j)
           Next j
```

```
        Next i
        av = sum / 25
        Text3. Text = Val( av)
End Sub
```

# 习 题

## 一、单项选择题

① 以下能判断是否到达文件尾的函数是________。

A. BOF B. LOC C. LOF D. EOF

② 随机文件中，每条记录必须________。

A. 内容相同 B. 内容不相同 C. 长度不相等 D. 长度相等

③ 下列叙述中错误的是________。

A. 顺序文件打开后，文件中的数据既可读也可写

B. 顺序文件打开后，文件中的数据只能读或只能写

C. 随机文件打开后，可以同时进行读和写操作

D. 顺序文件和随机文件的打开都使用 Open 语句

④ 把一个记录型变量的内容写入文件中指定的位置，所使用的语句为________。

A. Get #文件号，记录号，变量名 B. Get #文件号，变量名，记录号

C. Put #文件号，记录号，变量名 D. Put #文件号，变量名，记录号

⑤ 向一个顺序文件中添加数据时，应使用________打开方式。

A. Output B. Input C. Append D. Random

⑥ 设有语句"d:\test. txt" For Output As #1，以下叙述中错误的是________。

A. 若 d 盘根文件夹下无 test. txt 文件，则该语句创建此文件

B. 用该语句建立的文件的文件号为 1

C. 该语句打开 d 盘根文件夹下一已存在的文件 test. txt，之后就可以从文件中读取信息

D. 执行该语句后，就可以通过 Print #语句向 test. txt 中写入信息

⑦ 以下叙述中错误的是________。

A. 顺序文件中的数据只能按顺序读写

B. 对同一个文件，可以用不同的方式和不同的文件号打开

C. 执行 Close 语句，可将文件缓冲区的数据写到文件中

D. 随机文件中各记录的长度是随机的

⑧ 若对顺序文件进行写操作，下列打开文件语句中正确的是________。

A. Open "file1. txt" For Output As #1 B. Open "file1. txt" For Input As #1

C. Open "file1. txt" For Random As #1 D. Open "file1. txt" For Binary As #1

## 二、填空题

① 从已打开的顺序文件中读取一行数据并赋值给变量 k 的语句是________。

② 读写随机文件可以使用________和________语句。

③ 在随机文件中添加记录时，用________函数获取文件的长度，用________函数获取记录的长度。

④ 关闭所有打开文件的语句是________。

⑤ 使用通用对话框控件时，________方法可以显示另存为对话框。

⑥ 文件列表框(FileListBox)控件中的 FileName 属性的功能是________。

⑦ 在驱动器列表框中显示盘符“E”，可使用的语句是________。

⑧ 若有如下事件代码，其含义是________________________。

```
Private Sub Drive1 _ Change( )
  Dir1. Path = Drive1. Drive
End Sub
```

⑨ 记录类型使用________________语句定义。

⑩ 在窗体上设有一个命令按钮和一个文本框，其名称分别为 Command1 和 Text1，编写如下事件过程，程序功能是，打开 D 盘根文件夹下的文件 file1. txt，读取其全部内容并显示在文本框中，请填空。

```
Private Sub Command1 _ Click( )
  Dim data As String
  Text1. Text =" "
  Open "d:\file1. txt" For ________ As #1
  Do While ________
      Input ________, data
      Text1. Text = Text1. Text  + ________
  Loop
  Close #1
End Sub
```

## 三、综合应用题

① 建立顺序文件“tmp. txt”，内容有字符串“Visual Basic”，打开此文件，将其中的小写字母改为大写字母后写入到“tmp. txt”文件中。

② 建立随机文件“book. dat”，每条记录有 3 个字段，分别为：booknum(书号)、bookname(书名)、price(单价)，各字段的长度为：booknum 为 String * 8，bookname 为 String * 30，price 为 Single，输入 4 本书的信息写到文件中，并将第 2 条记录的信息显示到窗体上。

③ 设计图 9 - 12(a)所示在文件中查找内容窗体，完成如下功能：

a. 在 C 盘根目录下建立“filetxt. txt”文件，输入 20 名学生姓名；

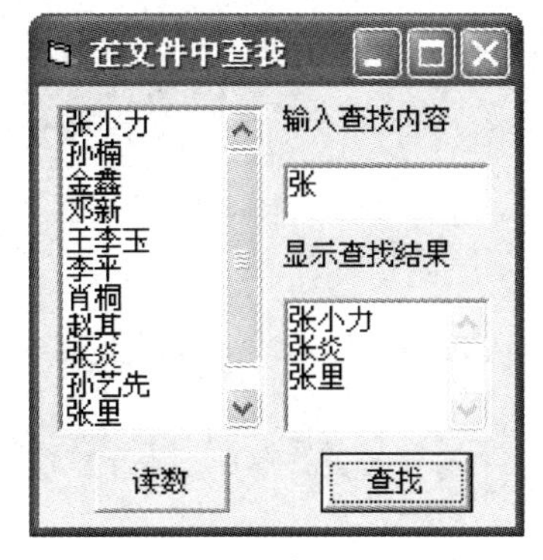


(a) 查找窗体

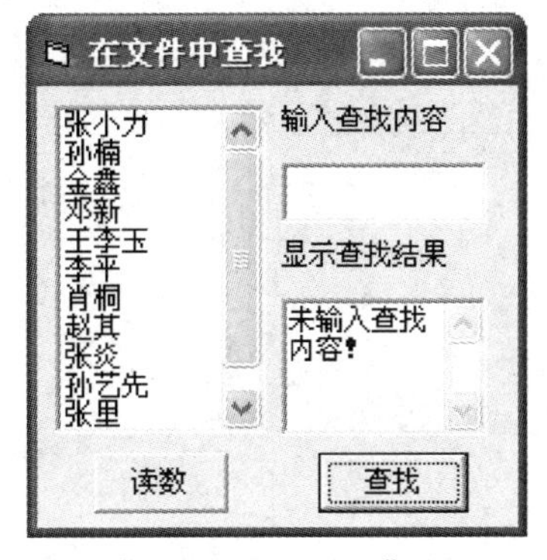


(b)“未输入查找内容！”窗体

图 9 - 12　在文件中查找

b. 单击“读数”按钮，将“filetxt. txt”文件中内容读出，显示在列表框中；

c. 在“输入查找内容”下的文本框中输入待查内容，可以是完整姓名，也可是姓氏，单击“查找”按钮，则进行查找，若找到，则将相关结果显示在“显示查找结果”文本框中；若未找到，则在文本框中显示“未找到!”，如果未输入待查内容，则在文本框中显示“未输入查找内容!”，如图9－12(b)所示。

# 第10章 绘　　图

Visual Basic 为用户提供了丰富的图形、图像处理功能，除了图形、图像控件外，还提供了多种图形方法，可在窗体上直接绘制各种图形。

Visual Basic 中处理图形、图像可通过三种方法：一是显示已经存在的图形或图像文件，可以使用窗体、图片框(PictureBox)、图像(Image)等对象；二是通过 Line 控件和 Shape 控件绘制几何图形；三是利用丰富的图形方法在窗体或图片框上绘制图形。

## 10.1 坐标系统

在 Visual Basic 中，每个对象定位于其所在的容器内。对象定位使用容器坐标系。如：窗体处于屏幕内，屏幕是窗体的容器，控件位于窗体上，窗体是控件的容器。

每个容器都有一个坐标系。构成一个坐标系需要三个要素：坐标原点、坐标度量单位、坐标轴的长度与方向。

坐标系统分两类：标准坐标系统和自定义坐标系统。

### 10.1.1 标准坐标系统

标准坐标系统中，对象的左上角坐标为(0,0)，水平轴(*X* 轴)的正方向向右，垂直轴(*Y* 轴)的正方向向下。对象的 Top 和 Left 属性指定了该对象左上角与默认坐标系统中原点的偏移量。该坐标系统如图 10－1 所示。

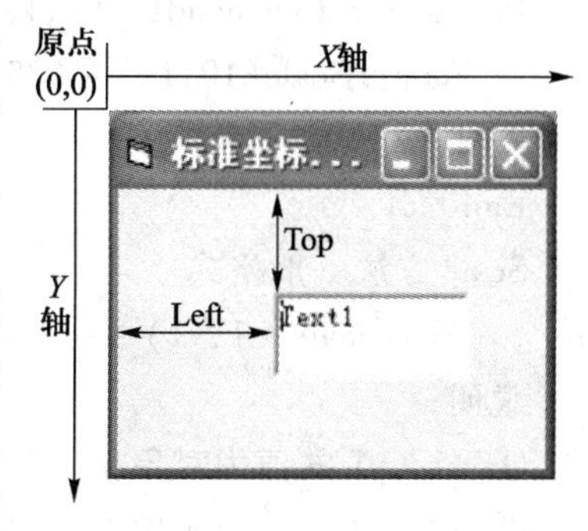

图 10－1　标准坐标系统

沿坐标轴定义位置的测量单位，称为刻度。在 Visual Basic 中，每个坐标轴都有刻度单位，默认状态下的坐标刻度单位为 twip(缇)。除了 twip 这一刻度外，还有 6 种刻度单位以及用户自定义的刻度。使用 ScaleMode 属性可以改变坐标系的刻度，ScaleMode 属性设置值见表 10－1。

**表 10－1　ScaleMode 属性设置值**

| 属性设置值 | 描　　述 |
|---|---|
| 0—User | 用户定义，通过设置 ScaleWidth、ScaleHeight、ScaleTop、ScaleLeft 属性来定义新坐标系 |
| 1—Twip | 缇(默认)，567 缇等于 1 厘米 |
| 2—Point | 磅，72 磅等于 1 英寸 |
| 3—Pixel | 像素，像素是监视器或打印机分辨率的最小单位 |
| 4—Character | 字符，打印时一个字符有 1/6 英寸高、1/12 英寸宽 |

续表

| 属性设置值 | 描 述 |
|---|---|
| 5—Inch | 英寸 |
| 6—Millimeter | 毫米 |
| 7—Centimeter | 厘米 |

ScaleMode 属性值可以在设置阶段用窗口属性来设置或通过代码设置。例如：下面为设置对象刻度单位的语句。

```
Picture1. ScaleMode = 3          '设置图片框 Picture1 的刻度单位为像素
ScaleMode = 6                    '设置窗体的刻度单位为毫米
```

**说明：**

ScaleTop、ScaleLeft：用于确定容器对象左边和顶端的坐标，默认值为0。

ScaleWidth、ScaleHeight：确定对象水平方向和垂直方向的单元数。

### 10.1.2 自定义坐标系统

在 Visual Basic 中对象的坐标系是允许自行定义的。可以使用 Scale 方法来建立自定义坐标系统。

利用 Scale 方法自定义坐标系统，代码如下：

```
Private Sub Command1 _ Click( )
    Form1. Scale(10,10) - (20,15)     '自定义坐标系,左上角(10,10),右下角(20,15)
    Text1. Move 15                    '设置 Text1 左上角的位置定位在横坐标的中间
End Sub
```

Scale 方法一般格式：

[对象]. Scale(x1,y1) - (x2,y2)

**说明：**

① x1，y1 的值为对象左上角的坐标值。

② x2，y2 的值为对象右下角的坐标值。

## 10.2 当前坐标

窗体、图片框、图像框或打印机的 CurrentX、CurrentY 属性给出这些对象的当前坐标。这两个属性在设计阶段不可用，在代码中可用，利用这两个属性，可在当前坐标位置输出信息，如图10-2所示的立体字效果。

```
Private Sub Form _ Click( )
  FontSize = 40
  Form1. ForeColor = vbBlack          '黑色
  CurrentX = 100:  CurrentY = 100     '在(100,100)处输出
```

```
    Print "立体字"
    Form1.ForeColor = vbWhite           '白色
    CurrentX = 130:   CurrentY = 130    '在(130,130)处输出
    Print "立体字"
End Sub
```

图 10-2 利用当前坐标显示立体字

由于两次输出字的前景色不同而显示出立体效果。

## 10.3 绘图控件

形状控件与线条控件通称为绘图控件，用于在窗体或图片框中绘制特定的图形，如圆、直线等，但绘出的图形不支持任何事件。

### 10.3.1 形状控件

形状控件 Shape 在工具箱中图标为▢，用于在窗体或图片框中绘制常见的几何图形。通过设置 Shape 控件的 Shape 属性可以创建预定义形状：矩形、正方形、椭圆形、圆形、圆角矩形或圆角正方形。形状控件添加到窗体后，其默认的名称是 Shape1，Shape2，…。

形状控件的常用属性如下。

（1） Shape 属性

提供了六种预定义的形状，取值为 0 ~ 5 的整型值。具体为：

0—矩形　　1—正方形　　2—椭圆形，

3—圆形　　4—圆角矩形　　5—圆角正方形。

（2） FillStyle 属性

设置用于填充 Shape 控件以及由 Circle 和 Line 图形方法生成的圆和方框的模式。可以取值为 0 ~ 7 之间的整数值。

0—实线　　1—(缺省值)透明　　2—水平直线　　3—垂直直线，

4—上斜对角线　　5—下斜对角线　　6—十字线　　7—交叉对角线

（3） FillColor 属性

设置用于填充 Shape 控件以及由 Circle 和 Line 图形方法生成的圆和方框的色彩，用十六进制数来表示。当 FillStyle 属性不等于 1 时可以看出效果。

（4） BackColor 属性

设置 Shape 控件的背景颜色，用十六进制数来表示。当 BackColor 属性等于 1 时可以看出设置的背景颜色。

（5） BackStyle 属性

设置 Shape 控件的背景风格，有 0 和 1 两种取值。

0—Tansparent：表示背景风格透明，此时 BackColor 属性无效。

1—Opaque：表示背景以实体风格设置。

【任务 10-1】 利用控件数组显示 Shape 控件的 6 种形状，并填充不同的图案。

```
Private Sub Form_Click()
```

```
    Dim i As Integer
    Print "     0        1        2        3        4        5"
    For i = 0 To 5
        Shape1(i).FillColor = RGB(255,0,0)
        Shape1(i).Shape = i
        Shape1(i).FillStyle = i
    Next i
End Sub
```

运行程序，单击窗体，运行结果如图10－3所示。

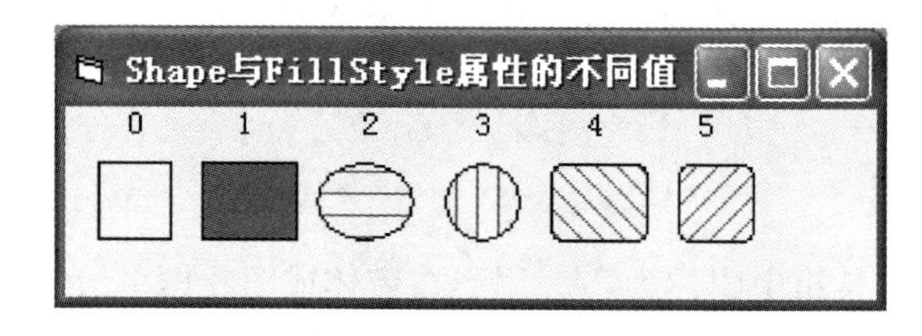


图10－3 Shape属性不同取值的效果

### 10.3.2 直线控件

直线控件(Line)用于在窗体、框架或图片框中创建各种形式的简单线段。Line控件功能较简单，只用于完成最简单的任务，要完成高级的功能，应使用Line方法。直线控件添加到窗体后，其默认的名称是Line1，Line2，…。

## 10.4 绘图方法

Visual Basic除了使用图形控件画图之外，也可直接使用绘图方法来绘图。

### 10.4.1 Line方法

Line方法可用于绘制直线及矩形。

**例如：** Picture1.Line(0,0)－(1000,1000)，vbRed

表示在Picture1控件中，从坐标(0,0)点到坐标(1000,1000)点之间绘制一条红色直线。

Line方法一般格式：

[*对象名*.]Line[[Step](x1,y1)][Step](x2,y2),[*颜色*],[B,[F]]

**说明：**

① 对象名：指绘图容器对象，若省略则指当前窗体。

② (x1,y1)：指起点坐标或矩形的左上角坐标，若省略则为当前坐标。

③ (x2,y2)：指终点坐标或矩形的右下角坐标。

④ Step：表示与当前坐标的相对位置。

**例如：** 下面两条语句功能相同：

Line(500,500) - (1500,1000)

Line(500,500) - Step(1000,500)

⑤ 颜色：画线时的线条颜色。若省略，则使用 ForeColor 属性值，可用 RGB 函数或 QBColor 函数指定颜色。

⑥ B：选择 B 表示画矩形。

⑦ F：F 必须与 B 同时使用。若只用 B 不用 F，则矩形的填充由 FillColor 和 FillStyle 属性决定。

【任务 10 - 2】用 Line 方法在窗体上从自定义坐标系的原点开始在四个象限中绘制颜色、长短随机的直线。

（1）分析

利用 Scale 方法将窗体分为四个象限。将产生的随机数以 0.5 作为分界点，当大于 0.5 时，将产生的直线终止点坐标值取其相反数。

（2）代码设计

```
Private Sub Form_Click()
  Dim x As Integer,y As Integer,ccode As Integer
  Scale( -640,480) - (640, -480)
  Randomize
  For i = 1 To 100
      x = 640 * Rnd
      y = 480 * Rnd
      If Rnd < 0.5 Then x = -x
      If Rnd < 0.5 Then y = -y
      ccode = 15 * Rnd
      Line(0,0) - (x,y),QBColor(ccode)
  Next i
End Sub
```

运行程序，运行结果如图 10 - 4 所示。

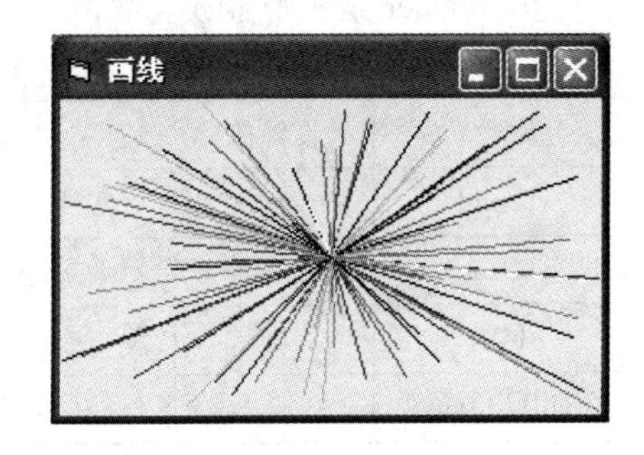


图 10 - 4 画线

## 10.4.2 线宽与线型

在画线时经常需要设置线宽(DrawWidth)和线型(DrawStyle)属性。

**1. DrawWidth 属性**

DrawWidth 属性用于设置绘图线的线宽，以像素为单位。

**例如：** Picture1. DrawWidth = 2

表示在 Picture1 上绘制图形的线宽为 2 像素。

DrawWidth 属性一般格式：

[对象名.]DrawWidth[ = Size]

**说明：**

① 对象名：指绘图的容器对象，若省略则指当前窗体。

② Size：为整数或整型数值表达式。取值范围1～32767，缺省值为1，即1像素宽。

若要在窗体上输出5种不同的线宽，如图10－5所示，程序代码如下。

```
Private Sub Form_Click()
  For i = 1 To 5
    DrawWidth = i          '改变线宽
    Line(0,i * 300) - (4000,i * 300),QBColor(i)
  Next i
End Sub
```

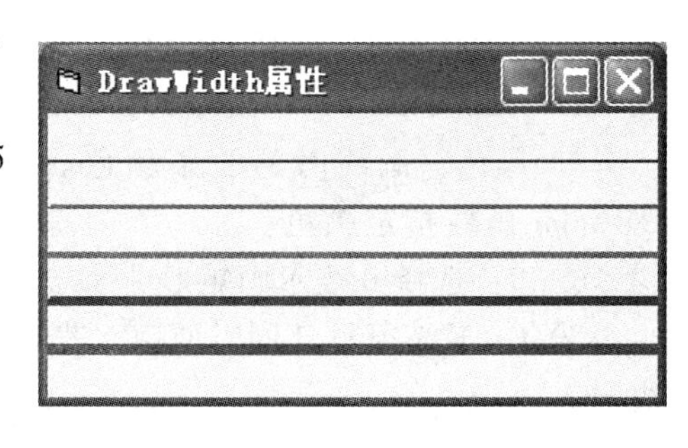

图10－5 DrawWidth属性设置

**2. DrawStyle属性**

DrawStyle属性用于设置线型样式。

**例如：** Picture1. DrawStyle = 2

表示在Picture1上绘制的图形的线型为点线。

DrawStyle属性一般格式：

[对象名.]DrawStyle[ = number]

**说明：**

① 对象名：指绘图的容器对象，若省略则指当前窗体。

② Number是一个整数。取值范围0～6，缺省值为0，其设置值及描述见表10－2。

**表10－2 线型及设置值**

| 常数 | 设置值 | 描述 | 常数 | 设置值 | 描述 |
|---|---|---|---|---|---|
| vbSolid | 0 | 实线（默认值） | vbDashDotDot | 4 | 双点划线 |
| vbDash | 1 | 虚线 | vbInvisible | 5 | 透明线 |
| vbDot | 2 | 点线 | vbInsideSolid | 6 | 内实线 |
| vbDashDot | 3 | 点划线 | | | |

**注意：** 只有DrawWidth = 1时，才能产生不同的线型。

若要在窗体上输出7种不同的线型，如图10－6所示，程序代码如下。

```
Private Sub Form_Click()
  For i = 0 To 6
    DrawStyle = i              '改变线型
    Line(0,100 + i * 300) - (4000,100 + i * 300)
  Next i
End Sub
```

其中，第6条线为透明线，在窗体上不可见。

图10－6 7种不同的线型

### 10.4.3 Circle 方法

Circle 方法用于在对象上画圆、椭圆、圆弧或扇形。

**例如：** Picture1. Circle(1000,1000), 100

表示在 Picture1 中，以(1000,1000)为圆心，100 为半径绘制一个圆。

Circle 方法的一般格式：

[对象名.]Circle[Step](x,y),半径[,颜色][,起始角][,终止角][,长短轴比率]

**说明：**

① 对象名：指绘图的容器对象，若省略则指当前窗体。

② Step：指圆、圆弧或椭圆的中心相对于当前坐标的位置。

③ (x,y)：圆、圆弧或椭圆的中心坐标。

④ 起始角、终止角：控制圆弧和扇形。当取值在 1 ~ 2π 时为圆弧，当取值为负数时，为扇形，负号表示画圆必到圆弧的径向线。

使用 Circle 方法时，若中间的某一参数省略，则逗号不能省。

**例如：** 利用 Circle 方法画如图 10-7 所示圆、椭圆、圆弧、扇形。程序代码如下。

图 10-7 Circle 方法的使用

```
Private Sub Form _ Click( )
    Const PI = 3.1416
    Scale( -100,100) - (100, -100)
    Circle( -70,50),20                          '画圆
    Circle( -30,50),20,,,,2                     '画纵横比大于 1 的椭圆
    Circle(10,50),20,,,,0.5                     '画纵横比小于 1 的椭圆
    Circle( -70, -40),20,,1,3                   '画圆弧
    Circle(10, -20),20,, -PI / 2, -PI / 10      '画扇形
End Sub
```

### 10.4.4 PSet 方法

PSet 方法用于在指定位置画点。

**例如：** Picture1. PSet(10,10),vbRed

表示在坐标(10,10)处画一红点。

PSet 方法一般格式：

[对象名.]PSet[Step](x,y),[颜色]

**说明：**

① 对象名：指绘图的容器对象，若省略则指当前窗体。

② Step：表示相对于 CurrentX 和 CurrentY 属性提供的当前图形位置的坐标。

③ (x,y)：表示画点处的坐标。

【任务 10-3】采用 PSet 方法绘制 $y = \sin(x)$ 两个周期的正弦曲线。

(1) 任务分析

利用 PSet 方法画一红色的 $x$ 轴，再利用 PSet 方法画蓝色的两个周期的 $\sin(x)$ 正弦曲线。“600 * sin(x * 3.141 6/(180 * 5)) +800” 表示式中的 “600” 表示幅值，“x * 3.141 6/(180 * 5)” 表示将角度 x 转换为弧度，“800” 表示将正弦曲线画在 $x$ 轴上；循环终值设为 3600 表示要画两个周期的图形。

(2) 代码设计

```
Private Sub Form_Click()
   Dim i As Integer,x As Integer
   DrawWidth =2
   For i =0 To 3600              '用 PSet 画 x 轴
     PSet(i,800),vbRed
   Next i
   For x =0 To 3600              '用 PSet 画曲线
     PSet(x,600 * Sin(x * 3.1416/(180 * 5)) +
     800),vbBlue
   Next x
End Sub
```

运行程序，运行结果如图 10-8 所示。

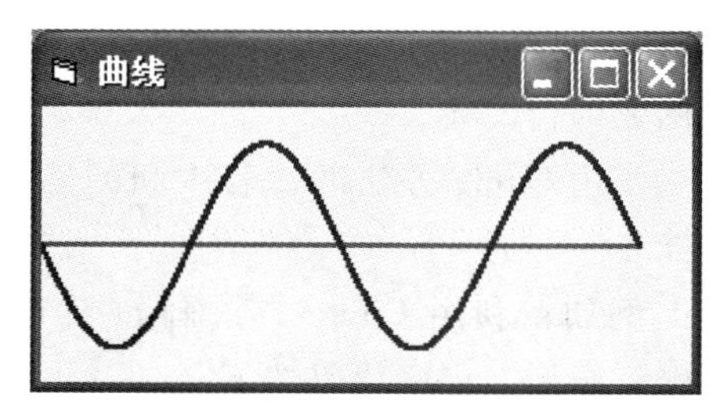


图 10-8 用 Pset 方法绘制曲线

## 10.5 综 合 应 用

【应用 10-1】利用 Circle 方法在窗体上单击一次鼠标显示一个不同填充效果和颜色的圆。

(1) 分析

随机产生 0~15 之间的不同填充颜色和 0-8 之间的不同填充效果，在窗体的 MouseDown() 事件中写入代码。

(2) 代码设计

```
Private Sub Form_MouseDown(Button As Integer,Shift As Integer,X As Single,Y As Single)
   Randomize
   FillColor = QBColor(Rnd * 15)                '随机产生 FillColor.
   FillStyle = Int(Rnd * 8)                     '随机产生 FillStyle.
   Circle(X,Y), 260                             '画圆
End Sub
```

程序运行结果如图 10-9 所示。

【应用 10-2】利用 Line 方法实现网格图像显示效果。在界面输入显示网格的行数和列数，选择“显示网格”选项，则显示网格，选择“取消网格”选项，网格被取消，

(1) 分析

利用 Line 方法画格线，起始点 x 坐标为 0 时画横线，起始点 y 坐标为 0 时画竖线。取消网格时，将 Picture1 的 AutoRedraw 属性设为 False，并利用 Refresh 方法刷新图片框即可。设计时，为图片框 Picture1 加载一个图片文件。

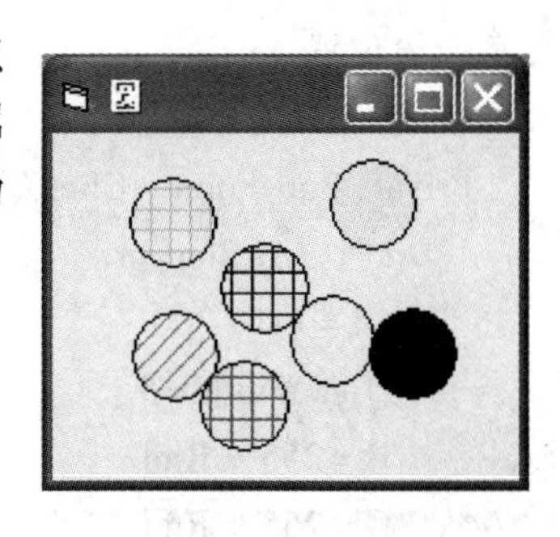

图 10－9 不同填充效果的圆

(2) 代码设计

```
Private Sub Option1 _ Click( )
  Dim x As Integer,y As Integer
  Dim i As Integer,j As Integer
  m = Val( Text1. Text)
  n = Val( Text2. Text)
  x = Int( Picture1. ScaleWidth/n)
  y = Int( Picture1. ScaleHeight/m)
  For i = 1 To m + 1
    Picture1. Line(0,y * i) - ( Picture1. ScaleWidth - 1,y * i)
  Next i
  For j = 1 To n + 1
    Picture1. Line( x * j,0) - ( x * j,Picture1. ScaleHeight - 1)
  Next j
End Sub
Private Sub Option2 _ Click( )
  Picture1. AutoRedraw = False
  Picture1. Refresh
End Sub
```

程序运行界面如图 10－10 所示。

【应用 10－3】用 Pset 方法制作新年贺卡，运行结果如图 10－11 所示。

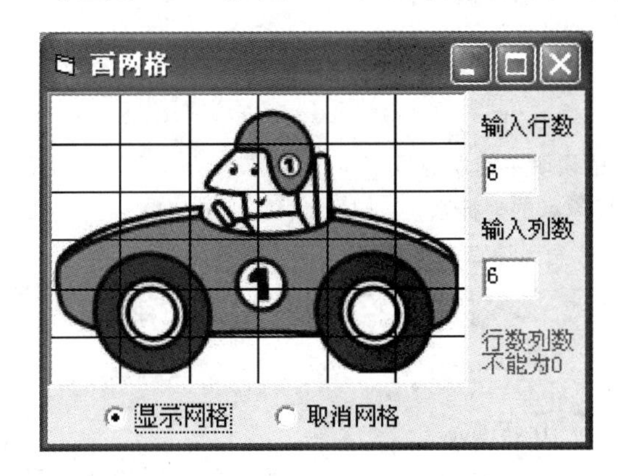


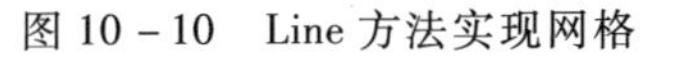

图 10－10 Line 方法实现网格

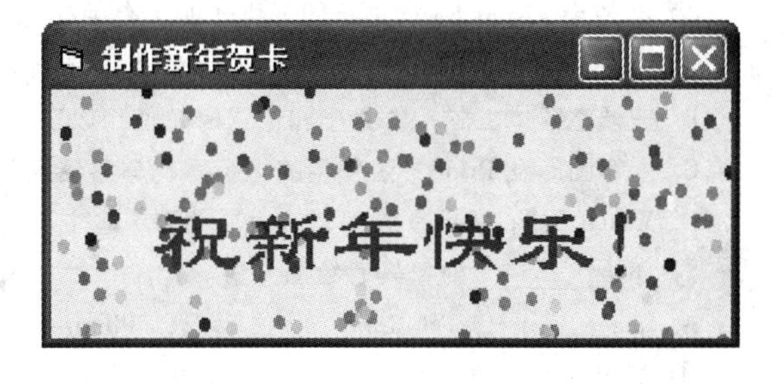


图 10－11 Pset 方法实现图片特殊显示效果

(1) 分析

采用随机数生成红、绿 、蓝三个颜色值，利用 PSet 方法画点，根据贺卡上文字大小确定文字输出位置。

（2）代码设计

```
Private Sub Form_Click()
  Dim i  As Integer
  For i = 1 To 200
    DrawWidth = 5                                    '确定显示内容的尺寸
    R = 255 * Rnd
    G = 255 * Rnd
    B = 255 * Rnd
    x = ScaleWidth * Rnd
    y = ScaleHeight * Rnd
    PSet(x,y),RGB(R,G,B)                             '在屏幕上画彩点
  Next i
  n = "祝新年快乐！"                                  '确定输出文字
  FontName = "隶书"
  FontSize = 30
  ForeColor = &HBF
  CurrentX = (ScaleWidth - TextWidth(n))/2
  CurrentY = (ScaleWidth - TextWidth(n))/2           '确定文字的显示位置
  Print n                                            '在窗体上显示"祝新年快乐！"
End Sub
```

# 习 题

## 一、单项选择题

① 使用 RGB 函数设置颜色时，RGB(0,0,0)为________。

A. 白色　　B. 红色　　C. 蓝色　　D. 黑色

② 在使用 Visual Basic 进行图形操作时，有关坐标系的说明中错误的是________。

A. Visual Basic 只有一个统一的，以屏幕左上角为坐标原点的坐标系

B. 在调整窗体上的控件大小和位置时，使用以窗体左上角为原点的坐标系

C. 所有图形及 Print 方法使用的坐标系均与容器无关

D. Visual Basic 坐标系的 Y 轴，上轴为 0，越往下越大

③ 下面________对象具有绘图方法。

A. Image　　B. Line　　C. PictureBox　　D. Frame

④ 如果在图片框上使用绘图方法绘制一个圆，则图片框的属性中，________不会对此圆的外观产生影响。

A. BackColor　　B. ForeColor　　C. DrawWidth　　D. DrawStyle

⑤ Line 方法不能用来画________。

A. 点　B. 线　C. 弧线　D. 矩形

⑥ 语句"Circle(1000,1000), 500 , -6 , -3"将绘制的图形是________。

A. 圆　B. 圆弧　C. 椭圆　D. 扇形

⑦ 关于 Cls 方法下面说法错误的是________。

A. 可以清除所有用图形方法画的图形

B. 可以清除所有用 Print 方法显示的文本

C. 可以清除所有创建的控件

D. 不能清除界面的背景颜色

## 二、填空题

① 使用下面两条画线的语句功能相同:

Line(500,500) - (1000,300)

Line(500,500) - step(________)

② 任何容器的默认坐标系统,(0,0)坐标都是从容器的________开始。

③ 使用 Line 方法在窗体上画一条从左上角到右下角的对角线,语句为____________________。

④ 使用 Circle 方法在窗体上画一个半径为 500,圆心在(1000,1000)的半圆,语句为______________。

## 三、综合应用题

① 利用 PSet 方法分别用红、黄两种颜色在窗体中同时绘制正弦余弦曲线。运行结果如图 10-12 所示。

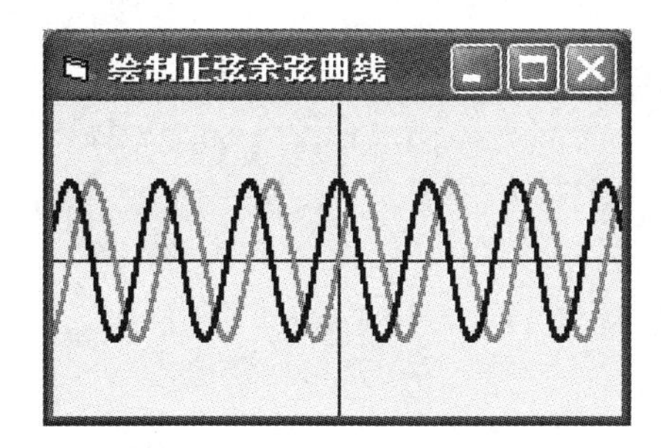


图 10-12　正弦余弦曲线

② 用 Line 方法在窗体上画五彩同心矩形,运行结果如图 10-13 所示。

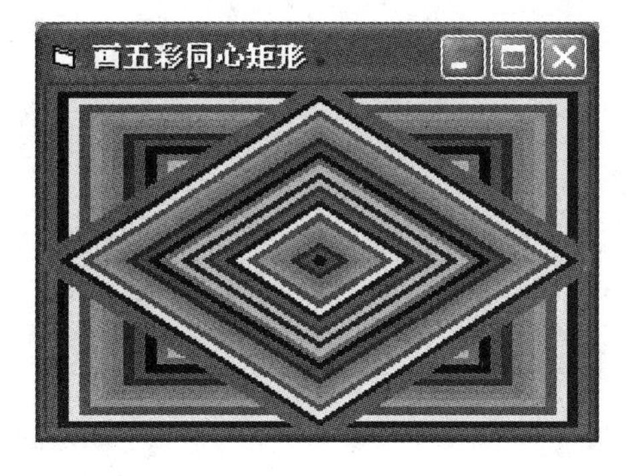


图 10-13　画五彩同心矩形

③ 在图片框中使用 Circle 方法画双色饼图。

功能：从2个文本框Text1、Text2中输入班级中男、女生人数，计算所占的百分比，分别用不同的填充颜色绘制出饼图，并在文本框Text3、Text4中输出百分比。运行结果如图10－14所示。

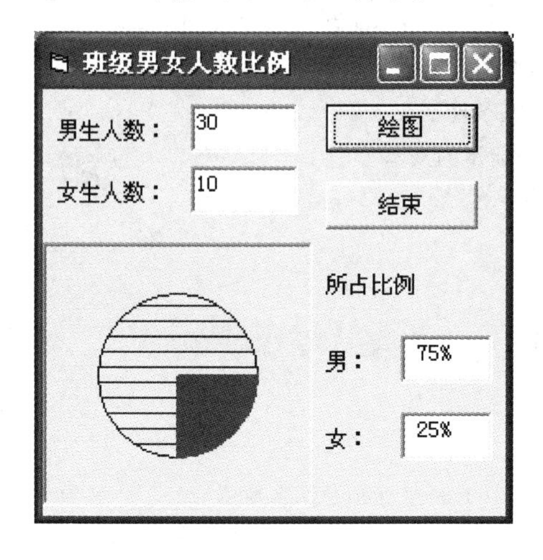


图10－14 计算班级男女生比

# 第 11 章　数据库编程

数据库技术是计算机应用技术的一个重要组成部分，Visual Basic 6.0 提供了强大的数据库访问功能，可以对 Access、FoxPro、ODBC 等数据库进行读写操作。Visual Basic 6.0 还提供了可视化数据管理器、数据访问接口、多种数据绑定控件等。

本章介绍数据库的基本概念及 Visual Basic 中访问数据库的基本方法。

## 11.1　数据库的基本概念

### 11.1.1　关系型数据库

**1. 数据库(DataBase)**

数据库是与某主题相关的数据集合，是数据库管理系统存储和处理的基本数据组合。数据库根据数据组织方式的不同有不同的数据模型，常见的数据模型包括网状模型、层次模型及关系模型。数据模型不同相应的数据库结构也不同，目前使用较多的是关系型数据库。

关系型数据库通过若干个表(Table)存储数据，通过关系(Relation)将这些表联系在一起。

**2. 数据表(Table)**

数据表是按行、列排列的二维关系表。数据表中每一行为一条记录，每一列为一个字段，如图 11－1 为学生基本信息表，共有 5 个字段 6 条记录。

| 学号 | 姓名 | 性别 | 年龄 | 专业 |
| --- | --- | --- | --- | --- |
| 20100110 | 王大力 | 男 | 19 | 机械制造 |
| 20100201 | 曲园 | 女 | 18 | 软件技术 |
| 20100280 | 肖丽 | 女 | 19 | 电气自动化 |
| 20101001 | 董悦明 | 男 | 20 | 化工工艺 |
| 20101002 | 吴天 | 男 | 19 | 化工工艺 |
| 20100203 | 高测 | 男 | 20 | 软件技术 |

图 11－1　学生基本信息表

**3. 字段(Field)**

二维表中的每一列称为一个字段，数据表的第一行为每一列的字段名，每个字段都有数据类型、数据长度等信息。

**4. 记录(Record)**

二维表中的每一行称为一条记录，每条记录由多个字段组成，任意两个记录不能完全相同。

**5. 关键字(Keyword)**

关键字是数据表中的字段之一，该字段中的数据在各记录中是唯一的，通过关键字可以建立关系型数据库中表之间的联系，便于对数据库中各表的操作，降低数据的冗余。图 11－1 中的“学号”字段即可作为关键字段。

**6. 索引(Index)**

为快速查找数据，往往要为数据库建立索引。索引是对某字段的内容按大小进行排序，然后对该字段进行索引，索引后便于查找相应的记录。

**7. 关系(Relation)**

数据库由多个表组成，表与表之间用不同的方式关联起来就构成关系表。

在学生管理数据库 student 中有 3 个表，stud 表(学生基本信息表,如图 11 - 1 所示)与 sdscore 表(成绩表,如图 11 - 2 所示)之间由“学号”字段进行关联，sdscore 表与 course 表(课程表,如图 11 - 3 所示)之间由“课程号”字段进行关联。

| 学号 | 课程号 | 成绩 |
|---|---|---|
| 20100110 | jc001 | 89 |
| 20100201 | jsj001 | 76 |
| 20100203 | jsj001 | 80 |
| 20101001 | hx001 | 65 |

图 11 - 2 成绩表

| 课程号 | 课程名 | 任课教师 |
|---|---|---|
| jsj001 | 数据库技术 | 李光 |
| jc001 | 高等数据 | 马琳 |
| jc002 | 物理实验 | 石天 |
| hx001 | 基础化学 | 周小明 |

图 11 - 3 课程表

### 11.1.2 数据访问对象模型

数据访问接口是一种对象模型，它代表了访问数据的各个方面。在 Visual Basic 6.0 中有三种数据访问接口，即 ActiveX 数据对象(ADO)、数据访问对象(DAO)和远程数据对象(RDO)。这三种数据访问接口代表了数据访问技术的三个发展时代，其中最新、最简单、操作最灵活的是 ADO。

## 11.2 数据管理器

Visual Basic 6.0 提供了功能强大的可视化数据管理器(Visual Data Manager,VisData)。在 Visual Basic 开发环境中，单击“外接程序”菜单中的“可视化数据管理器”命令，即可打开可视化数据管理器，如图 11 - 4 所示。使用该工具可以生成多种类型的数据库，如 Access、FoxPro、Paradox、ODBC 等。利用可视化数据管理器可以建立数据表，并对数据表中的记录进行添加、删除、编辑、查找、排序等操作，或对 SQL 语句进行测试。

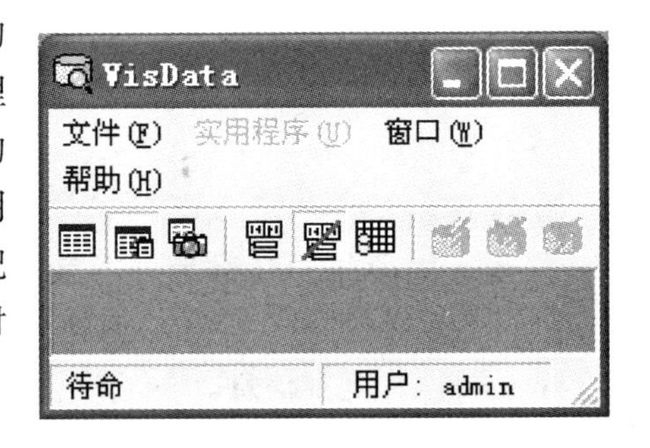


图 11 - 4 可视化数据管理器

### 11.2.1 建立数据库

利用可视化数据管理器可以建立多种类型的数据库，下面以建立 Access 数据库为例，创建步骤如下:

(1) 启动 Visual Basic 6.0，单击主菜单“外接程序”中的“可视化数据管理器”，启动“可视化数据管理器”。

(2) 在“可视化数据管理器”窗口中，单击“文件”→“新建”→“Microsoft Access”→Version 7.0 MDB(7)。

(3) 在对话框的上方“保存在”处选择 D 盘，在“文件名”输入要创建的数据库名“student. mdb”，单击“保存”按钮。

（4）此时“数据库窗口”和“SQL 语句”窗口显示在可视化数据管理器窗口中，如图 11－5 所示。“数据库窗口”以树型结构显示数据库中的所有对象，可在“数据库窗口”中单击鼠标右键激活快捷菜单，执行“新建表”、“刷新列表”菜单项，“SQL 语句”窗口用于执行合法的 SQL 语句，通过窗口上方的“执行”、“清除”、“保存”按钮对 SQL 语句进行相应的操作。

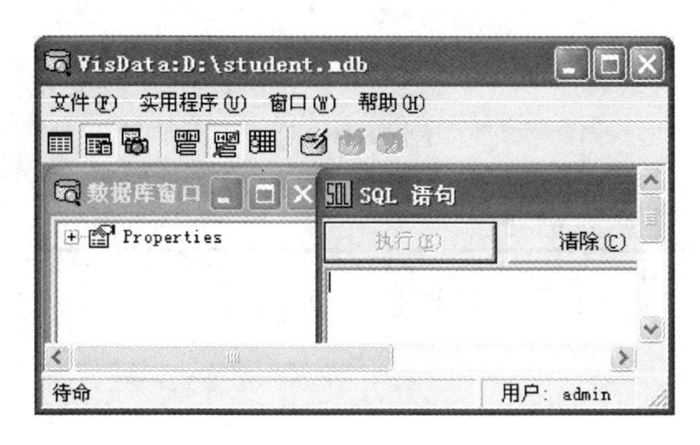


图 11－5　数据库窗口和 SQL 语句窗口

如果要打开一个已建立好的数据库，则选择“文件”→“打开数据库”菜单项，选择数据库类型，即可打开相应的数据库。

### 11.2.2　添加数据表

利用数据管理器向数据库“student. mdb”中添加数据表“stud”，表中各项信息见表 11－1，具体操作步骤如下：

**表 11－1　stud 表的字段信息**

| 字段名 | 类型 | 长度 | 字段名 | 类型 | 长度 |
|---|---|---|---|---|---|
| 学号 | Text(文本) | 10 | 年龄 | Integer(整型) | |
| 姓名 | Text(文本) | 20 | 专业 | Text(文本) | 30 |
| 性别 | Boolean(逻辑) | | | | |

（1）在图 11－5 的“数据库窗口”中单击鼠标右键，选择“新建表”菜单项。

（2）打开如图 11－6 所示的“表结构”对话框，其中：

① 表名称：指数据表的名称，输入“stud”。

单击“添加字段”按钮显示如图 11－7 所示的“添加字段”对话框。

② 名称：输入“学号”，指定表中各字段名。

③ 类型：在组合框中选择 Text。

字段的数据类型包括 Text、Integer、Long、Single、Double、Date/Time、Currency、Boolean、Memo、Binary 和 Byte 型。

④ 大小：输入 10，指字段的宽度，一般以字段存放数据的最大宽度为准。

对话框中其他可根据需要进行选择。各项的具体含义如下：

表结构
表名称(N)： stud
字段列表(F)：
名称：
类型： 固定长度
大小： 可变长度
校对顺序： 自动增加
允许零长度
顺序位置： 必要的
验证文本：
验证规则：
缺省值：
添加字段(A) 删除字段(R)
索引列表(X)：
名称：
主键 唯一的 外部的
必要的 忽略空值
字段：
添加索引(I) 删除索引(M)
生成表(B) 关闭(C)

图 11－6 “表结构”对话框

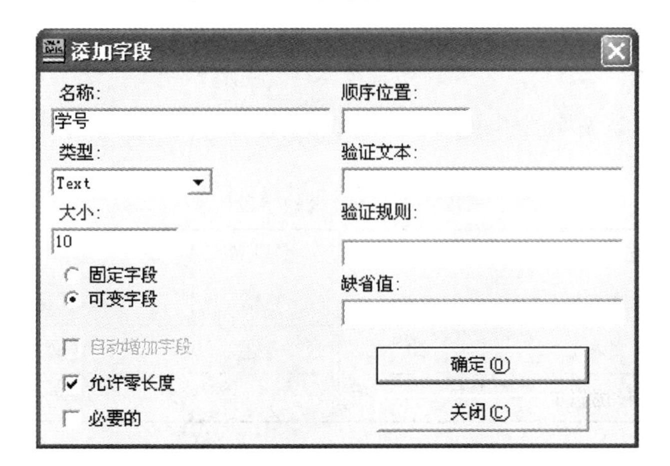


图 11－7 “添加字段”对话框

① “固定字段”和“可变字段”：表示字段的长度是否可以变化。

② 允许零长度：表示零长度字符串是否为有效字符串。

③ 必要的：字段是否要求非 Null 值。

④ 顺序位置：用于确定字段的相对位置。

⑤ 验证文本：如果用户输入的字段值无效则显示“验证文本”的信息。

⑥ 验证规则：确定可以输入什么样的数据。

⑦ 缺省值：指插入记录时字段的默认值。

一个字段的各项信息添加完成后，单击“确定”按钮，则在表结构对话框中的“字段列表”显示“学号”字段信息。依次添加其他字段信息，所有字段信息添加完成后，单击图11-6中的“生成表”按钮，则生成一个新表。

数据表建立完成后，如需改变该表的结构，在“数据库窗口”中，右击表名，在快捷菜单中选择“设计”，打开“表结构”对话框，即可对表结构进行修改。

按照上述方法，根据表11-2、表11-3中的信息，依次建立sdscore表(成绩表)和course表(课程表)。

**表11-2 sdscore表的字段信息**

| 字段名 | 类型 | 长度 |
|---|---|---|
| 学号 | Text(文本) | 10 |
| 课程号 | Text(文本) | 6 |
| 成绩 | Single | |

**表11-3 course表的字段信息**

| 字段名 | 类型 | 长度 |
|---|---|---|
| 课程号 | Text(文本) | 6 |
| 课程名 | Text(文本) | 30 |
| 任课教师 | Text(文本) | 20 |

### 11.2.3 添加索引

为了提高查询记录的速度，需将数据表中的某些字段设置为索引。在“表结构”对话框中单击“添加索引”按钮，打开如图11-8所示的“添加索引”对话框。

① 名称：索引的名称。输入“SDID”。

② 索引字段：从“可用字段”框中选择索引字段。索引可由单个或多个字段建立。索引字段选择“学号”。

③ 主要的：表示当前建立的索引为主索引，在每个数据表中主索引是唯一的。

④ 唯一的：设置该字段的值不允许重复。

⑤ 忽略空值：表示索引时，将忽略空值记录。

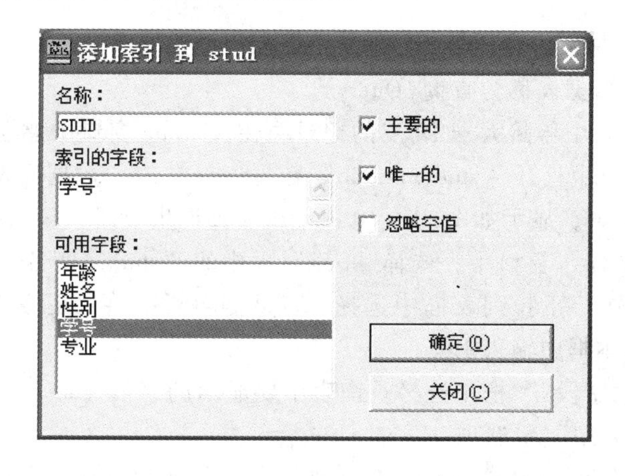


图11-8 “添加索引”对话框

若选择多个字段进行索引，则在“索引的字段”框中以“;”符号分隔显示，字段添加完后，单击“关闭”按钮。

### 11.2.4　表记录的添加、浏览、修改与删除

**1. 添加记录**

表结构建立完成后，单击工具栏上的按钮，双击数据库窗口中的“stud”表名，打开如图 11－9 所示的表记录操作窗口，单击“添加”按钮，在窗口的各字段输入框中输入数据，单击“更新”按钮，系统将输入的数据存入数据表 stud 中，在记录添加窗口的下方有一个滚动条，单击滚动条右侧的▶按钮输入下一条记录，单击◀显示上一条记录。

图 11－9　表记录操作窗口

**2. 浏览记录**

记录添加完成后，关闭表记录操作窗口，双击数据库窗口中的表名，则显示表记录。若单击工具栏上的按钮，则以单条记录方式显示，若单击工具栏上的按钮，则以表格方式显示。

**3. 修改记录**

若表记录以列向显示，可将记录指针指向需要修改的记录上，修改相应的内容，单击“更新”按钮，当表记录以表格形式显示时，直接在相应记录上修改内容即可。

**4. 删除记录**

若要删除某条记录，单击 VisData 窗口工具栏上的按钮，移动记录指针到相应记录，单击“删除”按钮，在弹出的对话框中单击“确定”按钮，则当前记录被删除。

### 11.2.5　数据查询

通常，数据库中的表有很多记录，有时需要查找符合条件的记录，并把符合条件的记录组成一个新的数据表，该数据表称为查询(Query)。

查询学生基本信息表中年龄大于 19 岁的记录，在 VisData 窗口中建立查询的步骤如下：

(1) 在 VisData 窗口中打开“student. mdb”数据库，右击“数据库窗口”，在快捷菜单中选择“新建查询”菜单项，显示如图 11－10 所示的“查询生成器”窗口。

(2) 在“查询生成器”窗口中，选择“表:”框中的“stud”表名。

(3) 在“字段名称:”下拉列表框中选择“stud. 年龄”，在“运算符”下拉列表框中选择“>”，在“值”文本框中输入 19。

(4) 在“要显示的字段:”框中选择查询表中要显示的字段“stud. 学号”、“stud. 姓名”“stud. 年龄”，选择“升序”单选项。

(5) 单击“将 And 加入条件”或“将 Or 加入条件”按钮，在“条件:”框中显示要查询的条件，如图 11－11 所示，如果是多个条件则继续输入条件。

(6) 单击“显示”按钮，显示“SQL 查询”消息框，将查询条件用 SQL 语句写出。

(7) 单击“运行”按钮，则显示“这是 SQL 传递查询吗?”消息框，如图 11－12 所示，单击“否”按钮，生成查询结果窗口。

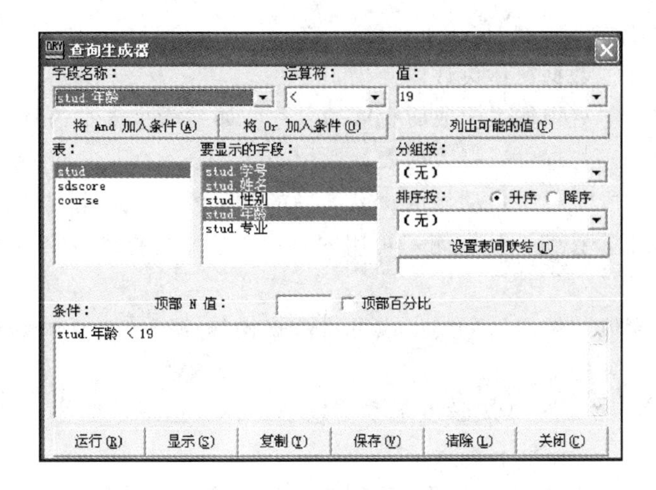


图 11-10　“查询生成器”窗口

图 11-11

(8) 单击“保存”按钮，将查询结果保存，输入查询名“studquery”。则在 VisData 窗口左侧的“数据库窗口”显示 student 数据库中的 3 个表和 1 个查询。

(9) 单击“复制”按钮，则 SQL 语句被复制到右侧的“SQL 语句”窗口中，如图 11-13 所示。

图 11-12

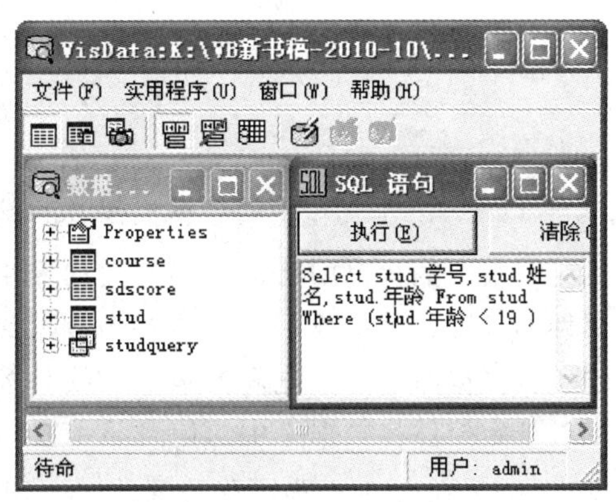


图 11-13　查询语句窗口

## 11.2.6　数据窗体设计器

对数据库的操作可以在可视化数据管理器中进行，还可利用可视化数据管理器提供的“数据窗体设计器”设计数据库操作窗体并添加到应用程序中。

打开建立的数据库文件(如 student. mdb)，在 VisData 窗口中，选择“实用程序”→“数据窗体设计器”，打开“数据窗体设计器”窗口。

① 在“窗体名称”栏中输入生成后窗体的名称，如“学生基本信息”。

② 在“记录源”下拉框中选择数据表，如“stud”。

③ 在“可用的字段”栏中自动显示 stud 表中的各字段名，利用“数据窗体设计器”中间的 >、≫、≪、< 四个按钮，从左侧“可用的字段”栏中选择生成窗体时要编辑的字段添加到右侧的“包括的字段”栏中。

④ 单击“生成窗体”按钮后，则生成可对数据操作的窗体自动加到正在设计的工程中。如图 11-14 所示。

⑤ 在“工程 1”中添加“frm 学生基本信息”窗体，运行该窗体，可对数据库进行各种基本操作。

用数据窗体设计器生成的窗体，可实现对数据库的添加、删除、更新等操作，便于输入原始数据。

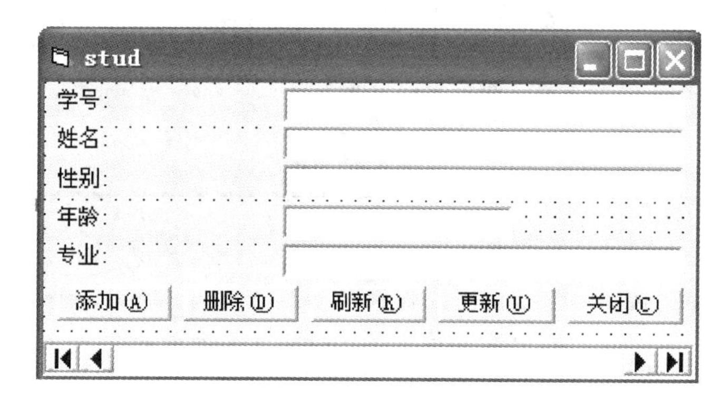


图 11-14 自动生成的数据窗体

# 11.3 Data 数据控件

Visual Basic 工具箱中的数据控件 Data 提供了一种访问数据库中数据的方法。使用 Data 控件编写很少的代码即可访问多种数据库中的数据。通过对数据控件属性的设置，可将数据控件与一个数据库中的表联系起来，数据控件负责数据库与工程之间的数据交换，控件本身不显示数据，必须通过绑定控件将数据库中的信息显示在窗体上。Data 控件的外观如图 11-15 所示。◀表示移动到前一个记录，▶表示移动到下一个记录，|◀表示移动到第一个记录，▶|表示移动到最后一个记录。

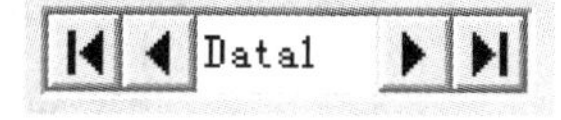


图 11-15 Data 控件

## 11.3.1 Data 控件的常用属性

为了实现数据库控件对数据的操作，需要设置 Data 控件的相关属性。

### 1. Connect 属性

Connect 属性指定 Data 控件所要连接的数据库类型，默认值为 Access，还包括 dBASE、FoxPro、Excel、Paradox 等。

通过“属性”窗口设置 Connect 属性，或在运行时通过代码来设置该属性。设置访问的数据库类型为 FoxPro 3.0 的语句如下。

```
Data1.Connect = "FoxPro 3.0"
```

### 2. DatabaseName 属性

DatabaseName 属性指定具体连接的数据库的名称，包括完整的路径。通过“属性”窗口设置 DatabaseName 属性，或在运行时通过代码来设置。如：

```
Data1.DatabaseName = "d:\student.mdb"
```

### 3. RecordSource 属性

RecordSource 属性指定 Data 数据控件所访问的记录源，可以是数据表名、查询名或查询字符串。

**例如：**当 DatabaseName 属性选择 student.mdb 数据库，单击 RecordSource 属性的下拉列表即可自动显示 3 个表名和一个查询名。

通过“属性”窗口设置 RecordSource 属性，或在运行时通过代码来设置该属性。如：选择 student.mdb 数据库中的 stud 表，则语句为 RecordSource = "stud"，若要从 stud 表中显示年龄小于 18 岁的学生信息，则可使用的语句是：

```
RecordSource = "Select * From stud Where 年龄 < 18 "。
```

### 4. RecordsetType 属性

RecordsetType 属性用于指定 Data 控件存放记录的类型，包括：

① 表类型记录集(Table)：是一个数据表，该类型可对记录进行添加、修改、删除、查询等操作，直接更新数据。

② 动态集类型记录集(Dynaset)：数据来自于一个或多个表中记录的集合(多个表中组合数据)，或只包含所选择的字段。该类型可加快运行的速度，但不能自动更新数据。

③ 快照类型记录集(Snapshot)：与动态集类型记录集相似，但这种类型的记录集是只读的。

### 5. ReadOnly 属性

ReadOnly 属性用于指定数据控件产生的记录集是否为只读类型。若 ReadOnly 属性值为 True 则为只读类型，ReadOnly 属性值为 False 则为可编辑类型。

### 6. Exclusive 属性

Exclusive 属性表示是否以独占方式打开数据库。在单用户环境下，该属性值设置为 True，在多用户环境中一般设置为 False，以便多个用户可以同时操作同一个数据库。该属性的默认值为 False。

### 7. BOFAction 属性

当记录集指针指向表的顶部时(BOF = True)，可设置的属性值有：

0：指针定位记录集的第一条记录(默认状态)；

1：Data 数据控件的向前移动按钮无效。

**8. EOFAction 属性**

当记录集指针指向表的底部时（EOF = True），可设置的属性值有：

0—指针定位记录集的最后一条记录（默认状态）；

1—Data 数据控件的向后移动按钮无效；

2—自动增加一条新记录。

### 11.3.2 数据绑定控件

Data 控件提供连接数据库、建立数据源及移动记录指针等功能，但 Data 控件不能显示和编辑数据库中的数据，使用数据绑定控件与 Data 控件进行绑定可显示或编辑数据库中的数据。常用的数据绑定控件有：文本框（TextBox）、标签（Label）、复选框（CheckBox）、列表框（ListBox）、组合框（ComboBox）、图片框（Picture）、图像框（Image）及 OLE 控件。

若想将数据绑定控件绑定到 Data 控件上，必须对下列属性进行设置：

① DataSource 属性：设置一个有效的数据控件。

② DataField 属性：设置绑定控件与数据库有效的字段建立联系。

绑定控件、数据控件和数据库三者的关系如图 11－16 所示。当数据控件与绑定控件绑定后，Visual Basic 将当前记录的字段值赋给绑定控件。当数据控件的 RecordsetType 属性设置为 Table 时，如果修改了绑定控件内的数据，移动记录指针，修改后的数据自动写入数据表中。

图 11－16 绑定控件、数据控件和数据库三者的关系

【任务 11－1】设计一个显示学生基本信息窗体，如图 11－17 所示，在 5 个文本框中分别显示 stud 表中各字段信息。

（1）界面设计

设计 1 个 Data 控件与数据库相连，5 个文本框 Text1 ~ Text5 分别显示数据库 student. mdb 中表 stud 中的学号、姓名、性别、年龄和专业 5 个字段信息，各控件的主要属性设置见表 11－4。

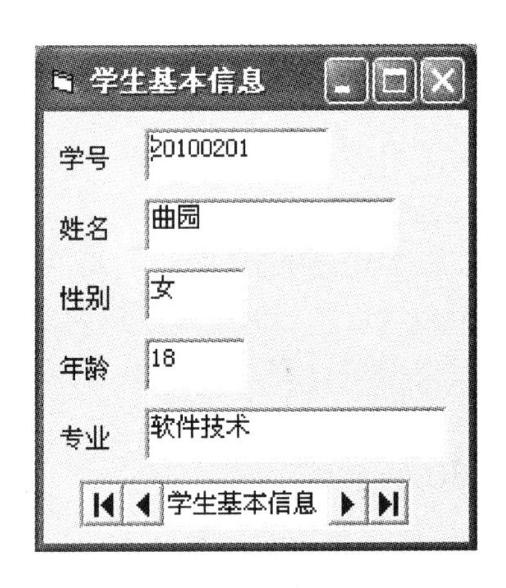

图 11－17 学生基本信息窗体

（2）程序运行

运行程序后，使用数据控件的 4 个箭头按钮可浏览记录集中的记录。单击 Data1 控件的 ◀ 则向前移动一条记录，单击 ▶ 则向后移动一条记录，单击 |◀ 则移到第一条记录，单击 ▶| 移动到最后一条记录。

表 11－4 【任务 11－1】各控件属性设置

| 控件名 | Name 属性 | 其他属性 | 属性值 |
| --- | --- | --- | --- |
| Data 控件 | Data1 | Caption | 学生基本信息 |
| | | DatabaseName | D:\student. mdb |
| | | RecordSource | stud |
| | | RecordsetType | 0 – Table |
| 标签 | Label1 | Caption | 学号 |
| | Label2 | Caption | 姓名 |
| | Label3 | Caption | 性别 |
| | Label4 | Caption | 年龄 |
| | Label5 | Caption | 专业 |
| 文本框 | Text1 | DataSource | Data1 |
| | | DataField | 学号 |
| | Text2 | DataSource | Data1 |
| | | DataField | 姓名 |
| | Text3 | DataSource | Data1 |
| | | DataField | 性别 |
| | Text4 | DataSource | Data1 |
| | | DataField | 年龄 |
| | Text5 | DataSource | Data1 |
| | | DataField | 专业 |

### 11.3.3 Data 控件的常用方法

Data 控件的内置功能很多，在代码中利用 Data 控件的方法访问这些功能。

**1. Refresh 方法**

该方法可以更新数据控件的属性值，当 Data 控件重新打开一个数据库，改变 Connect、DatabaseName、RecoreSource、ReadOnly、Exclusive 等属性时，需要使用该方法。语法为：Data1. Refresh。

**2. UpdateRecord 方法**

该方法用于将绑定控件的当前值写入数据库中，即修改数据后调用该方法将数据保存到数据库中。语法为：Data1. UpdateRecord。

**3. UpdateControls 方法**

该方法用于将数据库中的信息读取到绑定控件中，即修改数据后调用该方法放弃修改操作。语法为：Data1. UpdateControls.

### 11.3.4 记录集的常用方法

在 Visual Basic 中，数据库中的表不允许直接访问，只能通过记录集(RecordSet)对数据表进行操作。记录集可以是数据表(Table)或查询(Query)。通过“数据控件对象.Recordset”访问数据控件的记录集。

**1. AddNew 方法**

AddNew 方法用于在记录集中添加一条记录，如果记录中的字段有默认值，则用默认值表示，如果没有则为空白。

使用 AddNew 方法后，对于 Dynaset 集，添加记录将加在记录集的最后，对于 Table 集，如果设置了索引，添加的记录将按照索引值排序在适当的位置上。

**例如**：为 Data1 控件对应的记录集添加记录，可以使用下列语句：

Data1. Recordset. AddNew

使用该方法，在绑定的控件上输入数据后，使用 Update 或 UpdateRecord 方法将数据保存到数据库中。

**2. Delete 方法**

Delete 方法用于删除当前记录，例如：将 Data1 控件对应的记录集的当前记录删除，可以使用下列语句：

Data1. Recordset. Delete

在使用 Delete 方法之后，记录指针仍指向已被删除的记录，移动记录指针后清除被删除记录的显示，否则，绑定控件仍显示被删除记录的信息。

**3. Update 方法**

Update 方法用于将数据保存到数据库中，例如 Data1. Recordset. Update。

Update 方法与 Data 控件的 UpdateRecord 方法功能相似。

**4. Edit 方法**

通过该方法对可更新的当前记录进行编辑修改。如：Data1. Recordset. Edit。

**5. Move 方法组**

Move 方法组用于移动记录，包括 MoveFirst、MoveLast、MoveNext、MovePrevious 四种方法，其中 MoveFirst 移动到第一个记录、MoveLast 移动到最后一个记录、MoveNext 移动到下一个记录、MovePrevious 移动到前一个记录。其使用方法分别为：

Data1. Recordset. MoveFirst

Data1. Recordset. MoveLast

Data1. Recordset. MoveNext

Data1. Recordset. MovePrevious

在最后一个记录使用 MoveNext 方法时，EOF 的值为 True，如果再使用 MoveNext 方法就移出记录集范围，此时会出错，为避免出现错误，在程序中可以使用下列代码：

Data1. Recordset. MoveNext

If Data1. Recordset. EOF Then Data1. Record. MoveLast

**6. Find 方法组**

Find 方法组用于在指定的 Dynaset 或 Snapshot 类型的 Recordset 对象中查找与指定条件相匹配的记录。

Find 方法组用于查找记录，包括 FindFirst、FindLast、FindNext、FindPrevious 四种方法，其中 FindFirst 从第一个记录向后查找，FindLast 从最后一个记录向前查找，FindNext 从当前记录向后查找，FindPrevious 从当前记录向前查找。

**例如**：在 stud 表中查找学号为“050008”的记录。

```
Data1.Recordset.FindFirst "学号 ='050008'"
If Data.Recordset.NoMatch Then
    MsgBox "没找到学号为 20100008 的学生！"
EndIf
```

当使用 Find 方法找不到符合条件的记录时，NoMatch 属性为 True。

如果条件中的常数来自变量，例如：num ="20100008"，则查找语句为：

```
Data1.Recordset.FindFirst "学号 ='" & num & "'"
```

### 11.3.5 记录集的常用属性

**1. BOF 属性**

当记录集打开后，记录指针指在第一个记录的位置，BOF 属性为 False，再向前移动一次则 BOF 属性为 True，已到记录集边界没有当前记录行。

**2. EOF 属性**

当记录集打开后，记录指针移到最后一个记录时，EOF 属性为 False，再向后移动一次 EOF 属性为 True，已到记录集边界没有当前记录行。

**3. RecordCount 属性**

RecordCount 属性返回记录集的记录总数，该属性为只读属性。

**4. AbsolutePosition 属性**

AbsolutePosition 属性返回当前记录指针值，如果是第 1 条记录，其值为 0，该属性为只读属性。

**5. Bookmark 属性**

打开 Recordset 对象，系统为当前记录生成一个称为书签的标识符，包含在 Recordset 对象的 Bookmark 属性中。每个记录都有唯一的书签，Bookmark 属性返回 Recordset 对象中当前记录的书签，书签值用户无法查看。

【任务 11－2】设计一个学生基本信息操作界面，如图 11－18 所示，对学生基本信息表实现“添加、删除、修改、查找、浏览”等功能。

(1) 界面设计

添加 1 个 Data 控件与数据库相连，5 个文本框 Text1 ~ Text5 分别显示数据库 student.mdb 中 stud 表中的学号、姓名、性别、年龄和专业 5 个字段信息，利用命令按钮实现

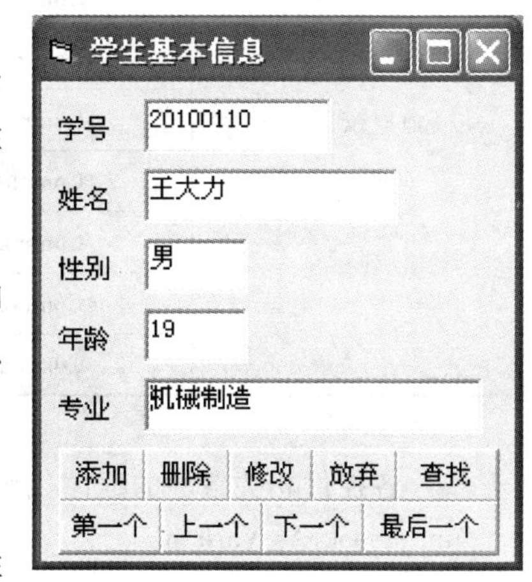

图 11－18 学生基本信息操作窗体

"添加、删除、修改、查找、浏览" 等功能。各控件的属性设置见表 11 - 5。

**表 11 - 5 【任务 11 - 2】各控件属性设置**

| 控件名 | Name 属性 | 其他属性 | 属性值 |
|---|---|---|---|
| Data 控件 | Data1 | Caption | 学生基本信息 |
| | | DatabaseName | D:\student. mdb |
| | | RecordSource | stud |
| | | RecordsetType | 1 - Dynaset |
| | | Visible | False |
| 标签 | Label1 | Caption | 学号 |
| | Label2 | Caption | 姓名 |
| | Label3 | Caption | 性别 |
| | Label4 | Caption | 年龄 |
| | Label5 | Caption | 专业 |
| 文本框 | Text1 | DataSource | Data1 |
| | | DataField | 学号 |
| | Text2 | DataSource | Data1 |
| | | DataField | 姓名 |
| | Text3 | DataSource | Data1 |
| | | DataField | 性别 |
| | Text4 | DataSource | Data1 |
| | | DataField | 年龄 |
| | Text5 | DataSource | Data1 |
| | | DataField | 专业 |
| 命令按钮 | Command1 | Caption | 添加 |
| | Command2 | Caption | 删除 |
| | Command3 | Caption | 修改 |
| | Command4 | Caption | 放弃 |
| | Command5 | Caption | 查找 |
| | Command6 | Caption | 第一个 |
| | Command7 | Caption | 上一个 |
| | Command8 | Caption | 下一个 |
| | Command9 | Caption | 最后一个 |

(2) 各控件相关事件的程序代码

```
Dim mbook As Variant
Private Sub Command1 _ Click( )          '"添加"
```

```
    Command2. Enabled = False
    Command3. Enabled = False
    Command4. Enabled = False
    Command5. Enabled = False
    If Command1. Caption ="添加" Then
        Command1. Caption ="更新"
        Data1. Recordset. AddNew
        Text1. SetFocus
    Else
        Command1. Caption ="添加"
        Data1. Recordset. Update
        Command2. Enabled = True
        Command3. Enabled = True
        Command4. Enabled = True
        Command5. Enabled = True
    End If
End Sub
Private Sub Command2 _ Click( )          '"删除"
   If MsgBox("确实要删除吗? ",vbYesNo,"删除记录") = vbYes Then
     Data1. Recordset. Delete
     Data1. Recordset. MoveNext
   End If
   If Data1. Recordset. EOF Then Data1. Recordset. MoveLast
End Sub

Private Sub Command3 _ Click( )          '"修改"
    Command1. Enabled = False
    Command2. Enabled = False
    Command5. Enabled = False
    If Command3. Caption ="修改" Then
        mbook = Data1. Recordset. Bookmark          'mbook 为书签变量
        Command3. Caption ="更新"
        Data1. Recordset. Edit
        Text1. SetFocus
    Else
        Command3. Caption ="修改"
        Data1. Recordset. Update
    End If
```

```
End Sub
Private Sub Command4 _ Click( )          '"放弃"
    Command1. Caption ="添加"
    Command3. Caption ="修改"
    Command1. Enabled = True
    Command2. Enabled = True
    Command3. Enabled = False
    Command4. Enabled = True
    Command5. Enabled = True
    Data1. UpdateControls
    Data1. Recordset. Bookmark = mbook
End Sub
Private Sub Command5 _ Click( )          '"查找"
    Dim num As String
    num = Trim( InputBox("请输入学号","查找窗口") )
    If num < >" " Then
      Data1. Recordset. FindFirst "学号 ='" & num & "'"
      If Data1. Recordset. NoMatch Then
          MsgBox "无此学号! ",,"提示"
      End If
    End If
End Sub
Private Sub Command6 _ Click( )       '"上一个"
    Data1. Recordset. MoveFirst
End Sub

Private Sub Command7 _ Click( )       '"一个"
    Data1. Recordset. MovePrevious
    If Data1. Recordset. BOF Then
        Data1. Recordset. MoveFirst
    End If
End Sub
Private Sub Command8 _ Click( )       '"下一个"
    Data1. Recordset. MoveNext
    If Data1. Recordset. EOF Then
        Data1. Recordset. MoveLast
    End If
End Sub
```

```
Private Sub Command9_Click()     '"最后一个"
  Data1.Recordset.MoveLast
End Sub
```

# 11.4 结构化查询语言(SQL)

SQL 是结构化查询语言(Structure Query Language)的缩写，是一种用于数据库查询和编程的语言。

SQL 语言由命令动词、子句、运算符和统计函数组成，这些元素结合起来组成语句，对数据库进行各种操作。

## 11.4.1 SQL 运算符和函数

**1. SQL 运算符**

逻辑运算符有：AND(与)、OR(或)、NOT(非)。

关系运算符有：<(小于)、<=(小于等于)、>(大于)、>=(大于等于)、=(等于)、<>(不等于)、BETWEEN(设置范围)、LIKE(通配设置)、IN(集合设置)。

**2. SQL 函数**

AVG：求指定条件的平均值。

COUNT：求指定条件的记录数量。

SUM：求指定条件的和。

MAX：求指定条件的最大值。

MIN：求指定条件的最小值。

## 11.4.2 SELECT 语句

语法：

SELECT 字段列表 FROM 子句 WHERE 子句 GROUP BY 子句 HAVING 子句 ORDER BY 子句。

其中：

- 字段列表：指定选择的多个字段名，各字段名之间用“,”分隔，用“*”号表示所有的字段，当包含多个表中的字段时可用：数据表名.字段名。
- FROM 子句：用于指定查询的数据表名，各数据表之间用“,”分隔。
- WHERE 子句：指定查询时的条件(可用运算符组成表达式)。
- GROUP 子句：指定分组的字段名。
- ORDER 子句：指定查询时用于排序的字段名，ASC 为升序排列，DESC 为降序排列。

下面是 SELECT 语句的应用实例(使用的表为 stud(学生基本信息表)、sdscore(成绩表)、course(课程表))。

【任务 11-3】利用 student.mdb 数据库中的 stud、sdscore、course 三个表实现如下查询(在

VisData 窗口中,打开 student. mdb 数据库,在 SQL 语句窗口中执行如下 SELECT 语句,查看查询结果)。

(1) 查询 stud 表所有信息。

SELECT * FROM stud

(2) 查询 stud 表中的“学号、姓名、专业”信息。

SELECT stud. 学号, stud. 姓名, stud. 专业 FROM stud

(3) 查询 stud 表中“年龄 >19”的学生信息。

SELECT * FROM stud WHERE 年龄 >19

(4) 利用 stud、course、sdscore 三个表,查询学生的学习成绩。

SELECT stud. 姓名, course. 课程名, sdscore. 成绩 FROM stud, course, sdscore WHERE stud. 学号 = sdscore. 学号 and sdscore. 课程号 = course. 课程号

(5) 统计男生、女生的人数。

SELECT 性别, COUNT(学号)AS 人数 FROM stud GROUP BY 性别

(6) 将 stud 表中信息按年龄从大到小排列并显示。

SELECT * FROM stud ORDER BY 年龄 DESC

(7) 求男生的平均年龄。

SELECT AVG(年龄)AS 平均年龄 FROM stud WHERE 性别 ='男'

(8) 求 stud 表中年龄的最大值。

SELECT MAX(年龄)AS 最大年龄 FROM stud

(9) 在 stud 表中查询 18 ~20 岁的学生信息。

SELECT * FROM stud WHERE 年龄 >=18 AND 年龄 <=20

或写成如下语句:

SELECT * FROM stud WHERE 年龄 BETWEEN 18 AND 20

(10) 在 stud 表中查询专业以“网”开头的学生信息。

SELECT * FROM stud WHERE 专业 LIKE '网 *'

### 11.4.3 SQL 语句的应用

进行数据库操作时,可以通过 SQL 语句设置 Data 控件的 RecordSource 属性,这样可以建立与数据控件相关联的数据库,使用 SQL 语句进行查询时不影响数据库中的任何数据,只检索符合条件的数据记录。

【任务 11 -4】设计如图 10 -6 所示的学生基本信息查询窗体,实现下列功能:用 SQL 语句从 student. mdb 数据库的 3 个数据表 stud、sdscore、course 中查询“学号、姓名、课程名、成绩”信息,显示信息按“学号”升序排列。

(1) 界面设计

为了以表格的形式显示查询到的信息,添加 MXFlexGrid 控件到工具栏中,添加方法:“工程”→“部件”→“Microsoft FlexGrid Control 6. 0”。各控件主要属性设置见表 11 -6。

表 11－6 【任务 11－4】各控件主要属性设置

| 控件名 | Name 属性 | 其他属性 | 属性值 |
|---|---|---|---|
| Data 控件 | Data1 | DatabaseName | D:\vb\student.mdb |
| | | Visible | False |
| 表格控件 | MXFlexGrid1 | DataSource | Data1 |
| | | FixedCols | 0 |
| 命令按钮 | Command1 | Caption | 显示查询结果 |

（2）代码设计

```
Private Sub Command1_Click()
  Data1.RecordSource = "SELECT stud.学号,stud.姓名,course.课程名,sdscore.成绩 FROM stud ,course,sdscore WHERE stud.学号 = sdscore.学号  and sdscore.课程号 = course.课程号 order by stud.学号"
  Data1.Refresh
End Sub
```

程序运行界面如图 11－19 所示。

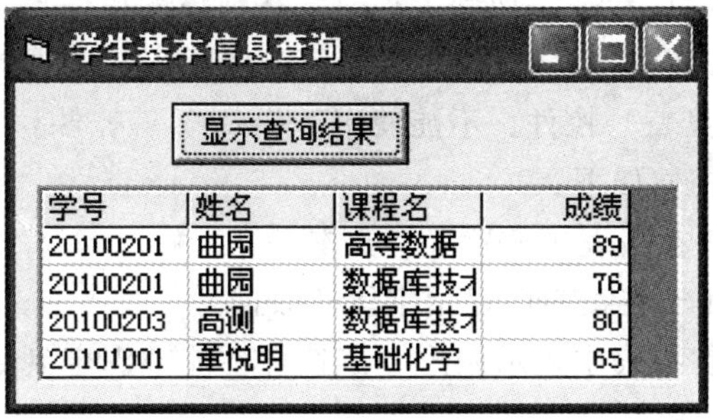

图 11－19 运行界面

# 11.5 报 表 设 计

数据库应用中，制作并打印报表是不可缺少的环节。Visual Basic 6.0 提供了数据报表设计器(Data Reprot Designer)—DataReport 对象。DataReport 对象可以对任何数据源创建报表，数据报表设计器可以联机查看、打印报表等。

选择“工程”→“添加 Data Report”菜单项，就可将数据报表设计器添加到工程中，如图 11－20 所示。

## 11.5.1 报表设计器

数据报表设计器由 DataReport 对象、Section 对象和 DataReport 控件组成。

### 1. DataReport 对象

DataReport 对象与 Visual Basic 的窗体相似，具有可视化的设计器和代码模块，可以使用设计器创建报表的布局，也可以在代码模块中添加代码。

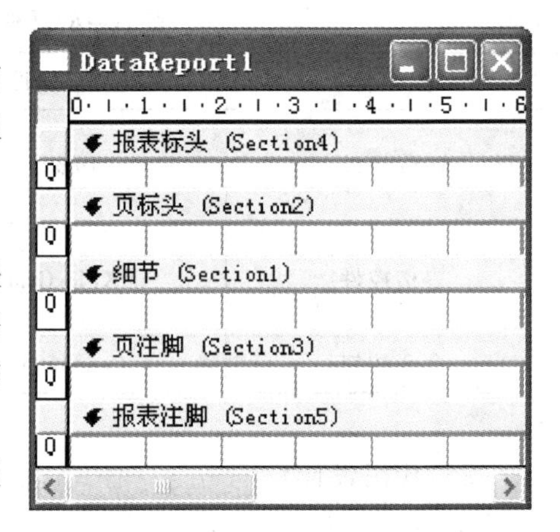


图 11-20 数据报表设计器

### 2. Section 对象

数据报表设计器的每一部分由一个 Section 对象表示。设计时，每一个 Section 由一个窗格表示，在窗格中可以添加报表控件，也可以通过编程改变其外观和行为。

- 报表标头：显示在报表开始处的文本。用于显示报表标题、作者或数据库名。
- 页标头：指报表每一页顶部的标题信息。
- 细节：包含报表的具体数据，细节区的高度将决定报表的行高。
- 页注脚：指在每一页底部出现的信息，可以显示页码。
- 报表注脚：指报表结束处显示的文本，用于显示摘要信息、地址、联系人姓名等。

### 3. DataReport 控件

当一个新的数据报表设计器被添加到工程时，在窗体的控件箱中显示“数据报表”和“General”选项卡，如图 11-21 所示。在数据报表设计器上只能使用“数据报表”控件，不能使用“General”控件。

数据报表选项卡上的控件如下：

- RptLabel 控件：用于在报表中放置静态文本。
- RptTextBox 控件：用于在报表中显示字段的数据。
- RptImage 控件：可在报表中显示图形，该控件不能被绑定到数据字段。
- RptLine 控件：用于在报表中绘制直线。
- RptShape 控件：用于在报表中绘制各种图形。
- RptFunction 控件：用于在生成报表时进行统计计算。

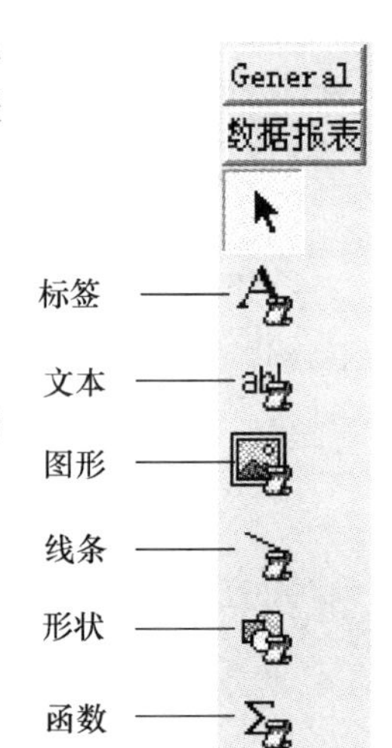


图 11-21 控件报表工具箱

## 11.5.2 报表设计

下面以“学生基本信息表”为例说明报表的设计过程。

### 1. 指定数据源

用数据环境(DataEnvironment)设计器配置数据源。

(1) 添加数据环境设计器

选择“工程”→“添加 Data Environment”菜单项，则在工程中添加一个数据环境设计器。

(2) 数据库连接

右击数据环境设计器中的 Connection1，选择快捷菜单中的“属性”命令，打开“数据链接属性”对话框，在“提供程序”选项卡内选择“Microsoft Jet 3.51 OLE DB Provider”，在“连接”选项卡内指定数据文件“D:\VB\student.mdb”（在之前建立的student.mdb数据库，并放在相关文件夹中），单击“测试连接”按钮，显示“测试连接成功”对话框，表示数据库连接成功，单击“确定”按钮，完成数据库的连接。

（3）创建Command对象

再次右击Connection1，选择快捷菜单中的“添加命令”，在Connection1下创建Command1对象。

（4）设置Command对象

右击Command1，选择快捷菜单中的“属性”命令，打开Command1属性对话框，数据源中“数据库对象”选择“表”，“对象名称”选择“stud”，单击“确定”按钮。指定报表数据源完成后，数据环境设计器如图11-22所示。

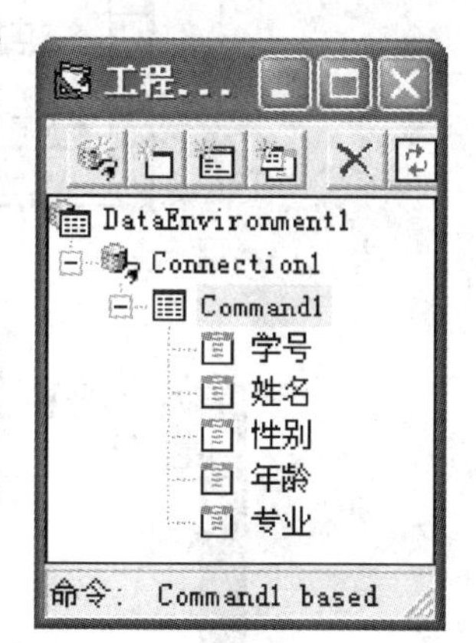


图11-22 数据环境设计器

**2. 设置DataReport对象的属性**

选择“工程”→“添加Data Report”菜单项，则在工程中添加数据报表设计器DataReport1，在属性窗口中设置DataReport1的DataSource属性为数据环境DataEnvironment1对象，DataMember属性为Command1对象。

**3. 添加控件**

在“报表标头”区添加标签控件，设置其Caption属性为“学生基本信息表”，并设置Font属性的字体为隶书、字形为常规、字号为二号。

利用形状控件在“页标头”区或“细节”区添加矩形框，并通过复制方法复制多个矩形框，并放置在合适的位置，以满足表格的要求。此时在DataReport1快捷菜单中设置“抓取到网格”，这样便于调整形状控件。

打开数据环境设计器，将Command1对象内的各字段拖动到数据报表设计器的“细节”区的相应位置，默认的方式会产生一个标签控件和一个文本框控件，将标签控件拖动到“页标头”区，作为标题，文本框控件留在细节区，用于显示记录数据。此时在快捷菜单中取消“抓取到网格”，这样便于调整标签和文本框。再用线条控件画上表格线。设置完成后，报表设计器如图11-23所示。

**4. 显示数据报表**

有两种方法可以运行时显示数据报表。

（1）选择“工程”→“工程1属性”菜单项，将“启动对象”设置为DataReport1，则启动工程时即可显示数据报表。

（2）使用DataReport1对象的Show方法，在命令按钮或菜单的Click事件中加入代码：DataReport1.Show。

选择DataReport1，设置它的LeftMargin(左边距)及TopMargin(上边距)为20。报表显示如图11-24所示。

打印报表可直接使用预览窗口左上角的“打印”按钮，或使用预览窗口工具栏上的“导

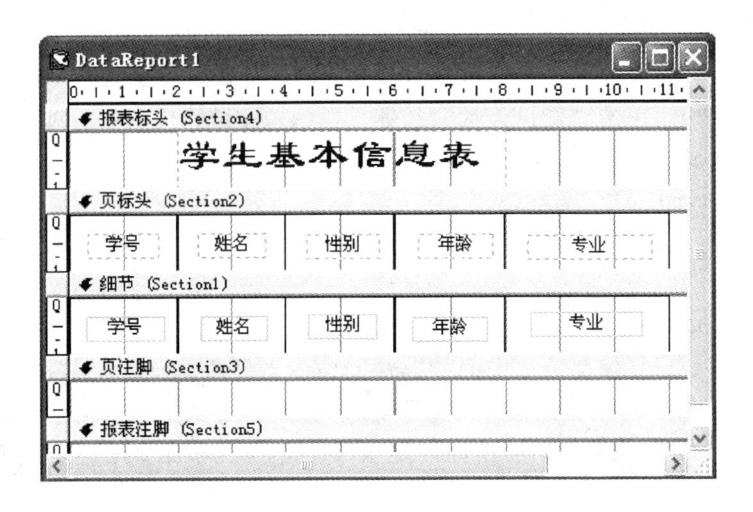


图 11－23　报表设计器

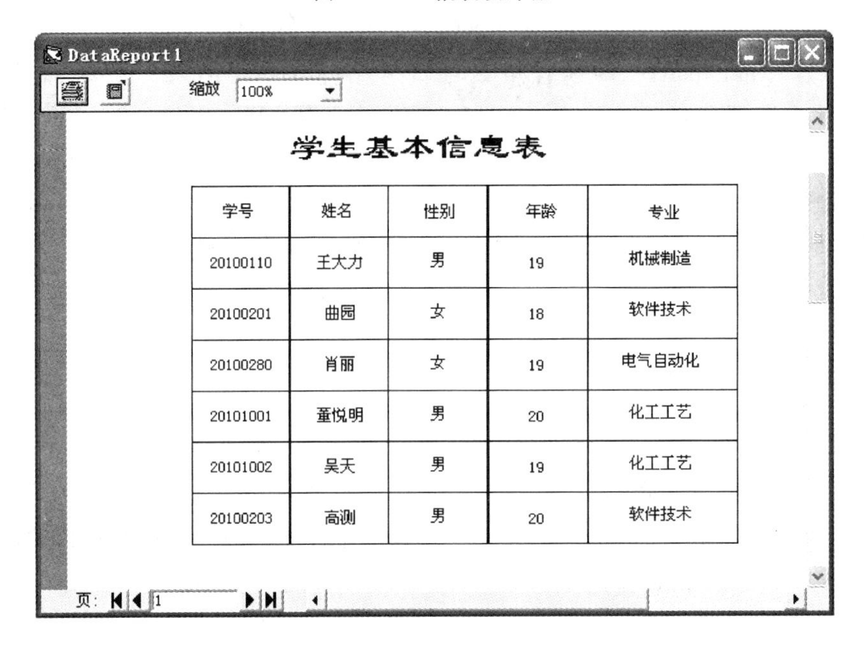
DataReport1

缩放 100%

学生基本信息表

| 学号 | 姓名 | 性别 | 年龄 | 专业 |
| --- | --- | --- | --- | --- |
| 20100110 | 王大力 | 男 | 19 | 机械制造 |
| 20100201 | 曲园 | 女 | 18 | 软件技术 |
| 20100280 | 肖丽 | 女 | 19 | 电气自动化 |
| 20101001 | 董悦明 | 男 | 20 | 化工工艺 |
| 20101002 | 吴天 | 男 | 19 | 化工工艺 |
| 20100203 | 高测 | 男 | 20 | 软件技术 |

页: 1

图 11－24　报表预览

出”按钮将报表输出成文本文件或 HTML 文件。

## 习　　题

### 一、单项选择题

① SQL 语句“Select * From book”中的“*”表示________。

A. 所有记录　　B. 所有字段　　C. 所有表　　D. 一个字段

② 使用 Find 方法进行查找时，根据记录集的________属性判断是否找到了匹配的记录。

A. Match　B. NoMatch　C. Found　D. NoFound

③ 以下说法正确的是________。

A. 使用数据绑定控件可以直接访问数据库中的数据

B. 使用 Data 控件可以直接显示数据库中的数据

C. 使用 Data 控件可对数据库中数据进行操作，却不能直接显示数据库中的数据

D. Data 控件只有通过数据绑定控件才可以访问数据库中的数据

④ 使用 Delete 方法删除当前记录后，记录指针位于________。

A. 最后一条记录　B. 被删除记录的上一条记录

C. 被删除记录的下一条记录　D. 被删除记录

⑤ 通过设置 Data 控件的________属性可建立该控件与数据库的连接。

A. Database　B. RecordsetType　C. RecordSource　D. DatabaseName

⑥ Microsoft Access 数据库文件的扩展名为__.______。

A. db　B. dbf　C. exl　D. mdb

⑦ 文本框控件与 Data 控件绑定时，文本框的 DataSource 属性指定文本框所绑定的________。

A. 数据库名　B. 表名　C. 字段名　D. 以上都不是

⑧ 下列________控件不能与 Data 控件进行绑定。

A. 命令按钮　B. 文本框　C. 标签　D. 组合框

## 二、填空题

① 要设置 Data 数据控件所连接的数据库的名称及位置，需设置其________属性。

② 使数据绑定控件能够显示数据库记录集中的数据，必须首先在设计时或在运行时通过________属性设置数据源，通过________属性设置要连接的数据源字段的名称。

③ SQL 语句中“ORDER BY”的含义是________________。

④ 一个记录集可以是________也可是________。

⑤ 记录集 RecordCount 属性的含义是________________。

⑥ 用 SQL 语言查询 student 表中学号为“2005010101”的记录，使用的语句为：____________________。

⑦ 关键字是数据表中的字段之一，该字段中的数据在各记录中是________的，通过关键字可以建立关系型数据库中各表之间的________。

⑧ 将数据报表 DataReport1 对象进行显示的语句是________。

⑨ ________属性指定 Data 控件所要连接的数据库类型。

⑩ ________方法用于在记录集中添加一条记录。

## 三、简答题及编程题

① 什么是 SQL 语言？SQL 语言的特点是什么？

② 将数据绑定控件绑定到数据控件 Data 上，需对数据绑定控件的哪些属性进行设置？

③ 要实现 Data 数据控件与数据库的连接，必须设置数据控件的哪些相关属性？

④ 编写小型超市的商品销售管理系统，该系统的功能有：

- 按天存储各类商品的销售信息，包括商品编号(Text 类型,10)、商品名称(Text 类型,30)、类别(Text 类型,8)、单价(Single 类型)、折扣率(Single 类型)、数量(Integer)；
- 可添加、删除、修改商品单价、折扣率等；
- 查询类别为“服装”的商品信息；
- 以报表的形式预览所有“商品”信息。

# 实训 1　Visual Basic 开发环境及程序设计初步

## 一、实训目的

1. 熟悉 Visual Basic6. 0 的启动与退出方法
2. 熟悉 Visual Basic6. 0 集成开发环境
3. 掌握建立 Visual Basic 应用程序的全过程
4. 掌握控件的画法，熟悉简单窗体、控件的属性设置方法
5. 掌握 Visual Basic6. 0 中使用帮助的方法

## 二、实训内容和步骤

1. 启动 Visual Basic

① 单击“开始”菜单，从“所有程序”组中选择“Microsoft Visual Basic 6. 0 中文版”，启动 Visual Basic 6. 0。

② 在打开的“新建工程”对话框的“新建”选项卡中选择“标准 EXE”选项，单击“打开”按钮，进入 VB 集成开发环境。

2. Visual Basic 集成开发环境基本操作

① 熟悉标题栏中控制菜单及“最小化”、“最大化/还原”和“关闭”按钮的作用。

② 熟悉菜单、菜单项、热键、快捷键的操作。

③ 熟悉工具栏中各种工具按钮的功能。

④ 熟悉“工具箱”中各标准控件的意义。

⑤ 熟悉“工程管理”窗口的作用，了解工程文件类型及作用。

⑥ 熟悉“属性”窗口，熟悉控件属性列表。

⑦ 熟悉“窗体设计器”的构成及作用。

⑧ 了解“窗体布局”窗口、“立即”窗口的作用。

3. 简单应用程序设计

（1）建立一个新的工程

启动 Visual Basic 6. 0，或在集成开发环境中选择“文件”菜单的“新建工程”命令，弹出“新建工程”对话框，选择“标准”选项，单击“确定”按钮，新建一个工程，在屏幕上出现一个默认窗体“Form1”。

（2）窗体设计

将窗体的 Caption 属性设置为“实训 1”，BackColor 属性设置为“浅蓝色”，Height 和 Width 属性分别设置为 3 000 和 4 800。

（3）添加控件

在窗体上添加两个按钮（Command1、Command2），一个标签（Label1），调整至合适的大小，

如图 s1 - 1 所示位置。

标签的 BackColor 属性设置为“浅蓝色”，字体(Font)设置为楷体，三号字，Caption 属性设置为“简单 VB 应用程序设计”。

按钮 Command1 的 Caption 属性设置为“显示”，按钮 Command2 的 Caption 属性设置为“清除”。

(4) 编写程序代码

双击“显示”按钮，打开代码编辑窗口，输入如下代码：

```
Private Sub Command1 _ Click( )
    Label1. Visible = True
End Sub
```

在代码窗口的对象列表框中选择对象 Command2，在过程列表框中选择 Click，编写如下代码：

```
Private Sub Command2 _ Click( )
    Label1. Visible = False
End Sub
```

(5) 运行程序

单击工具栏中的“启动”按钮▶。运行程序，出现图 s1 - 1 所示界面，单击“清除”按钮，窗口上的文字消失，单击“显示”按钮，显示窗口上的文字。

图 s1 - 1　实训 1 程序运行结果

(6) 保存文件

在“文件”菜单中选择“保存工程”命令，或单击工具栏中的“保存工程”按钮，打开“文件另存为”对话框，选择存放路径，保存窗体文件为“实训 1. frm”，保存工程文件为“实训 1. vbp”。

(7) 生成可执行文件

在“文件”菜单中选择“生成实训 1. exe”命令，弹出“生成工程”对话框，输入文件名为“实训 1”，单击“确定”按钮，生成可执行文件“实训 1. exe”。

4. 使用 Visual Basic 6. 0 帮助

在“帮助”菜单中选择“内容”命令，弹出“MSDN Library Visual Studio 6. 0”窗口。

(1) 利用目录浏览主题

选择“目录”标签，在左侧主题窗口中依次展开“Visual Basic 文档”→“使用 Visual Basic”→“程序员指南”→“Visual Basic 基础”→“用 Visual Basic 开发应用程序”→“第一个 Visual Basic 应用程序”，选择“你好，Visual Basic”主题，此时在右侧窗格中显示相应帮助内容，查看相关内容。

(2) 利用索引查询信息

选择“索引”标签，在“输入要查找的关键字”输入框中输入“If”，此时显示出与“If”相关的项目列表。选择“If 语句”，单击“显示”按钮，打开“已找到的主题”对话框，选择“If …Then … Eles 语句”主题，单击“显示”按钮，在右侧窗格中显示出“If …Then … Eles 语句”的帮助信息，查看相关内容。

# 实训2　Visual Basic 语言基础

## 一、实训目的

1. 熟悉 Visual Basic 的各种数据类型
2. 掌握 Visual Basic 常量和变量的定义方法
3. 熟悉 Visual Basic 的各种表达式的使用
4. 掌握 Visual Basic 常用函数的使用方法
5. 熟悉 Visual Basic 的基本编码规则

## 二、实训内容和步骤

1. Visual Basic 变量定义及数据类型的使用

（1）数值型数据

新建工程，在代码窗口中输入下面的程序，运行程序并单击窗体，在窗体中观察运行结果，分析理解变量的定义和不同类型数值数据的意义。程序运行结果如图 s2－1 所示。

```
Private  Sub  Form _ Click( )
  Dim A  As  Integer, B  As  Integer, C  As  Single, D  As  Double
  A = 515
  B = 600 / A
  C = 600 / A
  D = 600 / A
  Print  A
  Print  B
  Print  C
  Print  D
End  Sub
```

图 s2－1　程序运行结果

（2）逻辑型数据

新建工程，输入如下程序，运行程序，在窗体中观察运行结果，分析理解逻辑型数据和数值型数据的转换关系。运行结果如图 s2－2 所示。

```
Private Sub Form _ Click( )
  Dim  a  As  Boolean, b  As  Boolean
  Dim  c  As  Integer, d  As  Integer
  a = True: b = False
  c = a: d = b
  Print
```

```
    Print  a,b,c,d
    c = 0  :  d = -5
    a = c  :  b = d
    Print
    Print c,d,a,b
End Sub
```

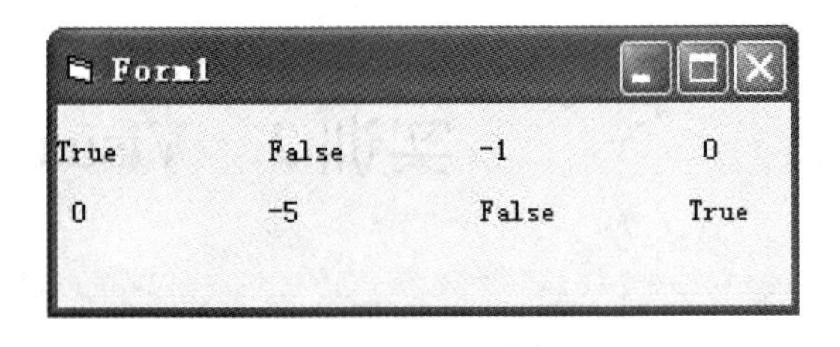

图 s2－2 程序运行结果

**提示：** 逻辑型数据与数值型数据可以互相转换，逻辑型数据转换为数值型数据时，True 转换为 －1，False 转换为 0，数值型数据转换为逻辑型数据时，非 0 为 True，0 转换为 False。

（3） 日期型数据

新建工程，输入如下的程序，运行程序，观察运行结果，并分析理解日期型数据的使用。运行结果如图 s2－3 所示。

```
Private Sub Form_Click()
    Dim a As Date,b As Date,c As Date
    Dim d As Date,e As Date
    a = #5/15/2011#
    b = #8/5/2011 10:26:20 AM#
    c = 3650.5
    d = -365.8
    e = 0.5
    Print a
    Print b
    Print c
    Print d
    Print e
End Sub
```

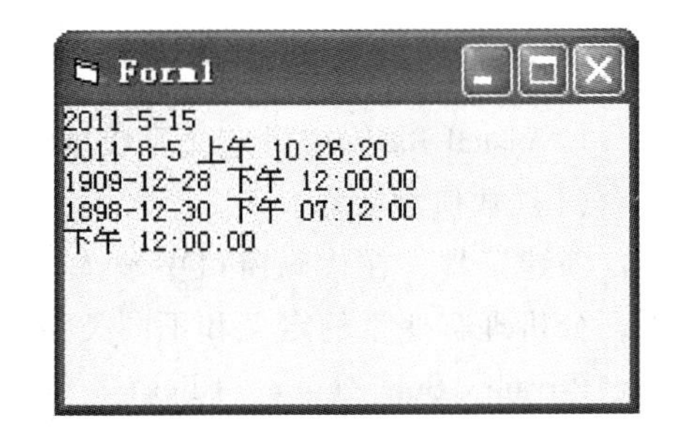

图 s2－3 程序运行结果

**提示：** 当数值数据转化为日期型数据时，小数点左边的整数表示日期，即为从 1899 年 12 月 31 日后的天数(负数为之前的天数)，小数点右边的数字表示时间，0 表示 0 点，0.5 表示中午 12 点。

2. Visual Basic 表达式的应用

（1） 算术表达式

设 $x=5$，输出表达式 $\sqrt{x^3+5x+8}$ 和表达式 3^2 Mod 7 \ 3 的值。

参考程序如下：

```
Private Sub Form_Click()
    Dim x As Integer,y1 As Single,y2 As Single
    x = 5
    y1 = Sqr(x^3 + 5 * x + 8)
    y2 = 3^2 Mod7\3
```

```
  Print x,y1,y2
End Sub
```

运行程序，并分析结果。

(2) 关系表达式和逻辑表达式

新建工程，输入如下的程序，运行程序，观察并分析运行结果。运行结果如图 s2 - 4 所示。

```
Private Sub Form_Click()
  Dim x As Integer,y As Integer
  x = 15: y = 6
  Print "abcd" > "abe"
  Print "ABCD"="abcd"
  Print 50 > 41 + y
  Print "345" > "8"
  Print x > 10  And  y < 0
  Print x > 10  Or  x < 0
  Print x > 10  Xor  y < 0
  Print x > 10  Eqv  y < 0
End Sub
```

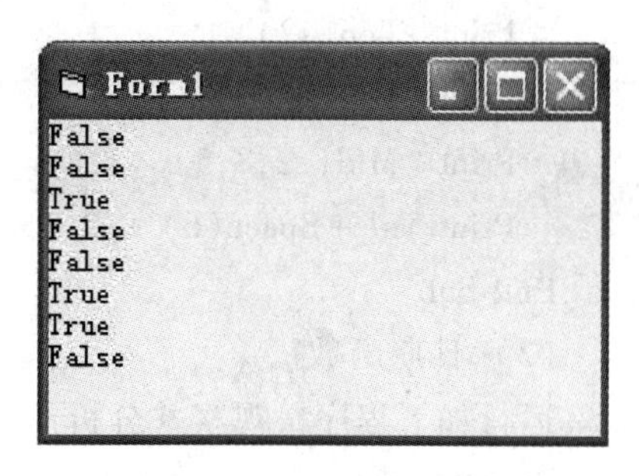


图 s2 - 4　程序运行结果

3. Visual Basic 内部函数的应用

(1) 算术运算函数和转换函数

新建工程，输入如下的程序，运行程序，观察并分析运行结果。程序运行结果如图 s2 - 5 所示。

```
Private Sub Form_Click()
  Print Sin(30 * 3.14159 / 180),Cos(30 * 3.14159 / 180)
  Print Log(10),Sqr(25),Exp(4)
  Print Abs(34),Abs(-3.4)
  Print Int(6.5),Int(-6.5),Fix(6.5), Fix(-6.5)
  Print Asc("A"),Chr(65)
End Sub
```

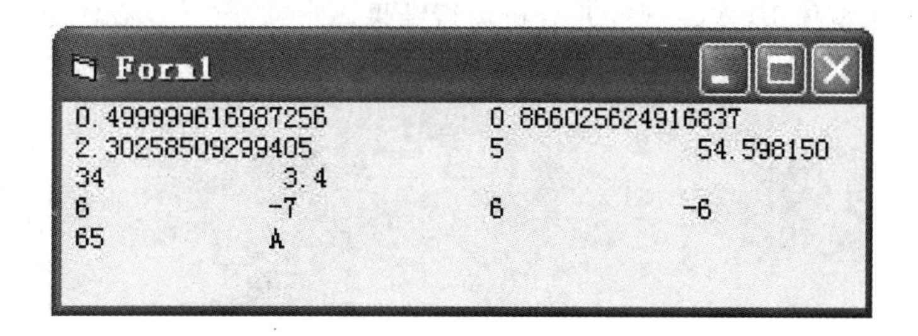


图 s2 - 5　程序运行结果

(2) 字符串函数

运行如下程序，观察并分析运行结果。运行结果如图 s2 -6 所示。

```
Private  Sub  Form_Click()
  Dim s1  As  String, s2  As  String
  s1 = "欢迎使用  "
  s2 = "Visual Basic 6.0"
  Print  s1 + s2
  Print  Len(s2)
  Print  Left(s2,6)
  Print  Mid(s2,8,5)
  Print  s1 + Space(6) + s2
End Sub
```

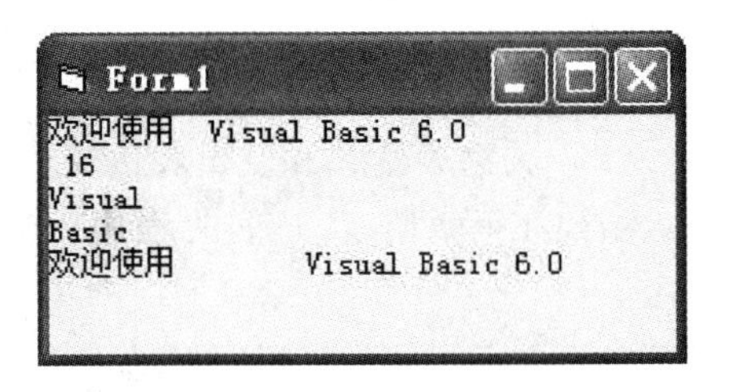


图 s2 -6 程序运行结果

(3) 日期函数

运行如下程序，观察并分析运行结果。

```
Private  Sub  Form_Click()
  Print  Now
  Print  Date
  Print  Time()
  Print  Year(Now), Month(Now), Day(Now)
  Print  Weekday(Now)
  Print  Hour(Now), Minute(Now), Second(Now)
End Sub
```

(4) 随机函数

随机产生 10 ~ 100 之间的一个整数，在窗体上输出。

参考程序如下：

```
Private Sub  Form_Click()
  Dim  idata  As  Integer
  idata = Int(Rnd * 91 + 10)
  Print  idata
End Sub
```

运行程序时单击窗体 10 次，观察并分析运行结果。

# 实训3　窗体及基本控件的应用

## 一、实训目的

1. 掌握窗体的常用属性、事件和方法的应用
2. 掌握窗体上控件的布局方法
3. 掌握文本框的属性、事件和方法的应用
4. 掌握命令按钮的属性、事件和方法的应用
5. 掌握标签的属性、事件和方法的应用

## 二、实训内容和步骤

1. 编写应用程序在窗体上单击显示“Visual Basic　程序设计”，且窗体的高度和宽度增加1.2倍、字号增加1.3倍，其他属性进行适当的设置。运行程序后，单击5次窗体，观察运行结果。

参考程序如下：

```
Private Sub Form_Click()
    Form1.Height = Form1.Height * 1.2
    Form1.Width = Form1.Width * 1.2
    FontSize = FontSize * 1.3
    Print " Visual Basic 程序设计"
End Sub
```

2. 编写应用程序，界面设计如图 s3－1 所示，在文本框中输入3种商品的单价、购买数量，计算并输出总金额。

计算按钮的单击事件代码如下：

```
Private Sub Command1_Click()
    Dim x1 As Single, x2 As Single, x3 As Single
    Dim y1 As Integer, y2 As Integer, y3 As Integer
    Dim s As Single
    x1 = Val(Text1.Text)
    x2 = Val(Text2.Text)
    x3 = Val(Text3.Text)
    y1 = Val(Text4.Text)
    y2 = Val(Text5.Text)
```

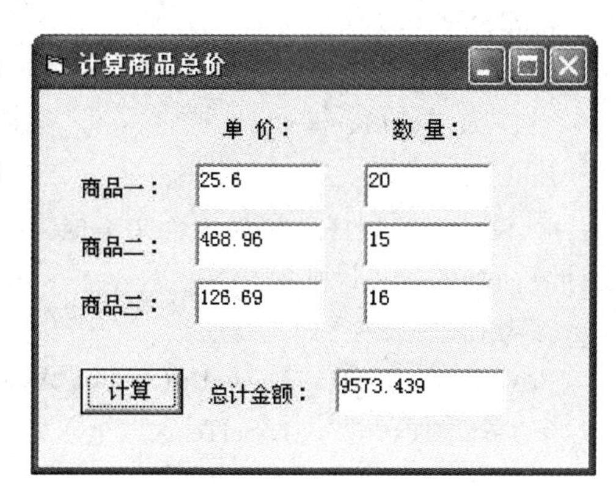


图 s3－1　运行结果

```
    y3 = Val(Text6.Text)
    s = x1 * y1 + x2 * y2 + x3 * y3
    Text7.Text = s
    Text7.Locked = True
End Sub
```

3. 将文本框中显示的文字进行放大、缩小和还原操作。

要求：

① 单击“放大”按钮，文本框中的文字放大，放大倍数由随机函数产生，范围在1～5倍，执行“放大”操作后，“放大”按钮不可用。

② 单击“缩小”按钮，文本框中的文字缩小，缩小倍数由随机函数产生，范围在1～5倍，执行“缩小”操作后，“缩小”按钮不可用，而“放大”按钮变为可用。

③ 单击“还原”按钮，字体恢复到初始状态，“放大”、“缩小”按钮都变为可用。运行界面如图s3－2所示。

图s3－2　运行界面

参考程序如下：

```
Dim x As Integer
Private Sub Form_Load()
    x = Text1.FontSize
End Sub
Private Sub Command1_Click()
    Text1.FontSize = Text1.FontSize * Int(Rnd * 5 + 1)
    Command1.Enabled = False
    Command2.Enabled = True
End Sub
Private Sub Command2_Click()
    Text1.FontSize = Text1.FontSize / Int(Rnd * 5 + 1)
    Command1.Enabled = True
    Command2.Enabled = False
End Sub
Private Sub Command3_Click()
    Text1.FontSize = x
End Sub
```

4. 设计应用程序，添加2个文本框，将第1个文本框选中的字符显示在第2个文本框中。设计界面如图s3－3所示。

参考程序：

```
Private Sub Text1_MouseUp(Button As Integer, Shift As Integer, X As Single, Y As Single)
    Text2.Text = Text1.SelText
End Sub
```

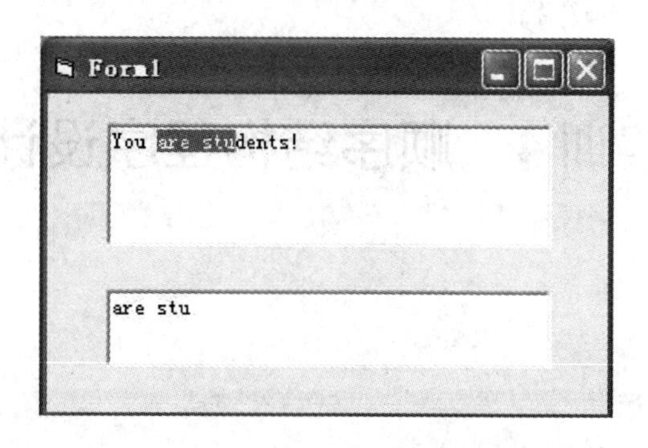


图 s3 - 3　程序运行结果

5. 设计 2 个窗体，在第 1 个窗体上单击“显示第 2 个窗体”命令按钮时，则显示第 2 个窗体，隐藏第 1 个窗体，在第 2 个窗体上单击“显示第 1 个窗体”命令按钮时，则第 1 个窗体显示，隐藏第 2 个窗体。

# 实训 4　顺序结构程序设计

## 一、实训目标

1. 学会正确使用赋值语句
2. 掌握数据输入、输出的方法
3. 掌握顺序结构的编程方法

## 二、实训内容和步骤

1. 利用文本框输入圆锥体半径、高度，计算圆锥体的体积并显示在相应文本框中。设计界面如图 s4－1 所示。圆锥体的体积公式为：$v=\frac{1}{3}\pi r^2 h$

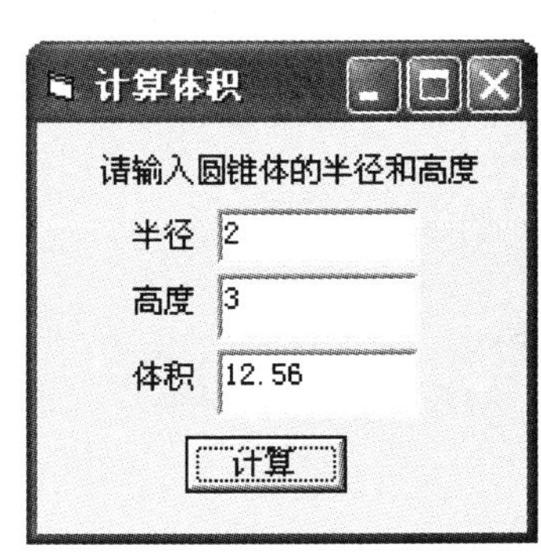

图 s4－1　程序界面

（1）新建一个工程

（2）窗体设计

按照图 s4－1 要求设计窗体，添加相应控件，并设置控件相关属性。

（3）代码设计

在“计算”命令按钮的单击事件中加入程序代码，实现计算并显示圆锥体积的功能。

（4）运行程序

（5）保存文件

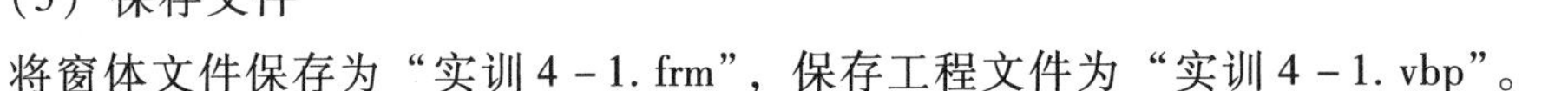
将窗体文件保存为“实训 4－1. frm”，保存工程文件为“实训 4－1. vbp”。

2. 设计用户界面，在两个文本框中输入两个整数，单击“交换”按钮，将两个文本框中的数据交换显示。

（1）任务分析

实现两个数的交换通常借助一个中间变量，如变量 a，b，利用变量 c 实现 a 和 b 的交换，语句为：

```
c = a
a = b
b = c
```

如果不使用中间变量，可以实现交换吗？答案是可以的，语句如下：

```
a = a + b
b = a - b
a = a - b
```

将窗体文件保存为“实训 4－2. frm”，保存工程文件为“实训 4－2. vbp”。

（2）运行后的窗体如图 s4 －2 所示。

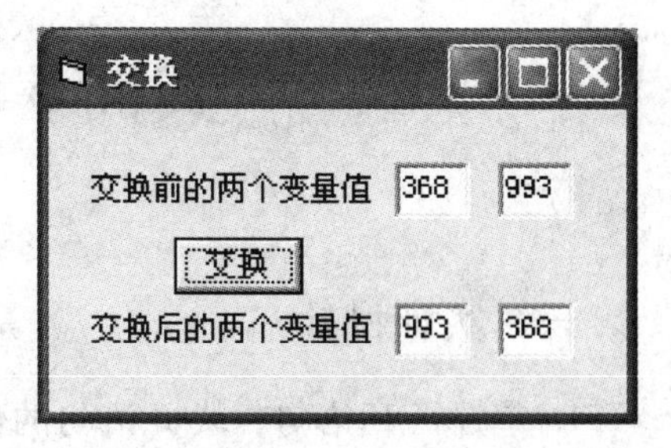


图 s4 －2　程序界面

3. 设计应用程序，求解鸡兔同笼问题，在两个文本框中分别输入鸡兔总头数和总脚数，单击“计算”命令按钮，在输出对话框中显示鸡兔分别有多少只。

**提示**：设鸡和兔的总头数为 $h$，鸡和兔的总脚数为 $f$，鸡的只数为 $x$，兔的只数为 $y$，鸡有 2 只脚，兔有 4 只脚，可列出方程：$\begin{cases}2x+4y=f\\x+y=h\end{cases}$，可得到求解 $x$、$y$ 的公式为：$x=\dfrac{4h-f}{2}$　$y=\dfrac{f-2h}{2}$

将窗体文件保存为“实训 4 －3. frm”，工程文件保存为“实训 4 －3. vbp”。程序界面如图 s4 －3 所示。

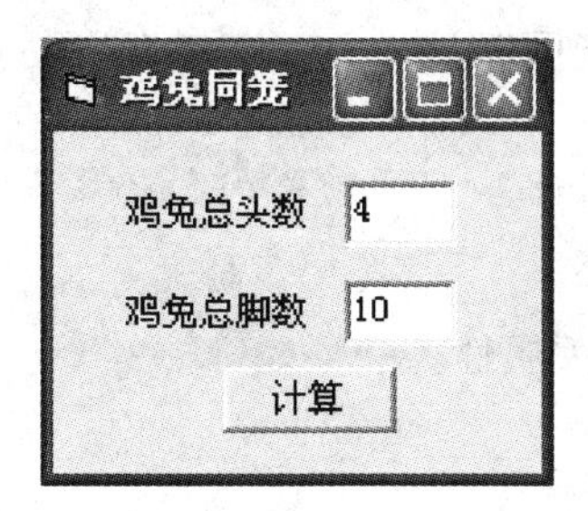

图 s4 －3　程序界面

4. 计算：$s=v_0t-\dfrac{1}{2}at^2$ 的值，其中，$v_0$、$a$、$t$ 利用文本框输入。

将窗体文件保存为“实训 4 －4. frm”，工程文件保存为“实训 4 －4. vbp”。程序界面如图 s4 －4 所示。

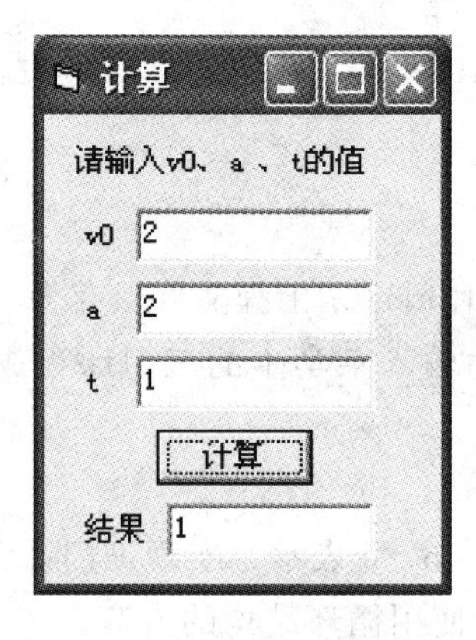


图 s4 －4　程序界面

# 实训 5　分支结构程序设计

## 一、实训目标

1. 掌握行 If 语句、块 If 语句的使用
2. 掌握 If 语句嵌套形式的应用
3. 掌握 Select Case 多分支语句的应用

## 二、实训内容和步骤

1. 利用文本框输入一个正整数，判断是否能同时被 3、5、7 整除，使用输出对话框显示判断结果。

（1）打开 Visual Basic 6.0，建立一个工程

（2）窗体设计

设计如图 s5－1 所示窗体，并设置控件的相关属性。

（3）代码设计

（4）运行程序

运行程序，输入 68，则输出对话框如图 s5－2 所示。

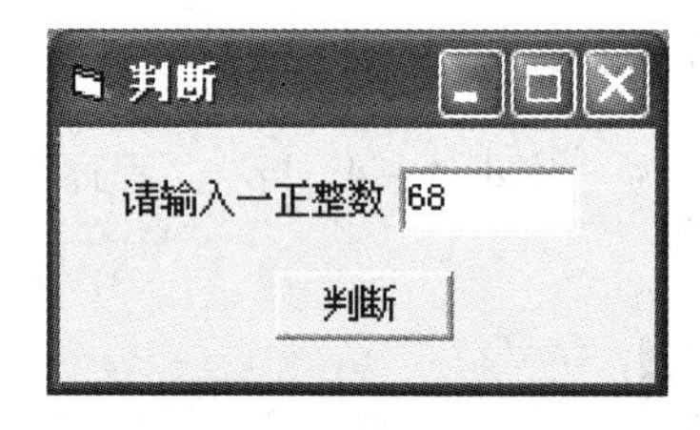


图 s5－1　窗体界面

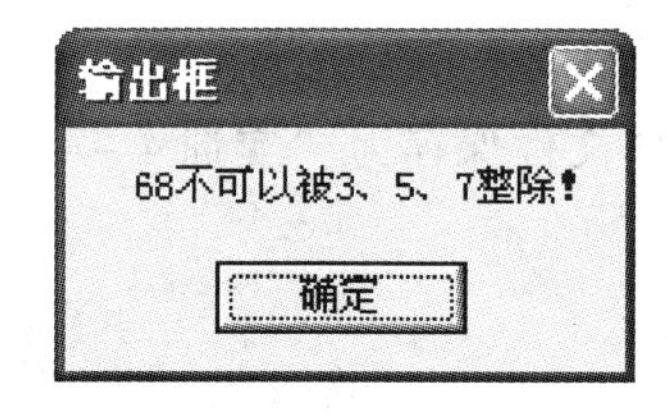


图 s5－2　输出对话框信息

（5）保存文件

将窗体文件保存为“实训 5－1. frm”，工程文件保存为“实训 5－1. vbp”。

2. 设计应用程序，在文本框中输入某学生的三门课程成绩，找出最高分和最低分并显示在相应文本框中。

（1）任务分析

若有三门课程，分别用变量 a、b、c 表示，实现三门课程成绩求最值问题方法较多，可以使用三条 if 语句进行判断，也可以使用循环结构的嵌套，还可以使用如下行 If 语句完成。

```
max = a
If  b > max  then max = b
If  c > max  then max = c
```

思考求四门课程的最大值和最小值应怎样实现？

将窗体文件保存为“实训 5 - 2. frm”，保存工程文件为“实训 5 - 2. vbp”。

（2）程序运行结果如图 s5 - 3 所示。

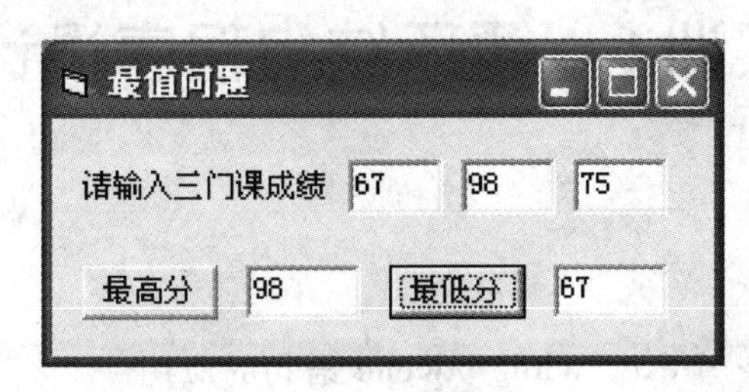


图 s5 - 3　程序运行界面

3. 设计应用程序如图 s5 - 4 所示。在文本框中分别输入两个运算数和一个运算符，单击“计算”命令按钮，在相应文本框中显示计算结果。分别用 If 语句和 Select Case 语句实现。

将窗体文件保存为“实训 5 - 3. frm”，工程文件保存为“实训 5 - 3. vbp”。

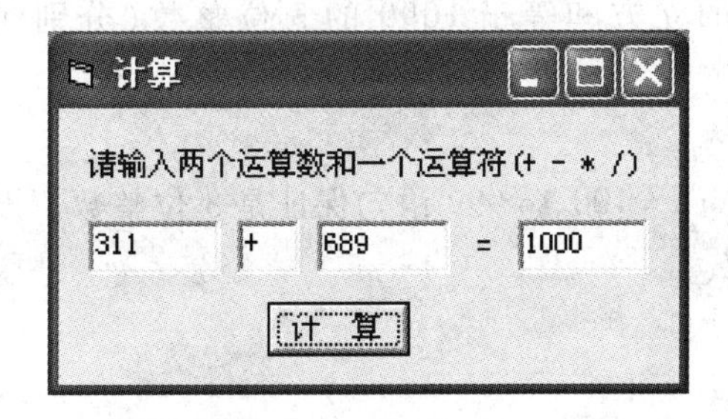


图 s5 - 4　用户界面

# 实训 6　循环结构程序设计

## 一、实训目标

1. 掌握 Do…Loop、For…Next、While…Wend 语句的应用
2. 理解循环的嵌套结构
3. 理解多重循环的设计思想

## 二、实训内容和步骤

1. 求出所有各位数字的立方和等于 1099 的 3 位整数（分别使用单重循环和三重循环完成）。

（1）任务分析

使用单循环时，通过 For i = 100 To 999 语句保证是 3 位整数，设 a、b、c 变量分别存放 3 位整数的个位、十位、百位。

```
a = i Mod 10
b = (i\10) Mod 10
c = i \ 100
```

使用三重循环时，需要用三个循环语句。

```
For i = 1 To 9
  For j = 0 To 9
    For k = 0 To 9
      ……
    Next k
  Next j
Next i
```

思考，对于三重循环，为什么循环初始值 i = 1 而 j = 0、k = 0？不这样设置可以吗？

（2）运行程序

运行程序，运行结果如图 s6 - 1 所示。

（3）保存文件

将窗体文件保存为“实训 6 - 1. frm”，工程文件保存为“实训 6 - 1. vbp”。

2. 在文本框中输入 $n$ 的值，计算 $n$ 个整数的阶乘和：即 $1! + 2! + 3! + \cdots + n!$。

（1）任务分析

本题目可以使用单重循环或双重循环解决。使用双重循环语句时，内层循环用于计算一个数的阶乘，外层循环用于进行累加求和。

（2）运行程序

运行程序，运行界面如图 s6－2 所示。

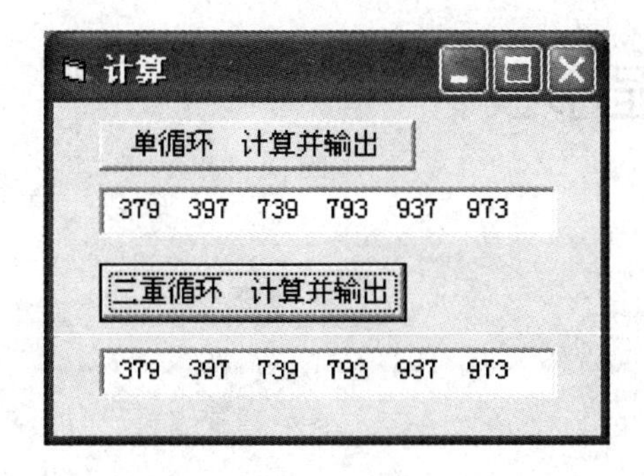

图 s6－1　运行界面

图 s6－2　运行界面

（3）保存文件

将窗体文件保存为“实训 6－2. frm”，工程文件保存为“实训 6－2. vbp”。

3. 在文本框中输入一个字符串，将其中的小写字符转换为大写字符，大写字符转换为小写字符，转换后的字符串输出在另一个文本框中。

（1）分析

需要考虑以下问题：

- 确定输入字符串长度(使用 Len( )函数)，该长度值即为循环次数。
- 确定输入字符串中各个字符(使用 Mid( )函数)，用以进行大小写字符判断。
- 进行大写字符或是小写字符的判断可以使用如下语句：

```
If ch  > ="a" And c  < ="z" Then…
If ch  > ="A" And c  < ="Z" Then…
```

- 使用字符大小写转换函数(Lcase( )和 Ucase( ))输出数据。

（2）运行程序

运行程序，运行结果如图 s6－3 所示。

（3）保存文件

将窗体文件保存为“实训 6－3. frm”，工程文件保存为“实训 6－3. vbp”。

图 s6－3　运行界面

# 实训7　数组程序设计

## 一、实训目标

1. 掌握数组的声明和数组元素的引用方法
2. 掌握静态数组和动态数组的使用方法
3. 了解控件数组的基本概念，能够利用控件数组进程简单程序设计

## 二、实训内容和步骤

1. 随机产生10个整数存入一维数组中，求其中最大元素及其下标。运行结果如图s7－1所示。

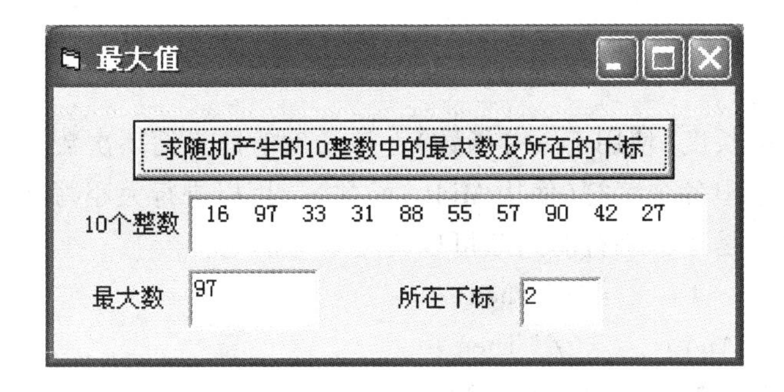


图s7－1　运行界面及结果

2. 用计算机模拟掷骰子游戏，编写程序统计掷N次后各点数出现的次数，运行结果如图s7－2所示。

**提示：**定义数组Dian(1 To 6)，分别存放1至6点出现的次数。产生一个[1,6]间的随机整数x，如果是1，就将Dian(1)的值增加1，如果是2，就将Dian(2)的值增加1，依此类推。

3. 在窗体上输出5×5方阵中的下三角和上三角元素，运行结果如图s7－3所示。

**提示：**该程序利用两个双重循环实现。第一个双重循环完成下三角的输出，循环语句如下：

```
For i = 0 To 4
  For j = 0 To i
    ……
  Next j
    ……
Next i
```

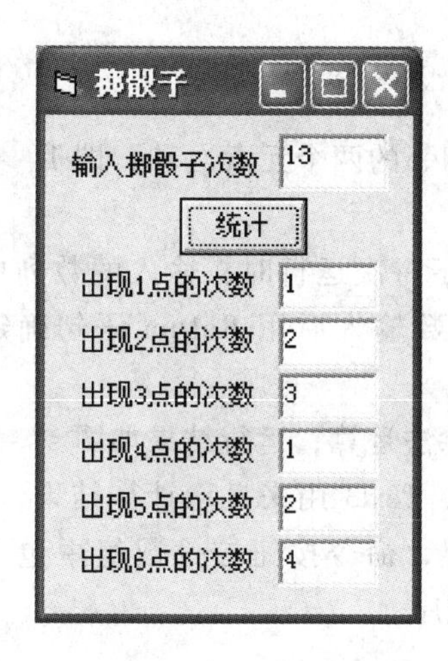


图 s7 - 2　运行界面及结果

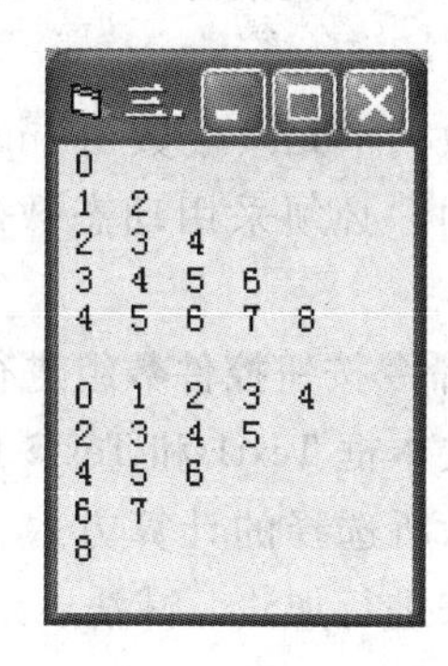


图 s7 - 3　输出三角形

第二个双重循环完成上三角的输出，循环语句如下：

```
For i = 0 To 4
   For j = i To 4
      ……
   Next j
      ……
Next i
```

思考：如果要输出方阵中的另外两个三角形，代码如何编写。

4. 利用动态数组求 Fibonacci 数列。要求在单击窗体时，用 InputBox 输入框输入需要计算 Fibonacci 数列的个数，并用 Print 语句在窗体上显示，每行显示 5 个元素。运行结果如图 s7 - 4(a)、图 s7 - 4(b)所示。

(a) 输入对话框

| 1 | 1 | 2 | 3 | 5 |
|---|---|---|---|---|
| 8 | 13 | 21 | 34 | 55 |
| 89 | 144 | 233 | 377 | 610 |

(b) 运行结果

图 s7 - 4

Fibonacci 数列的构成规律：

（1）数列的第1个元素为1、第2个元素为1；

（2）从第3个元素开始，以后的每个元素是其前面相邻的两个元素之和，即1、1、2、3、5、8、13、21…

**提示：** 数列中元素个数由 InputBox 对话框输入，由于每次运行时，输入的数列中的元素个数是动态的，必须采用动态数组完成，在数组元素个数输入后用 ReDim 语句确定数组的大小。

5. 使用命令按钮控件数组进行加法、减法、乘法和除法运算，运行结果如图 s7－5 所示。

**提示：** 文本框 Text1 和 Text2 用于接收输入的两个数，Text3 用来显示计算结果，标签 Label1 用于显示所选择的计算方式，Label2 用来显示“＝”，命令按钮控件数组中包含5个按钮，分别用来进行加法、减法、乘法、除法运算及退出程序。

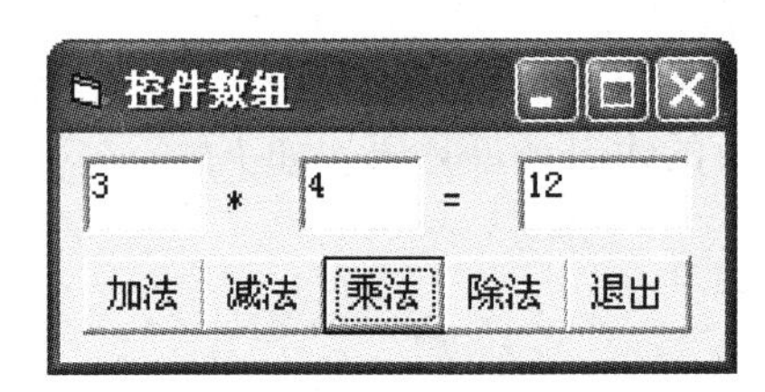


图 s7－5　运行结果

# 实训8 过程设计

## 一、实训目标

1. 掌握 Sub 过程、Function 过程的定义和调用方法
2. 掌握参数传递的方式、过程的嵌套调用及其应用

## 二、实训内容和步骤

1. 编写子过程 hws()，对于已知正整数，判断该数是否是回文数。运行程序，利用文本框分别输入一个正整数 12321、1234，运行结果如图 s8－1 所示。

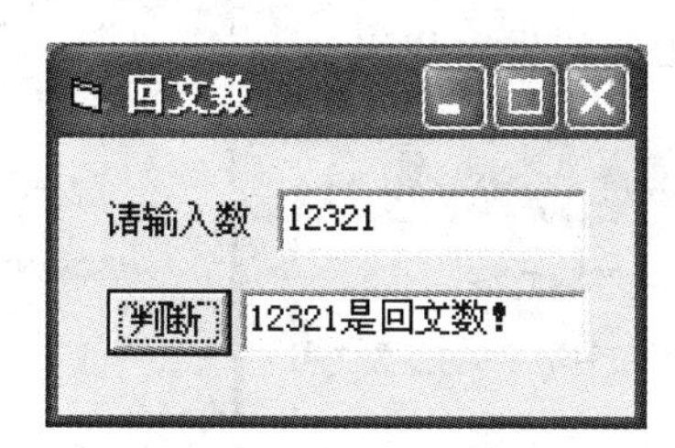


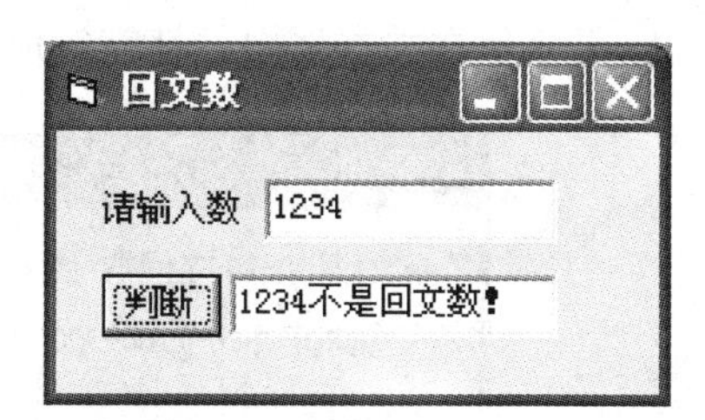


图 s8－1 回文数判断两次运行结果

**提示：**

（1）回文数是指顺序读与倒序读数字相同，即最高位与最低位相同，次高位与次低位相同，依次类推。只有 1 位数时，也认为是回文数。例如：124737421，767。

（2）回文数的求法，对输入的数转换成字符串类型处理，利用 MID 函数从两边往中间比较，若不相同，则不是回文数。

2. 编写函数 fun()，实现计算下面表达式的值并输出结果，m = 1－2＋3－4＋…＋9－10，运行结果如图 s8－2 所示。

图 s8－2 计算表达式的值

**提示：**通项为 $(-1)^{i-1} \times i$

要求：在 Text1 里输入 $i$ 的值，Text2 输出结果。

3. 利用函数计算下面表达式的值。

$s = 1 + x + \frac{x^2}{2!} + \frac{x^3}{3!} + \cdots + \frac{x^n}{n!}$之和。运行结果如图 s8－3 所示。

要求：由两个函数来完成，其中 jch()函数用于求一个数的阶乘，sum()用于求和，结果保留 2 位小数。在 sum()函数中可调用求阶乘函数 jch()。

图 s8－3 计算表达式的和

# 实训9　常用控件(1)

## 一、实训目标

1. 掌握单选按钮、复选框、框架常用属性、方法与事件的应用
2. 掌握列表框、组合框常用属性、方法与事件的应用

## 二、实训内容和步骤

1. 设计如图 s9－1 所示求和界面。

功能：选中其中一个单选按钮并单击“计算”按钮，则计算出该单选按钮标题所要求的数之和，将计算结果显示在文本框中，补充完成相关的程序代码。

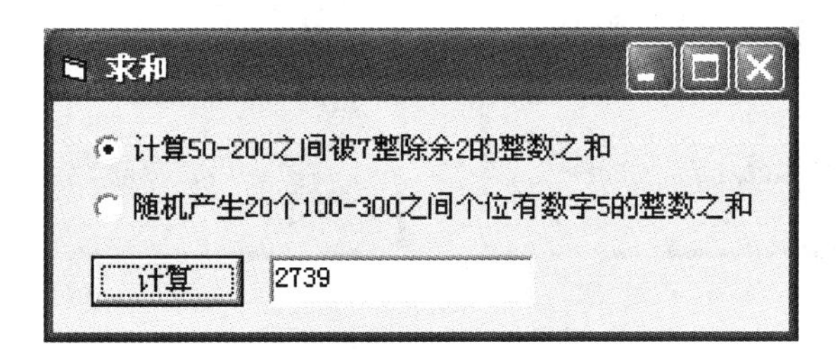


图 s9－1　求和界面

```
Private Sub Command1_Click()
   Dim a(20) As Integer
   Dim i As Integer
   Dim sum As Integer
   If Option1.Value = True Then
      sum = 0
      ____________________
         ____________________
            ____________________
         ____________________
      ____________________
      Text1.Text = sum
   End If
   If Option2.Value = True Then
      sum = 0
      Randomize
```

```
    For i = 1 To 20
      a(i) = Int(100  +  Rnd * 201)
    Next i
    ____________________
      ____________________
        ____________________
        ____________________
      ____________________
    ____________________
    Text1. Text = sum
  End If
End Sub
```

2. 设计如图 s9 - 2 所示的界面，实现如下功能：

(1) 用组合框进行代词的选择，包括“我、我们、你、你们、他、他们”；

(2) 用两个单选按钮，选择性别；

(3) 用三个复选框进行“美术、音乐、体育”的爱好选择；

(4)“性别”与“爱好”用框架控件进行分组；

(5) 选择完成后，单击“显示”，在文本框中显示所选择的信息。

3. 设计如图 s9 - 3 所示添加课程名称界面，完成的功能如下：

在 Text1 文本框中输入课程名称，单击其右侧的“添加”按钮，在列表框中添加该课程名称，若双击列表框中某课程，则在 Text2 文本框中显示该课程名称。

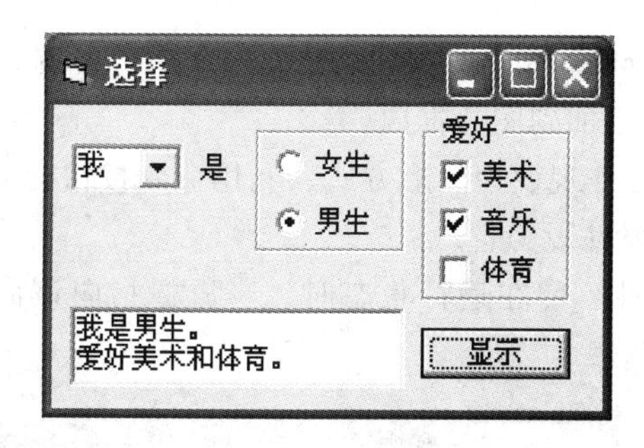


图 s9 - 2　选择界面

图 s9 - 3　添加课程名称界面

# 实训 10　常用控件(2)

## 一、实训目标

1. 掌握图片框、图像框常用属性、方法与事件的应用
2. 掌握形状、时钟、滚动条控件常用属性、方法与事件的应用

## 二、实训内容和步骤

1. 利用图片框设计一个常用工具栏。如图 s10－1 所示。

图 s10－1　常用工具栏设计

设计步骤如下：

（1）在窗体上添加图片框 Picture1，将其属性 Align 设为 1。（Align 属性可改变图片框的位置）。

（2）在窗体上添加命令按钮 Command1，选定 Command1，选择“剪切”命令，再选定图片框 Picture1，选择“粘贴”命令，此时命令按钮即添加到图片框内。

（3）将 Command1 命令按钮的 Style 属性设为 1，外观设为图形方式，利用命令按钮的 Picture 属性指定显示相应的图形文件，并将其 Caption 属性设为空。

（4）设置 Command1 命令按钮的 ToolTipText 属性，使在运行状态时，当鼠标指向该命令按钮片刻后，显示相关的动态提示信息，如“新建”。

（5）命令按钮 Command2、Command3、Command4、Command5 依次进行上述操作即可。

2. 设计应用程序，改变滚动条所设定的速度值，使窗体上的图像进行移动，窗体设计如图 s10－2 所示。

图 s10－2　设计界面

设计步骤：

（1）窗体上的控件有：一个图像框 Image1、一个标签 Label1、一个文本框 Text1、一个水平滚动条 HScroll1、两个命令按钮 Command1 和 Command2。

（2）控件属性设置

各控件的属性设置见表 s10－1。

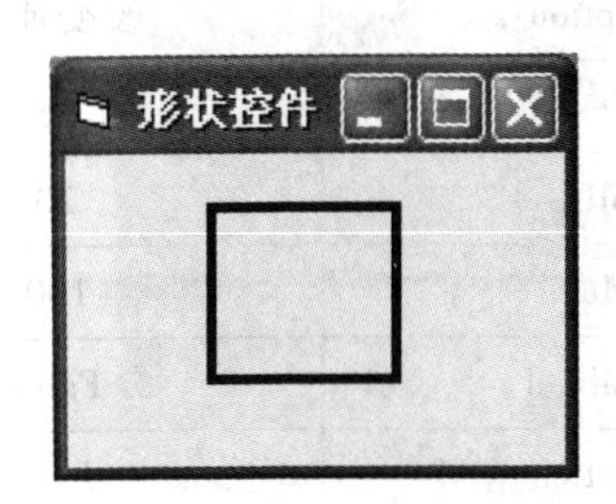


图 s10－3　形状控件的应用

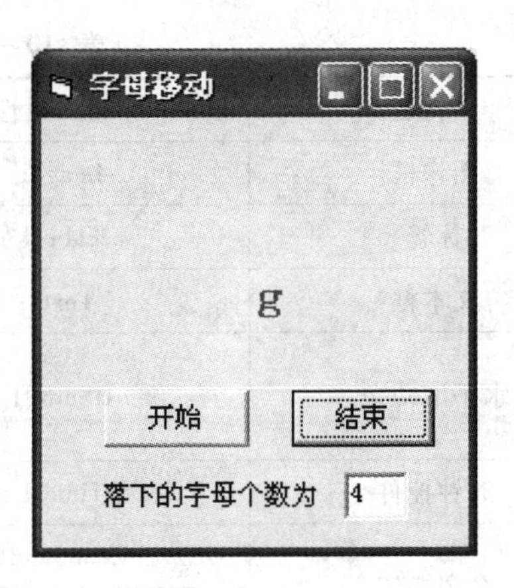


图 s10－4　设计界面

**表 s10－1　实训 10 控件属性设置**

| 控件名 | Name 属性 | 其他属性 | |
|---|---|---|---|
| 图像框 | Image1 | Picture | D |
| 标签 | Label1 | Caption | 改 |
| 文本框 | Text1 | Text | |
| 水平滚动条 | HScroll1 | Min | |
| | | Max | |
| 时钟控件 | Timer1 | Enabled | |
| 命令按钮 | Command1 | Caption | |
| | Command2 | Caption | |

(3) 代码设计

```
Private Sub Command1 _ Click( )
  Timer1. Enabled = True
End Sub
Private Sub Command2 _ Click( )

  ____________________
End Sub
Private Sub Form _ Load( )
  Text1. Text = HScroll1. Min
End Sub
Private Sub HScroll1 _ Change( )

  ____________________
End Sub
Private Sub Timer1 _ Timer( )
  If Image1. Left < 2300 Then

  ____________________
  Else
    Timer1. Enabled = False
  End If
End Sub
```

3. 设计如图 s10－3 所示的窗体，利用计时器每隔 1 分钟改变一次形状控件

**提示：**形状控件的 BorderWidth 属性设为 3，当 Shape 属性的值变到 5 时，始，在计时器的 Timer 事件中编写相应的程序代码。

4. 设计如图 s10－4 所示界面。单击“开始”按钮，每隔 500ms 从窗体的上个字母，单击“结束”按钮，所有字母停止移动，统计落下的字母个数。

# 实训 11　菜单与 MDI 窗体设计

## 一、实训目标

1. 掌握使用菜单编辑器创建菜单的方法
2. 掌握弹出式菜单的设计方法
3. 掌握 MDI 窗体应用程序的设计方法

## 二、实训内容和步骤

1. 建立表 s11 - 1 所示菜单结构。

表 s11 - 1　菜 单 结 构

| 标题 | 名称 | 快捷键 | 标题 | 名称 | 快捷键 |
|---|---|---|---|---|---|
| 文件(&F) | File | | 插入(&I) | Insert | |
| .... 新建 | FileNew | Ctrl + N | .... 文本 | InsertText | Ctrl + T |
| .... 打开 | FileOpen | Ctrl + O | .... 图片 | InsertPicture | Ctrl + P |
| .... 保存 | FileSave | Ctrl + S | 格式(&F) | Format | |
| .... - | FileBar | | .... 字体 | FormatFont | Ctrl + F |
| .... 退出 | FileExit | Ctrl + E | .... 段落 | FormatPara | Ctrl + A |

2. 建立一个 MDI 应用程序，其中有一个父窗体和一个子窗体。功能如下：

(1) 建立如图 s11 - 1 所示的父窗体菜单项。

(2) 建立一个子窗体，子窗体上的主菜单如图 s11 - 2 所示。

图 s11 - 1　MDI 父窗体菜单项

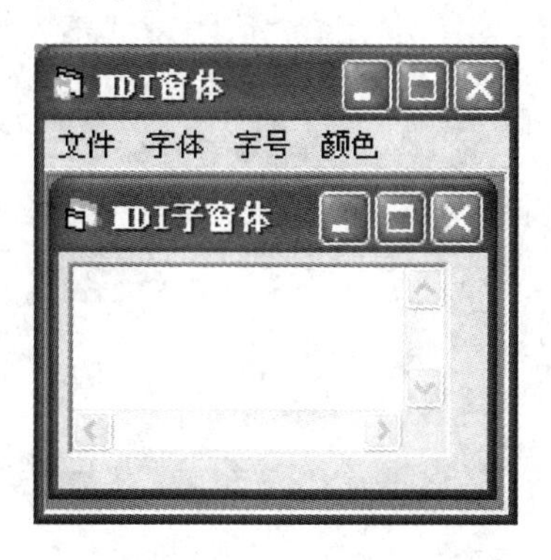

图 s11 - 2　MDI 子窗体主菜单项

(3) 子窗体上的菜单结构如表 s11 - 2 所示。

表 s11 -2 菜单结构

| 标题 | 名称 | 快捷键 | 标题 | 名称 | 快捷键 |
|---|---|---|---|---|---|
| 文件(&F) | File | | .... 斜体 | FIta | Ctrl + I |
| .... 打开 | FOpen | Ctrl + O | 字号(&S) | Size | |
| .... 保存 | FSave | Ctrl + S | ....20 | S20 | |
| .... - | FBar | | ....28 | S28 | |
| .... 退出 | FExit | Ctrl + E | ....36 | S36 | |
| 字体(&F) | Font | | 颜色(&C) | Color | |
| .... 标准 | FStd | Ctrl + S | .... 红色 | CRed | |
| .... 粗体 | FBold | Ctrl + B | .... 蓝色 | CBlue | |

(4) 编写程序实现子窗体“字号”菜单下的子菜单功能。

(5) 将“颜色”菜单设为弹出式菜单。

操作步骤:

(1) 建立一个工程，选择“工程”→“添加 MDI 窗体”菜单项，则 MDI 窗体被添加到工程中，此时 MDI 窗体的背景色为深灰色，在工程属性窗体中有一个 MDI 窗体和一个标准窗体。

(2) 选择标准窗体，将其 MDIChild 属性设置为 True，设置该窗体为 MDI 窗体的子窗体。

(3) 在 MDI 子窗体上添加一个文本框，将文本框设置为多行显示，并设置双向滚动条。

(4) 在 MDI 子窗体中，利用菜单编辑器，建立表 s10 -2 中的菜单项。

(5) 在“字号”菜单下的子菜单中实现相应功能，并设置文本框中文字字号。

(6) 利用“PopupMenu”方法，实现弹出式菜单的设计。

# 实训12 文件操作

## 一、实训目的

1. 掌握顺序文件、随机文件的特点
2. 掌握顺序文件、随机文件的打开、关闭及相关读写操作

## 二、实训内容和步骤

1. 在C盘根目录下建立文本文件“filea. txt”，内容是5个学生3个字段的信息，字段信息分别为“学号、姓名、年龄”，前2个字段为字符串，第3个字段为整型，分别利用Print #和Write #语句将5个学生信息输出到“D:\outp. txt”和“D:\outw. txt”文件中，并将文件“D:\outp. txt”和“D:\outw. txt”内容显示在窗体的2个文本框中。“filea. txt”文件内容如图s12－1(a)所示，窗体设计如图s12－1(b)所示。

注意：使用Print #和Write #语句将信息输出到不同的文件中，文件中的内容相同，显示格式不同。

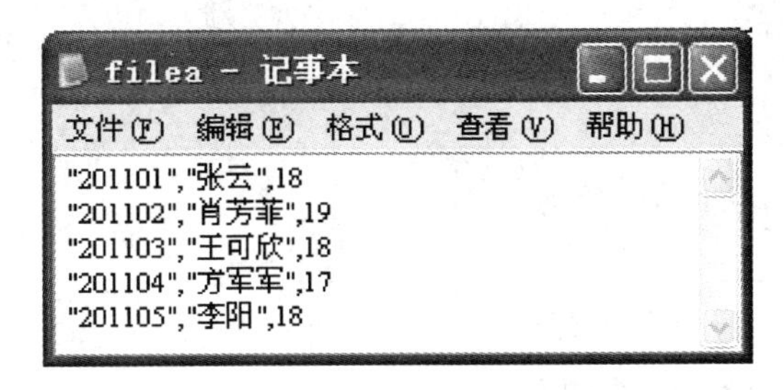


(a)“filea. txt”文件内容

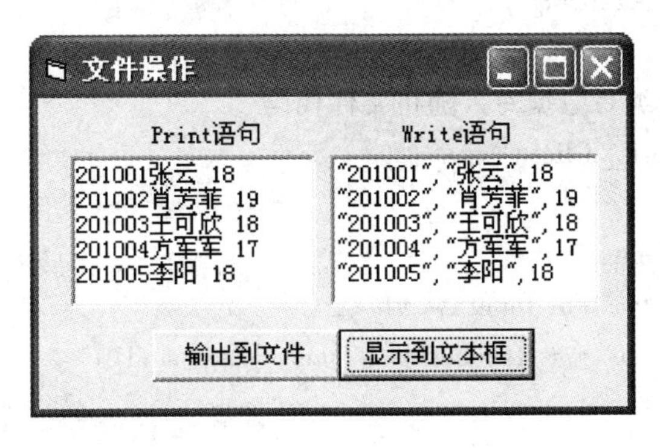


(b) 窗体设计界面

图 s12－1

2. 将第1题“C:\filea. txt”文件中的数据读出并写入随机文件“D:\stud. dat”中，按年

龄由小到大进行排序，将排序后的记录输出到“D：\studsort. dat”随机文件中，窗体设计如图 s12－2 所示。

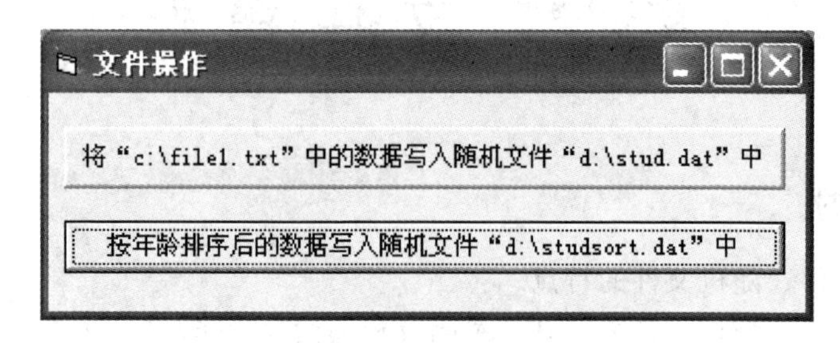


图 s12－2　窗体设计界面

（1）任务分析

将问题分为两步完成：

① 将“C:\file1. txt”文件中的数据读出并写入随机文件“D:\stud. dat”中。

说明：数据写入随机文件的同时，还要将数据存入数组中，为排序做准备。

② 按年龄由小到大进行排序，将排序后的记录输出到“D:\studsort. dat”随机文件中。

（2）代码设计

① 建立随机文件所需要的记录类型

在工程资源管理器窗口中右击“窗体”→“添加”→“添加模块”→“模块”，此时在工程资源管理器中添加模块 Module1，双击该模块文件，在其中写入定义记录类型的语句。

```
Type student
  numb As String * 6
  nameb As String * 10
  ageb As Integer
End Type
```

② 在“通用”中定义窗体级变量

```
Dim nx(5), nm(5) As String
Dim nn(5) As Integer
```

③ 在 Command1 中编写数据写入随机文件代码

```
Private Sub Command1_Click()
  Dim i As Integer
  Dim stud1 As student
  Open "c:\filea. txt" For Input As #1
  Open "d:\stud. txt" For Random As #2 Len = Len(stud1)
  For i = 1 To 5
    ______________________________
    ____________________
    ____________________
    ____________________
```

```
  ____________________
  Next i
  Close
End Sub
```

④ 在 Command2 中编写排序后数据写入随机文件代码

```
Private Sub Command2 _ Click( )
  Dim t1 ,t2 As String
  Dim t3 As Integer
  Dim i,j As Integer
  Dim stud1 As student
  Dim stud2 As student
  Open " d:\stud. dat" For Random As #3 Len = Len( stud1 )
  Open " d:\studsort. dat" For Random As #4 Len = Len( stud2 )
  For i = 1 To 5
    For j = 1 To 5 - i
      If nn( j) > nn( j + 1 ) Then
        t1 = nx( j ) : t2 = nm( j ) : t3 = nn( j )
        ________________________________________
        ________________________________________
      End If
    Next j
  Next i
  For i = 1 To 5
    ______________________________
    ______________________________
    ______________________________
    ______________________________
  Next i
  Close
End Sub
```

# 实训 13 绘图设计

## 一、实训目标

1. 了解 Visual Basic 的坐标系统
2. 掌握自定义坐标系统的方法
3. 掌握常用绘图属性、绘图方法
4. 能够利用绘图方法在窗体或 PictureBox 中绘图

## 二、实训内容和步骤

1. 在窗体上建立一个坐标系，X 轴的方向正向向右，Y 轴的方向正向向上，原点在窗体的中央。在坐标系上绘制相应的正弦曲线。运行结果如图 s13 - 1 所示。

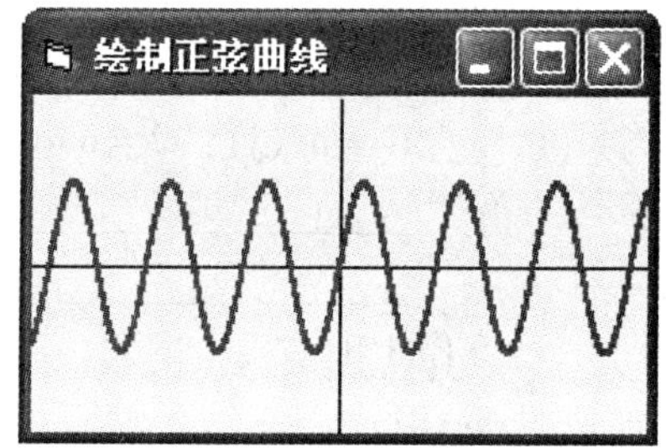

图 s13 - 1 运行界面

2. 在图片框中使用 Line 方法画矩形。

要求：在文本框 Text1 和 Text2 中输入矩形的长和宽，在图片框 Picture1 中绘制矩形。运行结果如图 s13 - 2 所示。

3. 在图片框中使用 Circle 方法绘制四色的饼图。

功能要求：从 4 个文本框 Text1 ~ Text4 中输入班级中优、良、及格和不及格的人数，计算所占的百分比，分别用不同的颜色绘制出饼图，运行结果如图 s13 - 3 所示。

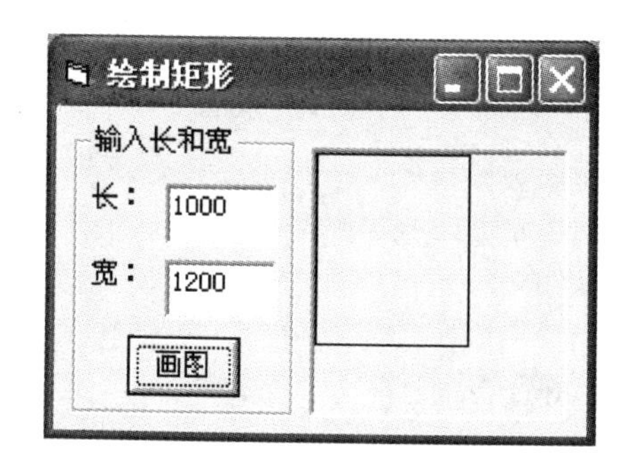

图 s13 - 2 绘制矩形

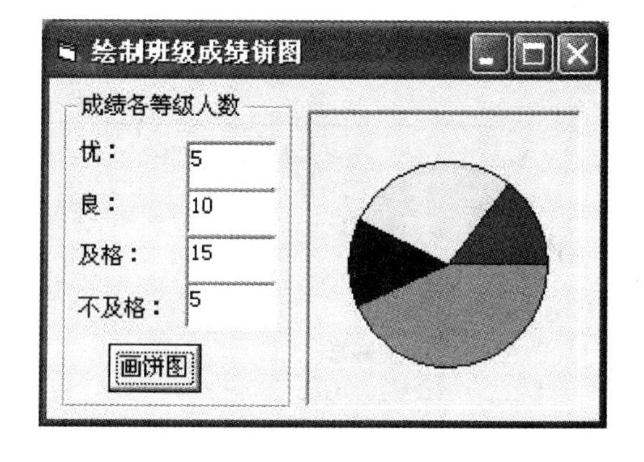

图 s13 - 3 绘制饼图

4. 用 Circle 方法实现如图 s13 - 4 所示的颜色随机的艺术图案。

绘图方程如下：

$$\begin{cases} x = r \times \cos(i) \\ y = r \times \sin(i) \end{cases}$$

单击窗体显示艺术图案，仔细阅读程序，将程序中所缺的语句补充完整。

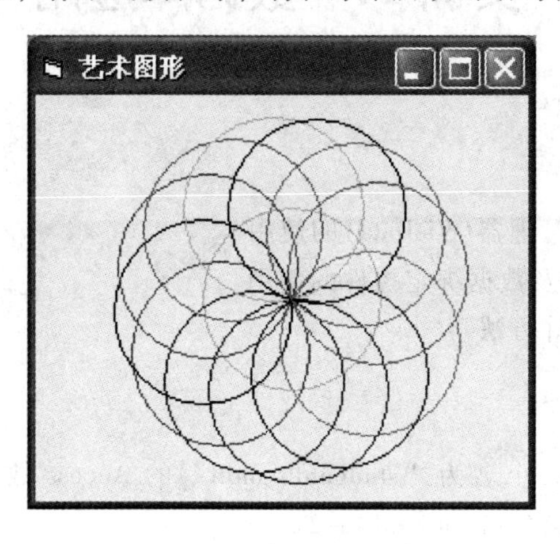


图 s13 - 4 Circle 方法应用

```
Private Sub Form_Click()
  Dim col
  Dim r,x,y,r0,x0,y0 As Single
  Const pi As Single = 3.1415926
  r0 = Form1.ScaleHeight / 4   '圆的半径
  x0 = Form1.ScaleWidth / 2    '圆心位置横坐标
  y0 = Form1.ScaleHeight / 2   '圆心位置纵坐标
  For i = 0 To 2 * pi Step 0.5  '可以更改步长值,改变输入图形的密度
      x = r * Cos(i) + x0
      y = r * Sin(i) + y0
      r = r0 * 0.9
      col = QBColor(Int(Rnd * 16))
      ______________________________        '以(x,y)为圆心画圆
  Next i
End Sub
```

# 实训 14　数据库应用

## 一、实训目的

1. 掌握可视化数据库管理器(VisData)的使用
2. 掌握 Data 数据控件及数据绑定控件的使用
3. 掌握数据报表的设计方法

## 二、实训内容及步骤

1. 利用 VisData 建立一个名为“studentdb. mdb”的 Access 数据库，其中包含 student 和 score 2 个表，表结构见表 s14 –1 和表 s14 –2。

**表 s14 –1　student 表结构**

| 字段名 | 类型 | 长度 | 字段名 | 类型 | 长度 |
|---|---|---|---|---|---|
| 学号 | Text(文本) | 10 | 出生年月 | Date(日期) | |
| 姓名 | Text(文本) | 10 | 所学专业 | Text(文本) | 30 |
| 性别 | Text(文本) | 2 | | | |

**表 s14 –2　score 表结构**

| 字段名 | 类型 | 长度 | 字段名 | 类型 | 长度 |
|---|---|---|---|---|---|
| 学号 | Text(文本) | 10 | 成绩 | Single | |
| 课程名 | Text(文本) | 6 | 学期 | Integer | 1 |

操作步骤如下：

(1) 启动 Visual Basic 6.0，单击主菜单“外接程序”中的“可视化数据管理器”，启动“可视化数据管理器”。

(2) 在“可视化数据管理器”窗口(即 VisData 窗口)中，单击“文件”→“新建”→“Microsoft Access”→ Version 7.0 MDB(7)。

(3) 在对话框的上方“保存在”处选择 D 盘，在“文件名”框中输入要创建的数据库名“studentdb. mdb”，单击“保存”按钮。

(4) 此时“数据库窗口”和“SQL 语句”窗口显示在可视化数据管理器窗口中。

(5) 在“数据库窗口”中右击，选择“新建表”菜单项，显示“表结构”对话框。

(6) 在“表名称”右侧的文本框中输入“student”。

(7) 单击“添加字段”按钮添加表中各字段“学号、姓名、性别、出生年月、所学专业”，对各字段选择数据类型及大小等。

（8）所有字段信息添加完成后，单击“生成表”按钮。

（9）student 表的结构建立完成后，单击工具栏上的按钮，双击数据库窗口中的表名“student”，单击“添加”按钮，在窗口的各字段输入框中输入图 s14－1 中数据，单击“更新”按钮，系统将输入的数据存入数据表 student 中。

| 学号 | 姓名 | 性别 | 出生年月 | 所学专业 |
|---|---|---|---|---|
| 20100126 | 李朋 | 男 | 1991-3-1 | 化学工程 |
| 20100227 | 洪图 | 男 | 1990-6-18 | 石油工程 |
| 20100336 | 关欣 | 女 | 1991-11-30 | 环境工程 |

图 s14－1 student 表中各字段信息

（10）按上述方法建立表 score，并输入图 s14－2 中数据。

| 学号 | 课程号 | 成绩 | 学期 |
|---|---|---|---|
| 20100126 | gs01 | 88 | 1 |
| 20100227 | wl01 | 86 | 1 |
| 20100336 | jsj01 | 93 | 1 |

图 s14－2 score 表中各字段信息

2. 设计一个如图 s14－3 所示窗体，通过数据绑定控件与 student 表关联，显示表中的信息。

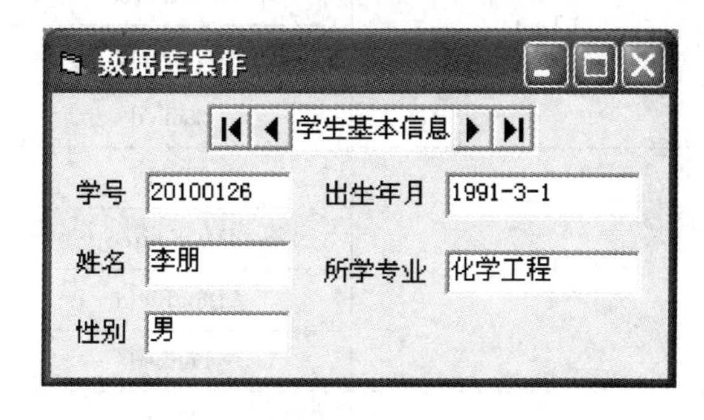


图 s14－3 窗体设计

设计步骤如下：

（1）界面设计

在窗体上添加 1 个 Data 控件与数据库相连，各控件属性设置见表 s14－3。

**表 s14－3 控件属性设置**

| 控件名 | Name 属性 | 其他属性 | 属性值 |
|---|---|---|---|
| Data 控件 | Data1 | Caption | 学生基本信息 |
| | | DatabaseName | D：\studentdb. mdb |
| | | RecordSource | student |
| | | RecordsetType | 0－Table |

续表

| 控件名 | Name 属性 | 其他属性 | 属性值 |
|---|---|---|---|
| 标签 | Label1 | Caption | 学号 |
| | Label2 | Caption | 姓名 |
| | Label3 | Caption | 性别 |
| | Label4 | Caption | 出生年月 |
| | Label5 | Caption | 所学专业 |
| 文本框 | Text1 | Text | 空 |
| | | DataSource | Data1 |
| | | DataField | 学号 |
| | | Locked | True |
| | Text2 | Text | 空 |
| | | DataSource | Data1 |
| | | DataField | 姓名 |
| | | Locked | True |
| | Text3 | Text | 空 |
| | | DataSource | Data1 |
| | | DataField | 性别 |
| | | Locked | True |
| | Text4 | Text | 空 |
| | | DataSource | Data1 |
| | | DataField | 年龄 |
| | | Locked | True |
| | Text5 | Text | 空 |
| | | DataSource | Data1 |
| | | DataField | 专业 |
| | | Locked | True |

（2）运行程序

运行程序，使用 Data 控件的 4 个按钮浏览记录集中的记录。单击 Data1 控件的◀则向前移动一条记录，单击▶则向后移动一条记录，单击|◀则移到第一条记录，单击▶|移动到最后一条记录。

3. 设计应用程序，其中添加一个“打印预览”按钮，窗体设计如图 s14－4 所示，使用数据报表设计器设计报表，显示 student 表的信息，要求如下：

• 报表标题为“学生基本信息表”，字体为二号隶书、居中

• 报表的字段为“学号、姓名、性别、出生年月、所学专业”

• 单击“打印预览”按钮，则可显示报表数据

图 s14－4 窗体设计

设计步骤如下：

（1）添加数据报表设计器

选择“工程”→“添加 Data Report”，将报表设计器添加到当前工程中。

（2）指定报表数据源

① 选择“工程”→“添加 Data Environment”菜单项，添加一个数据环境设计器。

② 右击数据环境设计器中的 Connection1，选择快捷菜单中的“属性”命令，打开“数据链接属性”对话框，在“提供程序”选项卡内选择“Microsoft Jet 3.51 OLE DB Provider”，在“连接”选项卡内指定数据库文件“studentdb.mdb”单击“测试连接”按钮，显示“测试连接成功”对话框，表示数据库连接成功，单击“确定”按钮，完成数据库的连接。

③ 右击 Connection1，选择快捷菜单中的“添加命令”，在 Connection1 下创建 Command 对象 Command 1。

④ 右击 Command1，选择快捷菜单中的“属性”命令，数据源中“数据库对象”选择“表”，“对象名称”应选择 student，单击“确定”按钮，指定报表数据源完成。

（3）设置 DataReport1 的属性

选择“工程”→“添加 Data Report”，在工程中添加数据报表设计器 DataReport1，在属性窗口中设置 DataReport1 的 DataSource 属性为数据环境 DataEnvironment1 对象，DataMember 属性为 Command1 对象。

（4）添加报表控件

在“报表标头”区放置标签控件，设置其 Caption 属性为“学生基本信息表”，并设置 Font 属性，字体为隶书、字形为常规、字号为二号。

利用形状控件在“页标头”区或“细节”区绘制大小合适的矩形框，利用复制将此矩形框复制多个，并放置在合适的位置，以满足表格的要求。此时在 DataReport1 快捷菜单中设置“抓取到网格”，以便调整形状控件。

打开数据环境设计器，将 Command1 对象内的各字段拖动到数据报表设计器的“细节”区的相应位置，默认的方式会产生一个标签控件和一个文本框控件，将标签控件拖动到“页标头”区，作为标题，文本框控件在细节区，用于显示记录数据。此时在快捷菜单中取消“抓取到网格”，以便调整标签和文本框。再用线条控件绘制表格线。

（5）显示报表

使用 DataReport1 对象的 Show 方法，在命令按钮或菜单的 Click 事件中写入代码：

```
Private Sub Command1 _ Click( )
  DataReport1. Show
End Sub
```

设计完成的数据报表如图 s14 - 5 所示。

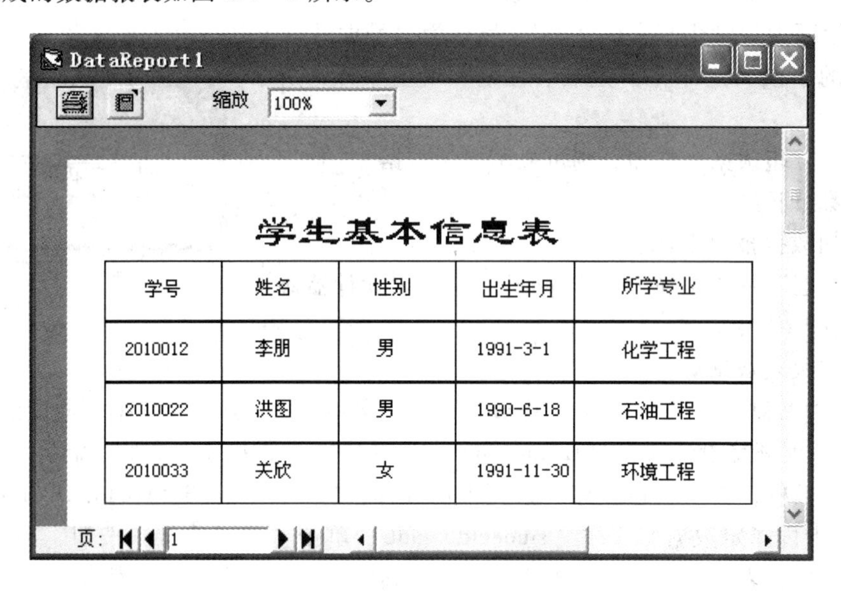


图 s14 - 5 完成的数据报表

# 附录　常用字符的 ASCII 字符编码

| $b_6b_5b_4$ \ $b_3b_2b_1b_0$ | 000 | 001 | 010 | 011 | 100 | 101 | 110 | 111 |
|---|---|---|---|---|---|---|---|---|
| 0000 | NUL | DLE | SP | 0 | @ | P | 、 | p |
| 0001 | SOH | DC1 | ! | 1 | A | Q | a | q |
| 0010 | STX | DC2 | " | 2 | B | R | b | r |
| 0011 | ETX | DC3 | # | 3 | C | S | c | s |
| 0100 | EOT | DC4 | $ | 4 | D | T | d | t |
| 0101 | ENQ | NAK | % | 5 | E | U | e | u |
| 0110 | ACK | SYN | & | 6 | F | V | f | v |
| 0111 | BEL | ETB | ' | 7 | G | W | g | w |
| 1000 | BS | CAN | ( | 8 | H | X | h | x |
| 1001 | HT | EM | ) | 9 | I | Y | i | y |
| 1010 | LF | SUB | * | : | J | Z | j | z |
| 1011 | VT | ESC | + | ; | K | [ | k | { |
| 1100 | FF | FS | , | < | L | \ | l | \| |
| 1101 | CR | GS | – | = | M | ] | m | } |
| 1110 | SO | RS | . | > | N | ^ | n | ~ |
| 1111 | SI | US | / | ? | O | – | o | DEL |